Morfología microscópica de las plantas

Morfología microscópica de las plantas

Rafael Álvarez Nogal

Morfología microscópica de las plantas

Primera edición: 2024

ISBN: 9788410066434
ISBN eBook: 9788410066953
Depósito legal: SE 1633-2024

© de los textos e imágenes:
    Rafael Álvarez Nogal

© de esta edición:
    Editorial Aula Magna, 2024. McGraw-Hill Interamericana de España S.L.
    editorialaulamagna.com
    info@editorialaulamagna.com

Impreso en España – Printed in Spain

A los que se acercaron. A los que aportaron.

A los alumnos.

Índice

HISTOLOGÍA DE LAS PLANTAS

ORGANOGRAFÍA DE LAS PLANTAS

APÉNDICES

QUE CRECZAS

Que crezcas fuerte, sana y sabia
    y que te sorprenda la vida porque la vivas
y que te sorprenda la nieve y la flor
    y el canto de los animales y el polen y algún dolor
    y los olores fuertes y delicados
    y los tactos todos
    y los sabores.
Y que al final con los cinco sentidos
crezcas fuerte, sana y sabia
y crezcas tanto
    que llegues a verte entre la gente.

De Las colinas de Ngong
Rafael Álvarez *Nogal*

Presentación

A los que conocen al autor en lo relacionado con los aspectos microscópicos de las plantas, bastaría decirles que el presente libro es una edición corregida y aumentada del libro publicado en 2002 por el Secretariado de Publicaciones y Medios Audiovisuales de la Universidad de León (hoy descatalogado), que se tituló *Atlas de histología y organografía de las plantas*, del que era único autor —como ahora—, el autor.

Algunas de aquellas imágenes se han trasladado al presente libro, incorporándose otras. En el presente, son mayoritarias las imágenes procedentes del microscopio óptico de campo claro. También hay imágenes obtenidas con el microscopio de polarización y con el microscopio de fluorescencia, así como otras, obtenidas con el microscopio electrónico de barrido. Prácticamente ninguna de ellas estaba en la obra anterior, porque en aquella prácticamente todas las imágenes procedían del microscopio óptico de campo claro.

La obra esencialmente es un compendio de imágenes microscópicas, reunidas en torno a los tejidos y órganos de las plantas. Pero antes de llegar ahí, el lector se podrá acercar a la técnica microscópica de las plantas, esto es, podrá leer cómo tratar las muestras de las plantas que se pretenden estudiar al microscopio, y qué microscopios manejar. A continuación, se muestran los tejidos de las plantas, desde los meristemos hasta la peridermis, y posteriormente los órganos desde la raíz hasta la semilla. Al final se incluyen a modo de apéndices, unas listas en las que se pretende facilitar al lector la búsqueda de las imágenes que desee encontrar.

Como se ha indicado, el libro es eminentemente un compendio de imágenes —es un atlas— en el que los textos que le acompañan son intencionadamente concisos, pero que pretenden aclarar las dudas de interpretación que puedan darse. Dichos textos y unos rótulos sencillos sobre las imágenes (flechas, triángulos, abreviaturas, etc.) facilitan la comprensión. Textos más detallados se podrán encontrar en el libro —también del autor— titulado *Citología e Histología de las plantas*, publicado por Eolas Ediciones en 2015.

El presente atlas está destinado tanto al profesorado universitario más o menos especialista en la materia, a modo de material de consulta o de apoyo docente, como a los alumnos de grado y máster que deban familiarizarse con la interpretación de preparaciones microscópicas de plantas. Así mismo, está pensado para apoyar al profesorado de enseñanza secundaria y bachillerato en la preparación de aquellas materias relacionadas con la histología de las plantas. Fuera del entorno educativo, cualquier investigador, perito, etc., podrá encontrar en él referencias útiles para su trabajo. Si el libro que tiene en sus manos fuera un antibiótico, se podría decir que lo es, de amplio espectro.

Por último, el autor espera que la mera observación de las imágenes resulte atractiva y sugerente para cualquier persona en cuyas manos caiga este libro.

El autor
Junio, 2024

Agradecimientos

La gran mayoría de las imágenes que aparecen en el presente libro han sido realizadas por el autor a lo largo de los años. A lo largo de los años y de trabajos científicos (publicados o no), trabajos fin de grado, proyectos docentes y de investigación subvencionados, y otros (por añadir el azar) que han ido contribuyendo a la obtención de imágenes apreciables, algunas de las cuales han subyugado a científicos, alumnos, colegas, etc.

La lista de los que han colaborado en el presente libro —la mayoría de las veces sin saberlo— no es corta. Además de los aludidos en el párrafo anterior, habría que añadir a técnicos y colegas, a los que leyeron borradores, a los que participaron en el libro anterior publicado en 2002, a los que apreciaron el trabajo histológico y a los que lo impulsaron.

Dicho lo cual, procede hacer una lista de personas que considero necesario mencionar. Una lista sin rangos y ordenada alfabéticamente. Es posible que haya algún olvidado por descuido o desmemoria; vayan por delante mis excusas.

Adoración Candelas González, Alberto Nodar Domínguez, Alicia Armentia Medina, Ángel Penas Merino, Antonio Encina García, Brisamar Estébanez González, Bruno Garcia Ferreira, Carlos Frey Domínguez, Carmen Martínez Rodríguez, Carolina Arias Sánchez, Cecilia Parro Arellano, Daniel Sandoval Manso, Jean Jacques Itzhak Martinez, José Luis Acebes Arranz, Julio Iranzo Reig, Miguel Munárriz Ruiz, Nicolás Pérez Hidalgo, Pilar Molist García, Santiago Michavila Puente-Villegas, Sara Del Rio González, Sara Isabel López Ciruelos, Silvia González Sierra, Sónika Leconte Ramos, Víctor Moreno González.

17

TÉCNICA MICROSCÓPICA

Generalidades

El fundamento de la microscopia óptica de campo claro es que, lo que pretendemos estudiar, lo vemos porque es atravesado por la luz. Atendiendo a esa máxima, lo que vemos en un microscopio óptico de campo claro procede mayoritariamente de cortes de la estructura a observar (pensemos por ejemplo en una hoja), cortes generalmente transversales. Dichos cortes se realizan en los microtomos, siendo necesario previamente proporcionar dureza (en este caso a la hoja) en el proceso conocido como inclusión. Es cierto que a veces lo que se pretende cortar —por ejemplo, un trozo de madera— hay que ablandarlo.

Convencionalmente la inclusión se hace en parafina o por congelación. Pero también se pueden estudiar componentes de las plantas en el microscopio, obteniendo preparaciones microscópicas por aplastamiento (es el caso del estudio de mitosis en meristemo de raíz), realizando una extensión de un líquido (por ejemplo, el exudado de un bulbo), por desgaste (por ejemplo de un trozo de madera), colocando directamente la estructura en un portaobjetos (por ejemplo tricomas), etc. También es frecuente hacer inclusiones en resina (o dicho coloquialmente en plástico) porque permite hacer cortes muy finos.

Observados tal cual los cortes al microscopio, es posible diferenciar pocas estructuras entre sí, concretamente aquellas que tienen diferentes índices de refracción. Para poner de manifiesto el mayor número posible de estructuras, las muestras se deben teñir. Las tinciones de rutina utilizan frecuentemente dos colorantes que tiñen específicamente de colores distintos, diferentes estructuras. Se suele usar un colorante para teñir paredes primarias y otro para teñir paredes secundarias. Es el caso de la tinción Safranina-Verde rápido. La Safranina tiñe las paredes secundarias de color rojo, y el Verde rápido las paredes primarias de color verde. En muestras animales, se suele usar un colorante para teñir los núcleos y otro para teñir los citoplasmas. Es clásica la tinción Hematoxilina-Eosina. La Hematoxilina tiñe los núcleos de color violeta y la Eosina los citoplasmas de color rosa. En las muestras de plantas, como en las de animales, a veces se usa un colorante específico para poner de manifiesto estructuras concretas. Así el Lugol se utiliza para poner de manifiesto la presencia de almidón en los cortes.

Para conservar el mayor tiempo posible los cortes, una vez teñidos, y para facilitar la observación de los mismos al microscopio, se suele poner un cubreobjetos encima de la muestra que está en el portaobjetos, en el proceso conocido como montaje.

Pero todo comienza cuando se consigue cierto material (por ejemplo, en el transcurso de una salida de campo) que posteriormente se procesará siguiendo las pautas indicadas. El material en cuestión debe ser fijado para evitar la autolisis y la putrefacción. La fijación se puede llevar a cabo químicamente (sumergiendo las muestras en un líquido fijador) o físicamente, por congelación.

Sobre la toma de muestras y la inclusión

Evidentemente el comienzo es responder a la pregunta: ¿qué se quiere observar al microscopio? La respuesta nos lleva a la toma de muestras y a la fijación y posterior conservación de las mismas.

La toma de muestras puede ser circunstancial, dirigida o emanada de una situación experimental. Circunstancial cuando la muestra se encuentra casualmente, por ejemplo, en el transcurso de una salida de campo, y que suele corresponder a la curiosidad; ¿cómo será la morfología microscópica de esta hoja? Cuando, sin embargo, se está buscando algo concreto, el investigador realiza la toma de muestra de una forma dirigida. Si se pretende conocer la estructura microscópica de una planta hidrófita, acudirá a determina laguna, o a determinado jardín botánico para proveerse de la planta en cuestión. Finalmente, en el transcurso de determinada investigación, será necesario tomar muestras concretas en determinado tiempo experimental o en determinadas condiciones establecidas por la investigación en curso.

La estadística obliga al estudioso de las estructuras microscópicas, a considerar el tamaño muestral, particularmente cuando se está inmerso en una situación experimental. Téngase en cuenta que un corte microscópico de una hoja cualquiera, es una parte muy pequeña de la misma. Y téngase en cuenta también que una sola hoja puede ser una representación pequeña del conjunto de hojas de una planta. Por norma general, se debería tomar una muestra de al menos cinco hojas (donde se dice hoja, se dice cualquier otra estructura), de las cuales se procesarán tres de ellas. Si la información obtenida del estudio de las tres no mantiene cierta uniformidad, el estudioso deberá procesar una o las dos restantes, para afianzar la homogeneidad de la muestra.

Una vez obtenida la muestra, o bien se fija inmediatamente porque el investigador se acompañe de algún recipiente para tal efecto, o bien se puede demorar la fijación un tiempo (nunca muy largo) hasta llegar al laboratorio.

La fijación puede ser física o química. Con ambas se pretende evitar la autolisis y/o la putrefacción de la muestra, de tal manera que una vez fijada se parezca lo más posible a la muestra en vivo. La fijación física más utilizada consiste en sumergir las muestras en nitrógeno líquido. La fijación química consiste en sumergir la muestra en líquidos fijadores. Un buen fijador es el FAA, una mezcla de formol, ácido acético y alcohol etílico.

Cuando el objeto de estudio es una planta concreta, por ejemplo, una planta herbácea, la toma de muestra se suele realizar de la planta entera. Posteriormente, en el laboratorio, se procede a la disección de la misma, hasta la obtención de varios trozos de raíz, tallo y hoja (si se quiere estudiar solamente las estructuras vegetativas), que ya se fijan sumergiéndolas en un recipiente con FAA. Hay ocasiones en que el material objeto de estudio procede de herbario. En ese caso, las muestras secas y prensadas (que son las condiciones en las que se encuentra el material herborizado) se sumergen directamente en FAA, consiguiéndose así una buena hidratación del material.

Con las muestras ya fijadas, se debe proceder a realizar la inclusión, o bien se procede a conservarlas hasta que sean incluidas en un futuro. La conservación de las muestras fijadas en nitrógeno líquido se realiza manteniéndolas en el nitrógeno o en frigorífico a -80 ºC. Las muestras fijadas en FAA también se pueden mantener en el fijador porque el FAA también es conservador, o más comúnmente se pasan a alcohol de 70º.

La inclusión consiste en proporcionar la suficiente dureza a las muestras para permitir hacer cortes finos. El tamaño de las células de las plantas invita a trabajar con cortes de 12 micrómetros de espesor. Las muestras fijadas por congelación que ya están endurecidas se cortan directamente en el correspondiente microtomo de congelación (o criostato). A las muestras fijadas químicamente se les proporciona la necesaria dureza, mediante inclusión en parafina, para posteriormente ser cortadas en el microtomo de parafina.

La parafina es una mezcla anhidra de ceras. Es sólida a temperatura ambiente y líquida en estufa a unos 60 °C. Para embeber en parafina las muestras que se pretenden cortar, primero se deben deshidratar pasándolas por una serie creciente de alcoholes, esto es, del líquido conservante, se pasan a alcohol de 70°, después al de 96° y finalmente a alcohol absoluto (de 100°). Posteriormente se sumergen en un líquido intermediario (miscible al tiempo con el alcohol y con la parafina) y ya se meten en la estufa, en parafina líquida. Tras un tiempo para que la parafina penetre por todas las oquedades de la muestra, se realiza el bloque de parafina en algún molde (lo clásico es hacer los bloques utilizando barras de Leuckart), atendiendo particularmente a la orientación de la muestra.

Los tiempos concretos para una inclusión en parafina de rutina, considerando muestras que han sido fijadas en FAA y posteriormente conservadas en Alcohol 70° son: Alcohol 96° I --- 30 minutos / Alcohol 96° II --- 30 minutos / Alcohol absoluto I --- 15 minutos / Alcohol absoluto II --- 30 minutos / Alcohol absoluto III --- 30 minutos / Acetato de isoamilo I --- 15 minutos / Acetato de isoamilo II --- 30 minutos / Acetato de isoamilo III --- 30 minutos / Parafina I --- 30 minutos / Parafina II --- 30 minutos / Parafina III --- 30 minutos / Bloque. La confección del bloque necesariamente debe hacerse atendiendo a la orientación de la estructura que se pretende estudiar, por ejemplo, procurando la transversalidad de los futuros cortes.

Merece ser destacado que el proceso una vez iniciado debería finalizarse hasta la consecución del bloque. Si por causa mayor el procesamiento hubiera que detenerse, no debería hacerse a lo largo de la serie creciente de alcoholes ni con las muestras en la estufa. Sin embargo, podrían permanecer más tiempo del indicado sin deteriorarse, en acetato de isoamilo.

También procede anotar que la estufa con la parafina no debería estar permanentemente encendida en el laboratorio, sino que debería activarse el tiempo previo que sea necesario para que la parafina se licúe. De esa manera, con una parafina recientemente licuada, se favorece una buena penetración en la muestra que finalmente será cortada.

Sobre la obtención de los cortes

Los cortes se obtienen en los microtomos, en los cuales cobran un papel relevante las cuchillas. Las muestras congeladas se cortan en el criostato. Esos cortes, se depositan en portaobjetos y posteriormente se tiñen sin mayor procesamiento. Los bloques de parafina se cortan en el microtomo de parafina. Los cortes se disponen en portaobjetos que, posteriormente y antes de la tinción, deben tratarse para eliminar la parafina que rodea las secciones. Los dos tipos de microtomos suelen ser similares en el manejo, uno se utiliza al aire libre y otro está ubicado en el interior de una cámara, donde es posible mantener baja temperatura.

El microtomo de parafina permite obtener cortes seriados de una manera muy sencilla, lo cual facilita hacer el seguimiento de las estructuras. Por ejemplo, en la hoja ya citada, puede ocurrir que el primer corte no interese a un estoma, pero que en el siguiente corte seriado se vislumbre la presencia de un estoma, y que en el que está a continuación se observe perfectamente el estoma con sus células oclusivas, ostiolo y cámara subestomática.

No es baladí el número de cortes que es conveniente hacer para llevar a cabo el estudio de una estructura en el transcurso de una investigación. Generalmente con seis portaobjetos suele ser suficiente, intentado que por término medio haya cuatro o cinco cortes por portaobjetos. De los seis portaobjetos, el primero, tercero y quinto se teñirán con la tinción de rutina, el segundo se teñirá con Lugol para detectar la presencia de amiloplastos, el cuarto se destinará a ser montado sin teñir para ser estudiado por epifluorescencia, y el sexto se mantendrá como reserva.

Sobre la tinción y el montaje

Observar las preparaciones tal como salen del microtomo nos permite diferenciar solamente las estructuras que presentan distintos índices de refracción. Para poner de manifiesto estructuras con índices de refracción similares, los cortes se deben teñir.

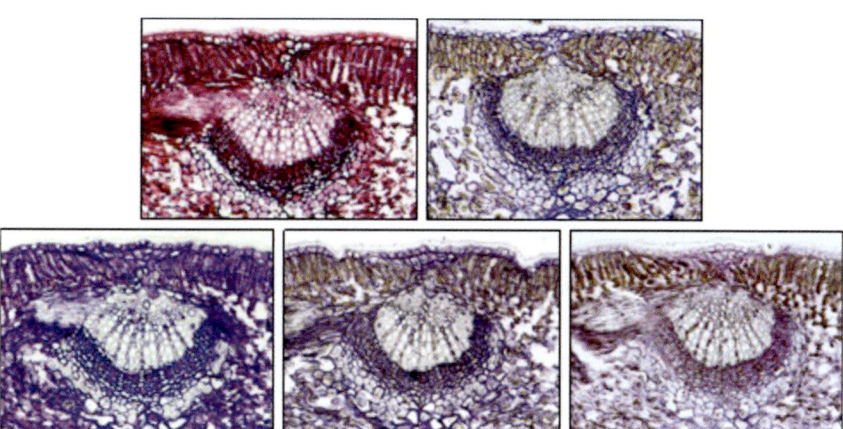

Diferentes tinciones de nervio central de una hoja.

Las tinciones generalistas o topográficas (o en algún sentido, de rutina) se suelen realizar con dos colorantes. Se suele emplear un colorante con afinidad por las paredes lignificadas (las paredes secundarias) y otro con afinidad por las paredes eminentemente celulósicas (las paredes primarias). Una de las tinciones más empleadas es Safranina-Verde rápido. La Safranina tiñe de rojo las paredes secundarias y el Verde rápido las paredes primarias.

29

Generalmente los colorantes son disoluciones acuosas. Por esa razón los cortes que se pretenden teñir deben hidratarse previamente. Los que proceden del criostato se sumergen directamente en agua. Los que proceden del microtomo de parafina, deben ser previamente desparafinados, esto es, se debe eliminar la parafina que les rodea y les embebe. A efectos prácticos esto se consigue sumergiendo los cortes en varios baños de un alcohol terciario, que disuelve la parafina. Una vez desparafinados, los cortes se hidratan pasándolos por una serie decreciente de alcoholes: alcohol absoluto, alcohol de 96º, alcohol de 70º, otros alcoholes de menor graduación si se considera necesario, y finalmente agua.

Los cortes ya teñidos se deben montar. El montaje consiste esencialmente en adecuar los cortes para que puedan ser observados al microscopio.

Puede hacerse un montaje permanente: se pone un cubreobjetos encima de los cortes y, así *portaobjetos --- cortes teñidos --- cubreobjetos* forman un todo que durará años. Para llevar a cabo dicho montaje, las muestras deben ser deshidratadas en una serie creciente de alcoholes. Posteriormente se emplea como medio de montaje una resina líquida (entre portaobjetos y cubreobjetos) que al cabo del tiempo se seca y endurece. Previamente a la resina, los cortes se deben pasar por un líquido diafanizador que proporciona a la resina las características ópticas del cristal y, por tanto, la hace invisible al microscopio.

Además, se puede hacer un montaje no permanente: cuando por la razón que sea no interesa deshidratar los cortes, o solamente se pretende observar el resultado de la tinción y fotografiarlo o dibujarlo o anotar el resultado, según proceda. A veces, sencillamente, sobre los cortes teñidos (e hidratados) se deja caer una gota de agua y encima se pone el cubreobjetos sin más. Otras veces se emplea como medio de montaje gelatina (o similares) que pueden proporcionan una vida media de días, a las preparaciones.

El montaje en el sentido estricto termina con lo indicado, pero en realidad solamente se debería dar por concluido con el posterior etiquetado de las preparaciones microscópicas, y —una vez secas— su incorporación a la histoteca.

Pueden ser utilizados como tiempos concretos para desparafinar, teñir y montar los siguientes. Desparafinar: Xileno I --- 10 minutos / Xileno II --- 10 minutos / Xileno III --- 10 minutos. Hidratar: Alcohol absoluto --- 5 minutos / Alcohol 96º --- 5 minutos / Alcohol 70º --- 5 minutos / Agua --- mantener.

Tinción Safranina-Verde rápido: (hidratar los cortes previamente desparafinados, hasta alcohol 70º, no hasta agua) / Alcohol 50º --- pasar / Safranina --- 4 minutos / Lavar --- abundantemente / Alcohol 96º --- pasar / Verde rápido --- 50 segundos / Alcohol absoluto --- pasar / Montar. Tinción Lugol: Lugol --- 3 minutos / Lavar / Alcohol absoluto --- pasar / Montar.

Montaje permanente partiendo desde el agua del lavado del colorante: Alcohol 70º --- pasar / Alcohol 96º --- pasar / Alcohol absoluto I --- pasar / Alcohol absoluto II --- pasar / Xileno I --- pasar / Xileno II --- mantener /// Resina y cubreobjetos.

Microscopio de campo claro. Otros microscopios de luz

El estudio de las preparaciones microscópicas se puede llevar a cabo en distintos tipos de microscopios ópticos. En cualquier caso, el pasarse horas estudiando preparaciones nos debería obligar a atender la higiene postural.

El microscopio que más frecuentemente se utiliza es el microscopio óptico de campo claro. El microscopio es un aparato que debe ser manejado, frente a otros —por ejemplo un termómetro— que nos proporcionan información sin ningún tipo de manipulación. Además del manejo relacionado con los oculares (la distancia entre los ojos de cada observador) y con los objetivos del revólver que permitirá ver estructuras a más o menos aumentos, se debe prestar particular atención a la obtención de un buen contraste junto con la utilización no estática del tornillo micrométrico. El grosor de los cortes que presentan las preparaciones microscópicas (un grosor generalmente mayor en cortes de plantas que en cortes de animales) obliga a manejar casi permanentemente el tornillo micrométrico. En cuanto a la búsqueda del contraste más adecuado en cada preparación, se obliga al observador al manejo del diafragma y del condensador. Es sabido, por ejemplo, que hay estructuras que solamente se podrán observar bajando el condensador, es el caso de las punteaduras simples en sección trasversal y en sección longitudinal que atraviesan la pared secundaria de determinadas células del esclerénquima.

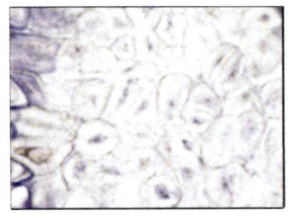 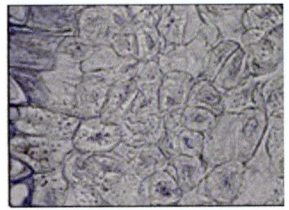

Condensador arriba   Condensad abajo

Con el condensador abajo se observan punteaduras en braquiesclereidas.

Pero una misma preparación puede estudiarse tanto con el microscopio óptico de campo claro, como con otros microscopios.

Los cortes de plantas son particularmente candidatos a ser estudiados con el microscopio de polarización, porque dichos cortes presentan estructuras anisótropas, particularmente cristales y paredes secundarias. Tener la posibilidad de utilizar un microscopio, ora como microscopio de campo claro, ora como microscopio de polarización es una oportunidad muy útil para el estudioso, y más si se tiene en cuenta que la observación de preparaciones microscópicas con luz polarizada se puede realizar en preparaciones teñidas.

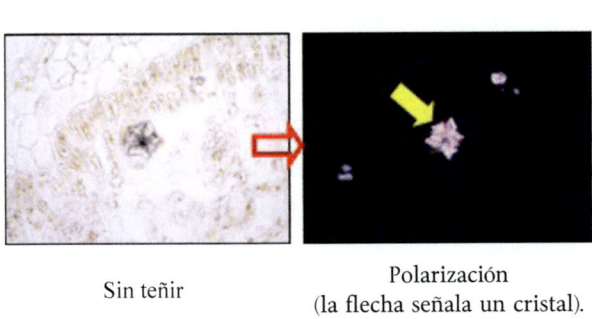

Sin teñir   Polarización
(la flecha señala un cristal).

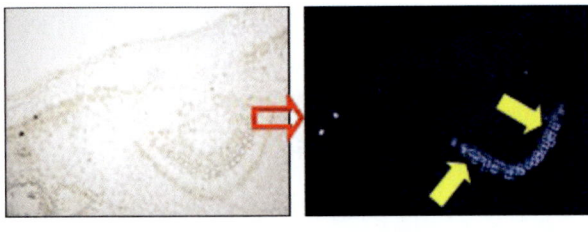

Sin teñir.   Polarización
(las flechas señalan xilema).

De igual forma, al ser autofluorescentes las células de las plantas, los cortes sin teñir son candidatos a ser estudiados con el microscopio de fluorescencia (y también con el de polarización).

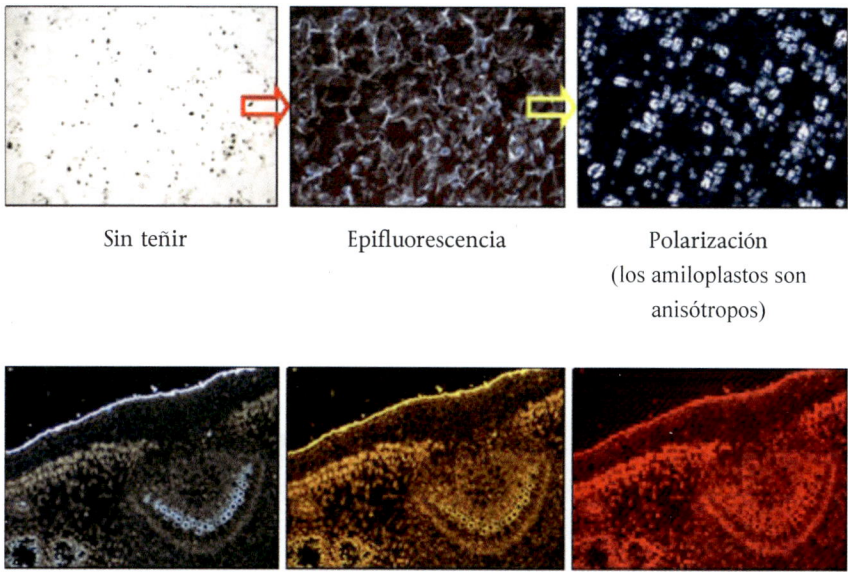

Sin teñir   Epifluorescencia   Polarización
(los amiloplastos son
anisótropos)

Nervio central de una hoja con diferentes filtros en el microscopio de epifluorescencia.

En el mercado se pueden conseguir accesorios de los microscopios ópticos de campo claro, para que se puedan utilizar, además, como microscopio de luz polarizada y como microscopio de fluorescencia. El microscopio de fluorescencia hace incidir luz fluorescente de diferentes longitudes de onda sobre la preparación microscópica, devolviendo esta, luz reflejada que es recogida por el microscopio. La iluminación inicial llega a la preparación desde la parte superior (el primer contacto es con el cubreobjetos), justificándose así el nombre de microscopio de epifluorescencia. Téngase en cuenta que en el microscopio de campo claro, el primer contacto de la luz es con el portaobjetos. Así es en los microscopios directos y no en los microscopios invertidos (muy utilizados en la observación de células vivas), en los que los objetivos se disponen por debajo del objeto de estudio, salvando así la pequeña distancia que existe en los microscopios directos, entre el objetivo y la preparación microscópica.

En el microscopio de polarización se utilizan dos lentes además de los objetivos y oculares. Una de las lentes —el llamado polarizador— consigue que la luz que incide sobre la preparación sea luz polarizada. La otra —el llamado analizador— se sitúa por encima de la preparación y permite discernir entre estructuras isótropas y anisótropas atendiendo a la orientación que presente respecto del polarizador. En la práctica, el analizador es una lente fija, y el polarizador se hace girar horizontalmente hasta conseguir la alineación con el analizador.

Cualquier investigador puede adaptar su microscopio óptico de campo claro en microscopio de luz polarizada, con dos filtros polarizadores de los utilizadas en fotografía. Uno de ellos (el analizador (flecha) se coloca de manera permanente en el cabezal (triángulo) antes de los oculares, y el otro (el polarizador (flecha hueca) se dispone eventualmente encima de la fuente de luz, y se hace girar horizontalmente.

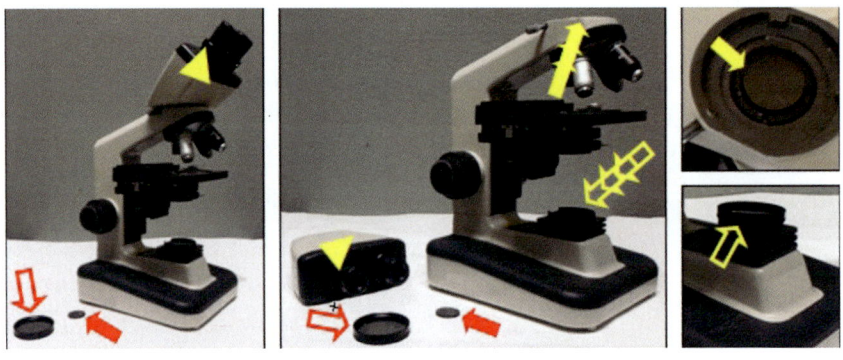

Un microscopio óptico de campo claro se puede manejar como microscopio de polarización, usando dos filtros de los utilizados en fotografía: uno (el analizador (flecha) se coloca permanentemente y otro (el polarizador (flecha hueca) se utiliza eventualmente girándolo horizontalmente cuando se quieren detectar estructuras anisótropas.

Sea como fuere, el estudio de las preparaciones microscópicas se debe acompañar de uno o varios atlas con imágenes microscópicas o esquemas detallados, que faciliten la comprensión de las estructuras a estudiar. Idealmente, sería preciso que el estudio estuviera precedido de una lectura en profundidad de los aspectos teóricos de dichas estructuras. Unos aspectos teóricos que están reflejados en libros de texto, monografías o trabajos científicos específicos.

La observación de las preparaciones se debe acompañar de la anotación de las cuestiones más relevantes y del dibujo o esquema o fotografía de las mismas, los cuales deberían estar acompañados, a su vez, de la identificación que la preparación tiene en su etiqueta.

Particularidades de la microscopía electrónica

Generalmente los microscopios ópticos manejan fotones frente a los electrones utilizados en la microscopía electrónica. Obsérvese que los haces de electrones tienen longitudes de onda muy cortas, lo cual determina un enorme poder de resolución.

En la microscopía electrónica de transmisión (MET) (en inglés *TEM*) la muestra se fija y posteriormente se incluye en plástico (no en parafina), se hacen cortes finísimos (de nanómetros y no de micrómetros) en ultramicrotomo. Los cortes no se depositan en portaobjetos de vidrio, sino en soportes llamados «rejillas» que generalmente son de cobre. Finalmente, el haz de electrones atraviesa la muestra. El resultado es captado por una pantalla de ordenador. Las imágenes obtenidas, muestran estructuras electrodensas (negras), electroclaras (blancas) e intermedias entre ambas (grises).

En el microscopio electrónico de barrido (MEB) (en inglés *SEM*) la muestra después de fijada y deshidratada es recubierta por un metal (frecuentemente oro) para que los electrones reboten en él, proporcionando imágenes en tres dimensiones. El MEB es muy buena herramienta para estudiar superficies y, por tanto, para el estudio de estructuras de las plantas.

De alguna forma se puede entender que el MET es un microscopio óptico de campo claro evolucionado en tanto que en ambos casos se observan cortes de muestras atravesadas por, en un caso, fotones, y en otro, electrones. Se estudian entonces finas láminas de la muestra. De igual forma se puede entender que el MEB es una lupa (o microscopio simple o microscopio estereoscópico) evolucionada. En ambos casos se estudian superficies.

Que el árbol no nos permite ver el bosque, es algo muchas veces atribuible a estudiosos de la morfología microscópica, que hacen un estudio superficial a microscopía óptica, acudiendo rápidamente al estudio ultraestructural, muchas veces sin comprender e interpretar correctamente las estructuras, fruto del estudio de las preparaciones microscópicas. El árbol (la ultraestructura) no permite ver el bosque en conjunto (la estructura microscópica).

Primer acercamiento a cortes microscópicos de plantas

En la observación macroscópica de una planta tipo, es posible diferenciar el tallo, las hojas y, bajo el sustrato, la raíz. Esas partes constituyen los órganos básicos de las plantas, a los que hay que añadir las flores, que al fin y al cabo son hojas modificadas, y los frutos y semillas que derivan de las flores.

En las secciones transversales de los tres órganos básicos (raíz, tallo y hoja), es posible observar la diferente disposición de los elementos que los constituyen, agrupados en los llamados sistemas de tejidos:

- En los tres casos por fuera, el sistema dérmico (epidermis o peridermis) que aísla y protege el interior de los órganos, respecto del medio externo.
- En el interior el sistema vascular, por el que circulan las savias: la savia bruta (que circula por el xilema) en la que el agua es el componente más abundante pero no el único, y la savia elaborada (que circula por el floema), en la que los nutrientes (particularmente la sacarosa) son los componentes más abundantes.
- Entre ambos sistemas de tejidos, se localiza el llamado sistema fundamental (en el que se adscriben el resto de los tejidos), constituyendo el mesófilo de las hojas, y el córtex y médula de tallos y raíces.

El primer acercamiento a una preparación microscópica desconocida, nos obliga a orientarnos en lo indicado anteriormente. Se trata de una observación casi topográfica, utilizando el microscopio óptico de campo claro y el de luz polarizada. La disposición de los haces vasculares es determinante en dicho primer diagnóstico, facilitándose extraordinariamente la labor con la utilización del microscopio de polarización.

El diagnóstico permitirá discernir entre cortes de raíz, tallo y hoja de gimnospermas, dicotiledóneas y monocotiledóneas. Las gimnospermas presentan, conformando el xilema y en todos los casos, solamente traqueidas. Las angiospermas, además de traqueidas, presentan tráqueas. De otra manera: las luces presentes en los componentes vasculares del xilema serán más o menos homogéneas y pequeñas en las gimnospermas, siendo heterogéneas en las angiospermas.

Las hojas de las dicotiledóneas presentan un nervio central del que parten nervios de segundo orden. En las secciones transversales de las hojas, es conspicuo el abultamiento del nervio central hacia el envés foliar, donde se observan los elementos xilemáticos cortados transversalmente, observándose secciones longitudinales en los nervios de segundo orden que se muestran cortados oblicuamente. En las monocotiledóneas, la nerviación paralela determina que todos los elementos xilemáticos se observen en corte transversal, formando parte de haces vasculares más o menos del mismo orden.

Las secciones transversales de raíz y tallo son similares durante el crecimiento secundario de la planta. Presentan haces vasculares colaterales (el xilema debajo del floema) rodeando totalmente la estructura a cierta distancia de la peridermis. En crecimiento primario, sin embargo, las raíces suelen presentar haces vasculares radiales (el xilema al lado del floema y no encima o debajo) y suelen presentar periciclo y endodermis. Los tallos presentan haces vasculares formando un anillo completo o incompleto (con el floema encima del xilema) en las dicotiledóneas, o haces vasculares pequeños distribuidos más o menos anárquicamente en el conjunto de la sección transversal.

Una vez reconocido el corte, se procederá a un estudio detallado, fundamentalmente con el microscopio óptico de campo claro, transformándolo con frecuencia momentáneamente en microscopio de luz polarizada, y en algún momento utilizando una preparación sin teñir del mismo corte, para su observación con epifluorescencia. Téngase en cuenta que el objeto de estudio es una preparación microscópica, que en general puede estudiarse las veces que se precise. Es frecuente que se obtengan imágenes representativas del objeto de estudio, lo cual no impide que se vuelva a utilizar la preparación microscópica para dilucidar tal o cual aspecto microscópico.

Estudio en el microscopio electrónico de barrido

El concienzudo estudio con los microscopios de luz nos puede invitar a llevar a cabo una observación detallada de determinadas superficies, quizás preñadas de células con papilas, tricomas, estomas, etc., o con cavidades o protuberancias, etc.

En ese caso una pequeña porción del objeto de estudio, se procesará para ser estudiado en el microscopio electrónico de barrido.

Las pequeñas muestras tomadas —de las fijadas inicialmente en FAA— se deben deshidratar. Es destacable que el FAA es un fijador válido para microscopia óptica y para el MEB en los trabajos de rutina.

Las muestras se deshidratan en serie creciente de alcoholes, hasta alcohol absoluto. Posteriormente el alcohol se reemplaza —a determinada presión— por CO_2 líquido. Se equilibra la presión para que el CO_2 se evapore, quedando la muestra desecada y lista para ser recubierta con un metal pesado (oro, por ejemplo).

Las muestras recubiertas se introducen en una cámara del microscopio en la que se hace el vacío. A dicha cámara llegan los electrones que rebotan sobre la superficie metalizada, ofreciendo imágenes en tres dimensiones de las estructuras objeto de estudio.

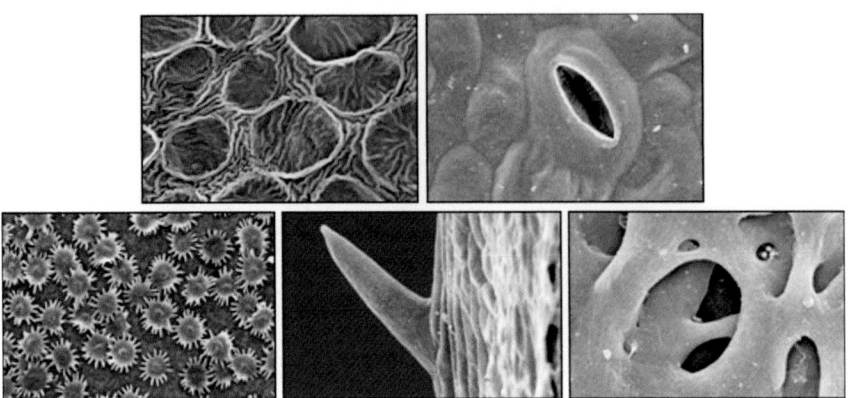

Diferentes imágenes —en tres dimensiones— obtenidas con el MEB.

El manejo del MEB se realiza esencialmente atendiendo a una pantalla de ordenador, a un teclado y a un ratón, siendo el resultado del estudio un conjunto de imágenes en blanco y negro y en tres dimensiones.

HISTOLOGÍA Y ORGANOGRAFÍA DE LAS PLANTAS

Introducción

El Reino Plantae o reino de las plantas está constituido por seres vivos pluricelulares, eucarióticos y autótrofos. Constan de células que se agrupan en tejidos, los cuales a su vez constituyen los órganos. Igualmente, en el Reino Animalia las células constituyen tejidos y órganos. Sin embargo, en el Reino Fungi, las células no se agrupan conformando tejidos.

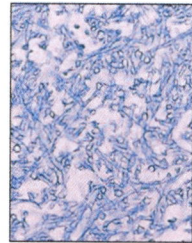

Reino Fungi

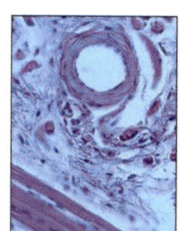
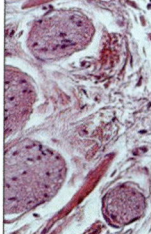
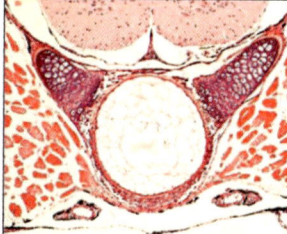

Reino Animalia

La clásica clasificación de los *tejidos de las plantas* considera la existencia de los siguientes tejidos: los *meristemos* (tejidos embrionarios que persisten en las plantas adultas), *parénquima* (tejido fotosintetizador o almacenador de materiales de diversa naturaleza), *colénquima* y *esclerénquima* (tejidos de sostén), *xilema* (tejido transportador fundamentalmente de agua y sales minerales), *floema* (tejido transportador fundamentalmente de sacarosa), *haces vasculares* (el xilema y floema que indefectiblemente están juntos y que recorren toda la planta), *tejidos secretores* (células que intervienen en la secreción de distintas sustancias), *epidermis* (tejido en contacto con el medio y propio de las estructuras con crecimiento primario), *peridermis* (tejido en contacto con el medio y propio de las estructuras con crecimiento secundario).

En la bibliografía se podrán encontrar los nombres de los tejidos escritos en singular o en plural: meristemo o meristemos, parénquima o parénquimas, etc., o en masculino o femenino: meristemo o meristema, etc., pero no es cuestión relevante.

Sumamente característico de las plantas es que presentan tejidos no claramente delimitados, es decir, con células que son formas de transición entre determinado tejido y su vecino.

Es posible agrupar los tejidos de las plantas, en los llamados *sistemas de tejidos*: el *sistema dérmico* constituido por la epidermis y la peridermis, el *sistema vascular* constituido por el xilema y el floema (que como ya se ha indicado, inevitablemente se acompañan el uno del otro) y el *sistema fundamental* constituido por el resto de los tejidos, particularmente el parénquima, el colénquima y el esclerénquima.

Los órganos de las plantas que se consideran y se muestran en el presente libro son la *raíz*, el *tallo*, la *hoja*, la *flor*, el *fruto* y la *semilla*.

A efectos organizativos, el conjunto de imágenes de cada tejido y órgano se ordenan numéricamente, anteponiendo en cada caso dos letras identificativas de cada tejido y órgano. Son las siguientes:

Meristemo	**Me-**
Parénquima	**Pa-**
Colénquima	**Co-**
Esclerénquima	**Es-**
Xilema	**Xi-**
Floema	**Fm-**
Haces vasculares	**Hv-**
Tejidos secretores	**Ts-**
Epidermis	**Ep-**
Peridermis	**Pe-**
Raíz	**Ra-**
Tallo	**Ta-**
Hoja	**Ho-**

Flor **Fl-**
Fruto **Fr-**
Semilla **Se-**

En cada imagen de microscopía óptica se indica el número de aumentos del objetivo (4x, 10x, etc.) empleado para perpetuar la imagen. En las de microscopía electrónica, el número de aumentos que el propio microscopio indica.

Tejidos de las plantas

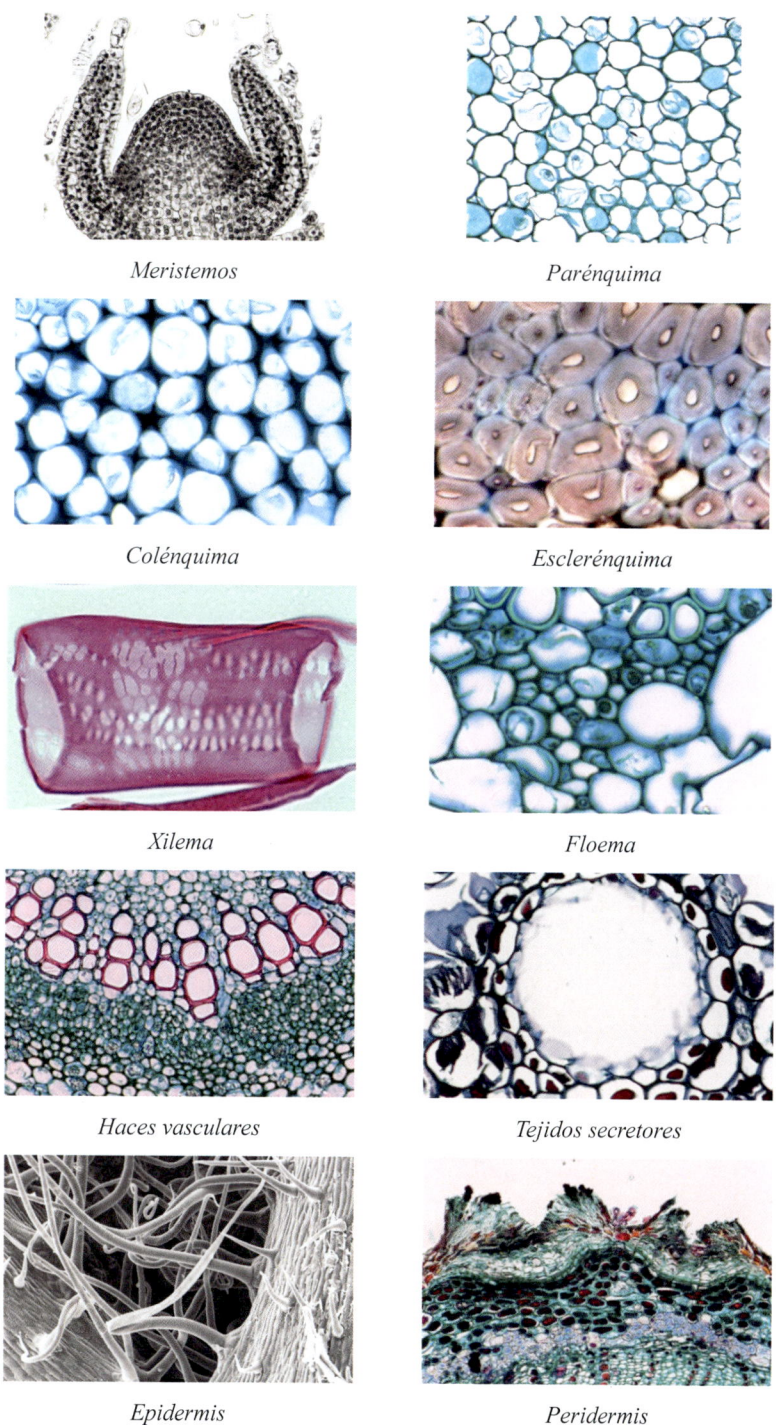

Meristemos

Parénquima

Colénquima

Esclerénquima

Xilema

Floema

Haces vasculares

Tejidos secretores

Epidermis

Peridermis

Órganos de las plantas

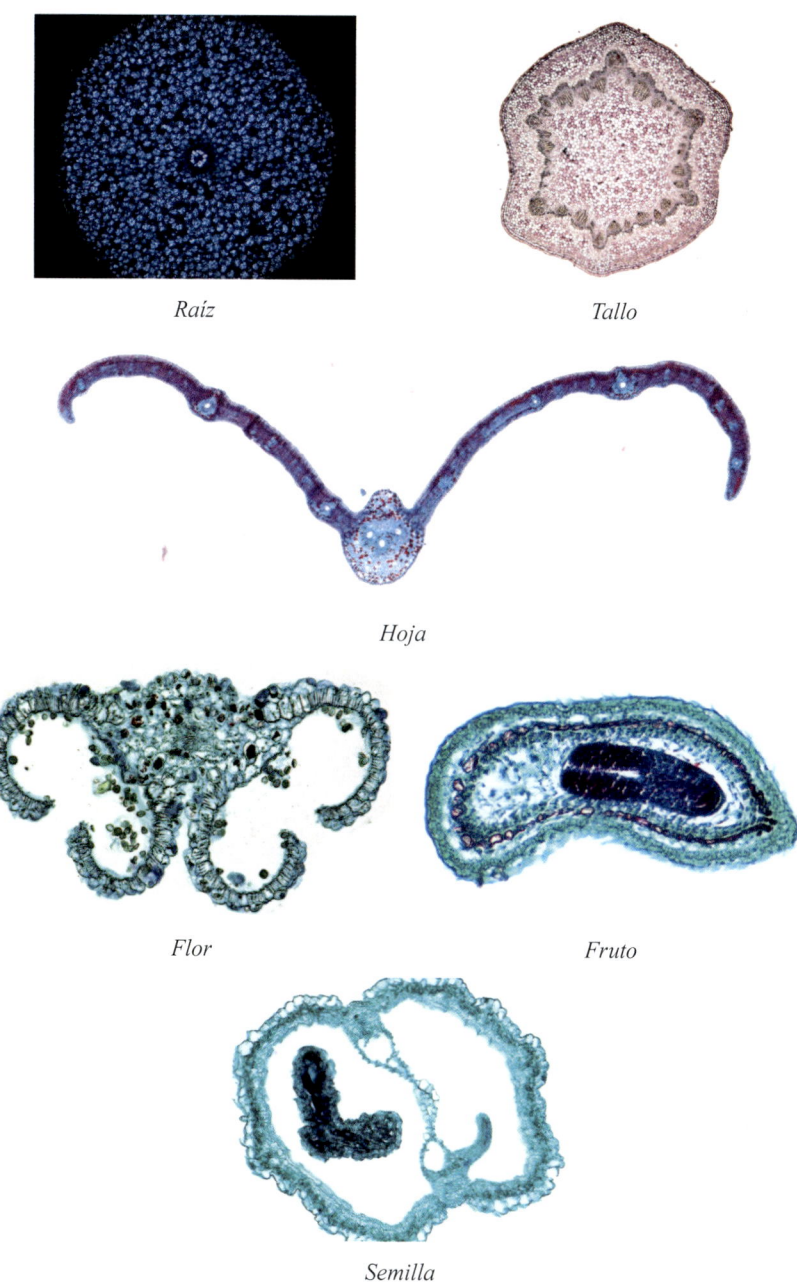

Raíz

Tallo

Hoja

Flor

Fruto

Semilla

HISTOLOGÍA DE LAS PLANTAS

Meristemos

Durante las primeras etapas del desarrollo embrionario de las plantas, todas las células se dividen. Posteriormente la mayoría se diferencian o especializan, manteniéndose en la planta adulta, algunas células en grupos con capacidad de proliferar. Son los meristemos.

Los meristemos constan de células vivas en su madurez con paredes primarias particularmente delgadas (como corresponde a células que se dividen activamente).

Me-1 Yema apical. Meristemo apical del tallo (flecha hueca) y dos primordios foliares (flechas). *Coleus blumei*. 20x.

Me-2 Yema axilar (flecha hueca) por debajo del meristemo apical. Tallo de *Coleus blumei*. Las flechas señalan el procambium. 10x.

Me-3 Meristemos intercalares (flechas). Ápice de tallo en crecimiento. *Polygonum bistorta*. 4x.

El meristemo apical del tallo es un meristemo terminal a diferencia del de la raíz que es subterminal. En el del tallo no hay ninguna estructura por encima del mismo, mientras que en el de la raíz la cofia o caliptra lo envuelve parcialmente.

Los primordios foliares nacen por debajo del meristemo apical propiamente dicho, aunque enseguida al crecer le alcanzan y superan. En épocas desfavorables estas hojas se modifican (las pérulas) (ver Ho-29 y Ho-30) y envuelven absolutamente al meristemo, protegiéndolo.

A cierta distancia del meristemo apical del tallo —la distancia es el entrenudo— se localizan (en el nudo) las masas meristemáticas (yemas axilares) que originan las expansiones laterales del tallo.

Los meristemos que en mayor medida son responsables del crecimiento primario de las plantas (crecimiento en longitud) son los meristemos intercalares, localizados en los nudos. En las zonas apicales de los tallos en crecimiento se observa cómo gradualmente se produce un mayor distanciamiento entre los meristemos intercalares; o lo que es lo mismo, los entrenudos son cada vez más largos.

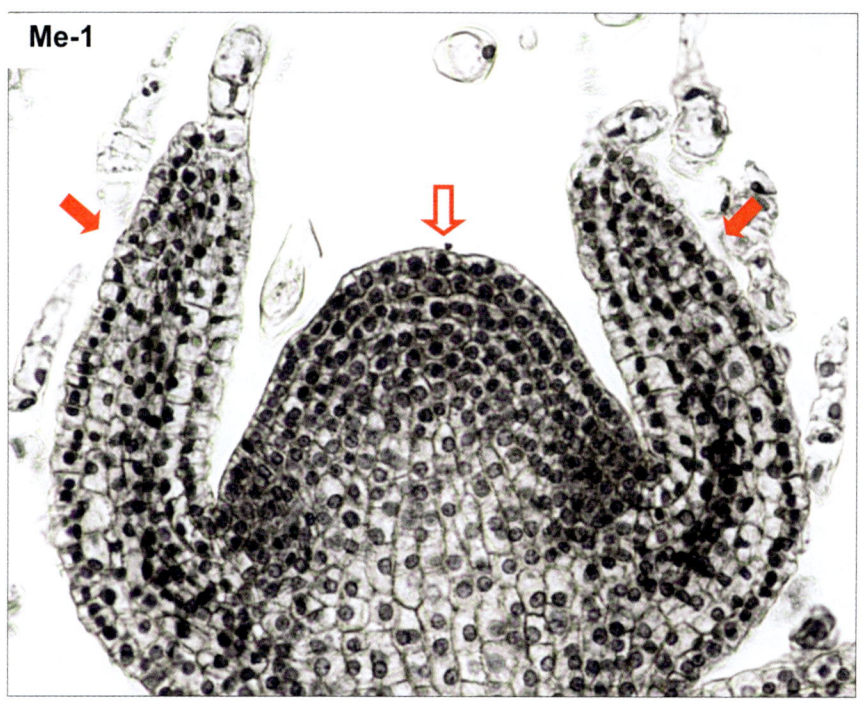

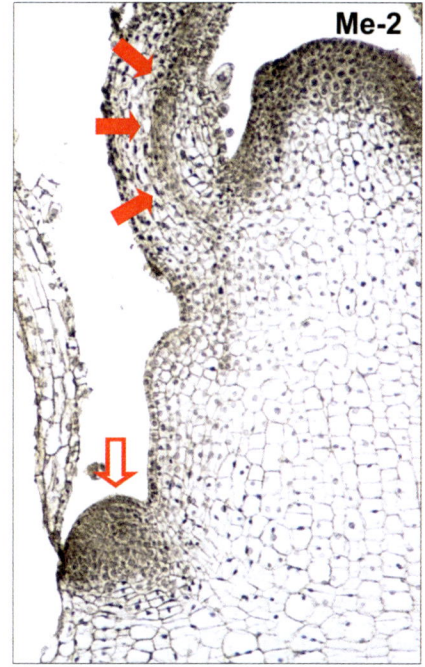
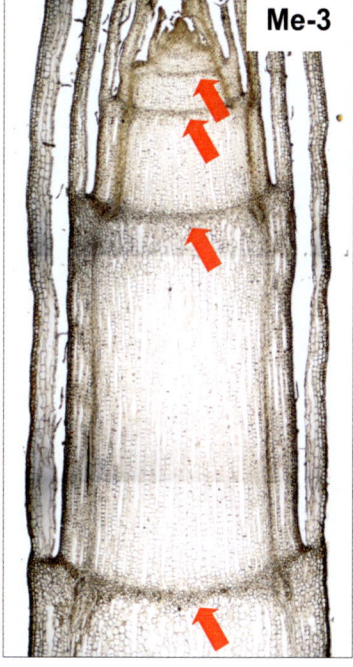

Me-4 Meristemo apical de la raíz. Raíz de *Allium cepa*. En el extremo presenta la cofia o caliptra (triángulos). 10x.

Me-5 Células meristemáticas en mitosis (flechas). Raíz de *Allium cepa*. 40x.

Me-6 Células meristemáticas en mitosis (flechas). Raíz de *Allium cepa*. 40x.

Los meristemos apicales de la raíz son meristemos subterminales (a diferencia de los meristemos apicales del tallo), por la presencia de la cofia o caliptra.

En los meristemos se observan células con paredes particularmente delgadas y abundantes células en división.

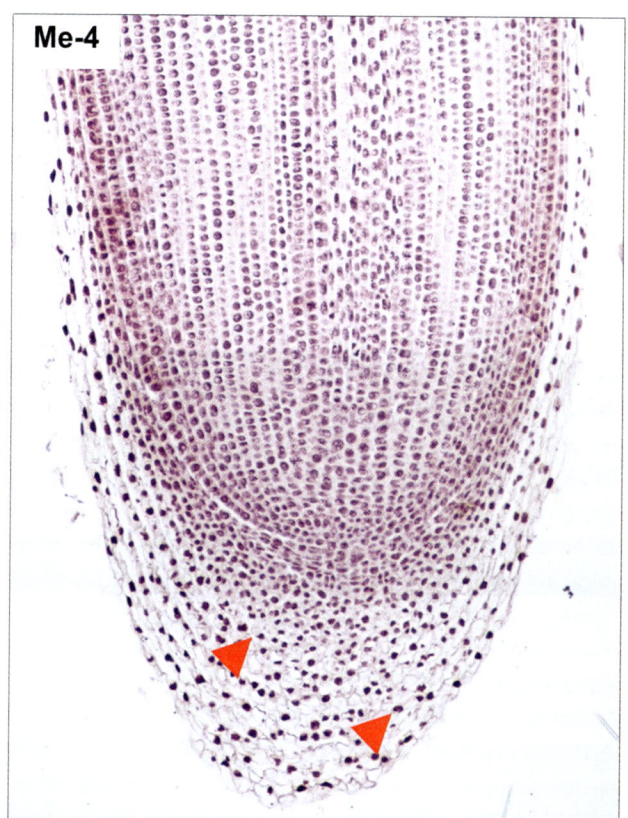

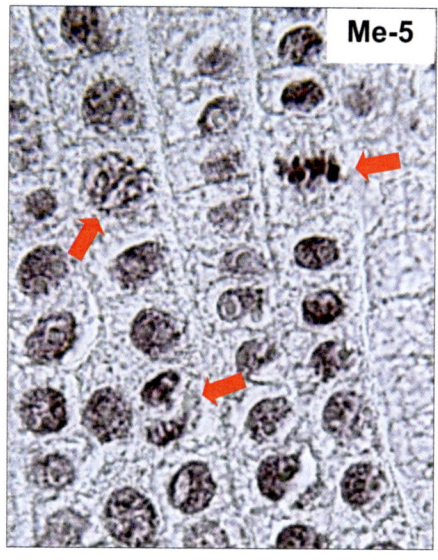

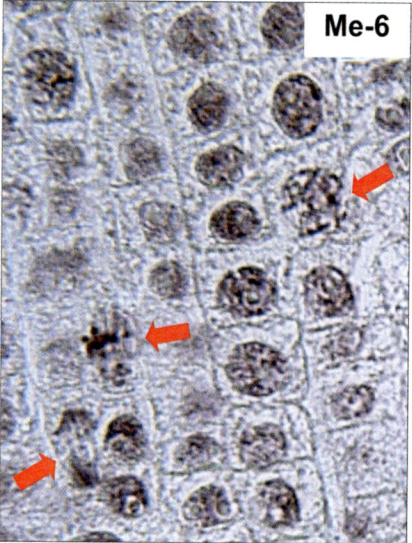

Me-7 Procambium (flecha). Hoja. *Castanea sativa.* 20x.

Me-8 Procambium (flecha). Peciolo. *Urtica dioica.* 40x.

Me-9 Procambium (flecha). Tallo. *Plantago lanceolata.* 10x.

Me-10 Procambium (flecha). Tallo. *Eryngium bourgatii.* 20x.

Me-11 Procambium (flecha). Raíz. *Montsera deliciosa.* 40x.

Abreviaturas: f floema, x xilema.

El procambium (como el cambium vascular) es un meristemo lateral que se localiza entre el xilema y el floema.

El procambium (como el cambium vascular) consta de células que se dividen activamente y que originan hacia un lado floema y, hacia el otro, xilema. Es notable el hecho de que de las dos células que resultan de la división de una célula meristemática, una de ellas se diferenciará hacia célula del floema o del xilema atendiendo al lugar en el que se encuentre (próxima al floema o al xilema) y la otra permanecerá constituyendo el meristemo.

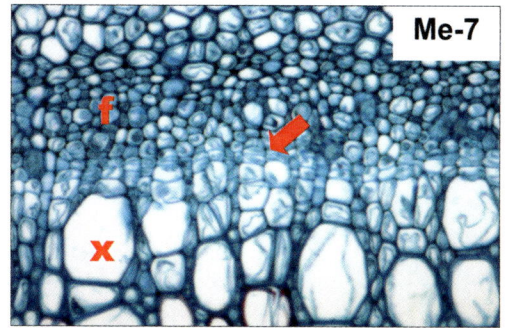

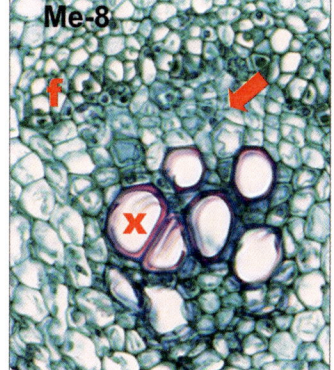

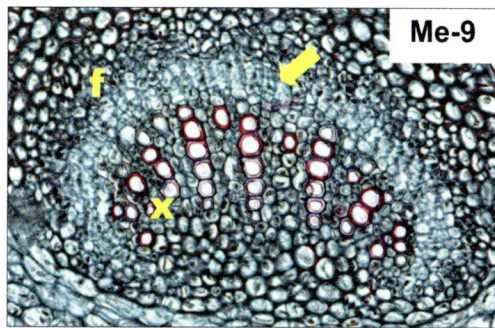

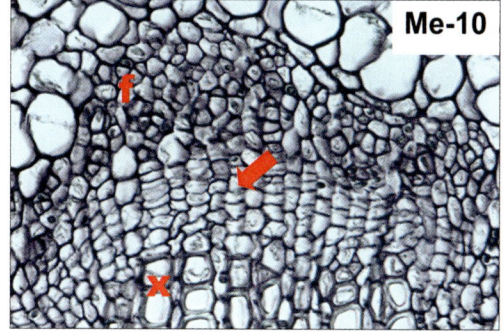

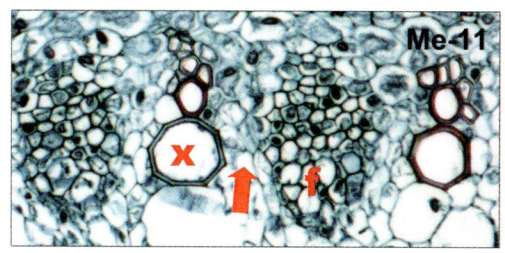

Me-12 Cambium vascular (flecha). Tallo. *Pinus pinaster.* 10x.

Me-13 Cambium vascular (flecha). Raíz. *Cucumis melo.* 10x.

Me-14 Felógeno (flecha). Tallo de *Morus alba.* Obsérvese la presencia de epidermis (flecha hueca). 40x.

Abreviaturas: f floema, fd felodermis, s súber, x xilema.

El felógeno solamente aparece en las partes de las plantas que presentan crecimiento secundario (crecimiento en grosor).

El felógeno se origina en los tallos, de la desdiferenciación de ciertas células (fundamentalmente parenquimáticas) que ponen en juego su capacidad totipotente. El meristemo lateral así originado produce hacia el exterior las células del súber o corcho que son eminentemente aislantes y protectoras, y hacia el interior células parenquimáticas que conforman la felodermis. En la raíz con crecimiento secundario el felógeno, que también produce súber, se suele originar de otro tejido no inicialmente meristemático, el periciclo.

En los estadios iniciales del crecimiento secundario, aún se observa epidermis rodeando el órgano. Posteriormente la actividad del felógeno determinará que la epidermis se rompa y desaparezca.

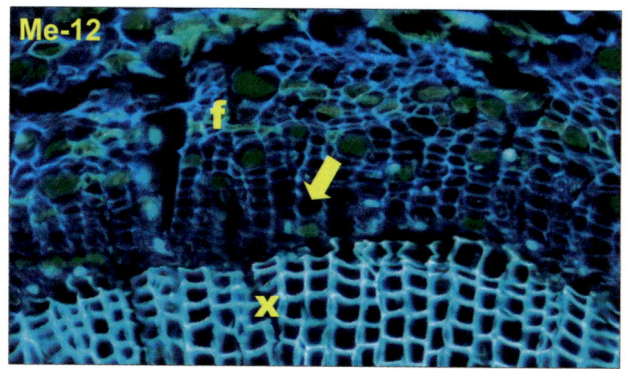

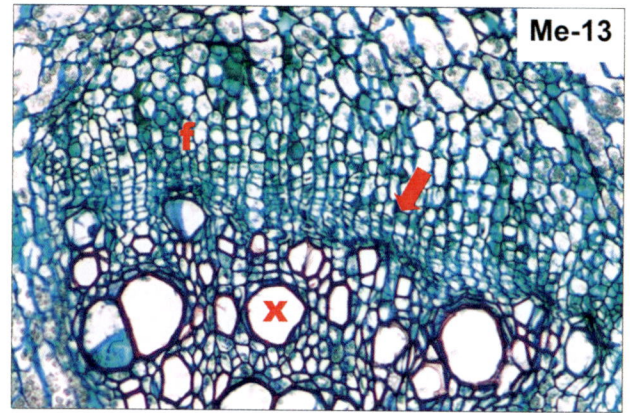

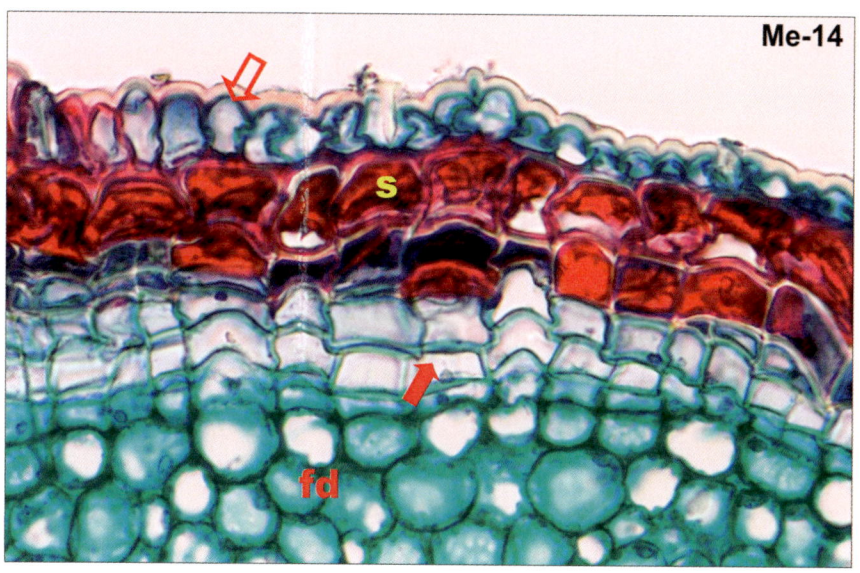

Parénquima

El parénquima es un tejido simple que consta de células vivas en su madurez, que presentan paredes primarias delgadas. Además, sus células tienen la capacidad de desdiferenciarse, esto es, dejan de ser células parenquimáticas para convertirse en células meristemáticas a todos los efectos. Es lo que ocurre, por ejemplo, en la formación del felógeno, en procesos de cicatrización, en la obtención de injertos y esquejes. Por otra parte, las células parenquimáticas pueden desarrollar paredes primarias gruesas hasta confundirse con células del colénquima, y pueden llegar a sintetizar pared secundaria en la que depositan lignina, confundiéndose en ese caso con células del esclerénquima.

Pa-1 Células parenquimáticas (flechas). Tallo de *Cyperus papyrus.* 500x.

Abreviaturas: e esclerénquima, x xilema.

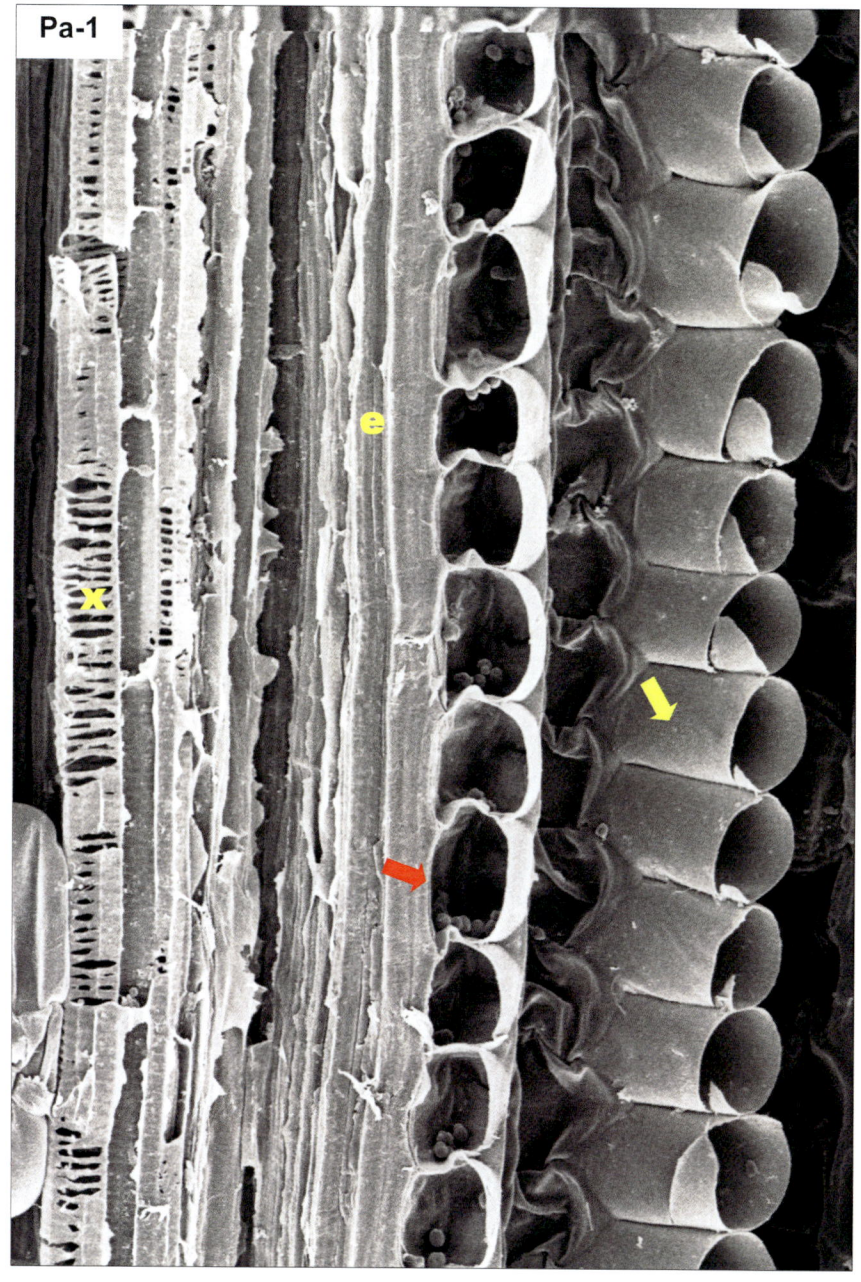

Pa-2 Parénquima (triángulos) en médula y córtex de raíz. Raíz de *Acacia dealbata*. 4x.

Pa-3 Parénquima (triángulos) en médula y córtex de tallo. Zarcillo de *Vitis vinifera*. 4x.

Pa-4 Parénquima (triángulos) en nervio central y lámina foliar. Hoja de *Vitis vinifera*. 10x.

Abreviaturas: C córtex, H tejidos vasculares, M médula, t tricoma.

El parénquima constituye la gran mayoría del llamado sistema fundamental de la planta, ocupando generalmente la parte más voluminosa de los órganos (médula y córtex de tallos y raíces, mesófilo de las hojas, pulpa de los frutos carnosos, etc.). Todas las células parenquimáticas, están altamente vacuolizadas, de tal manera que el parénquima representa una importante reserva hídrica de las plantas.

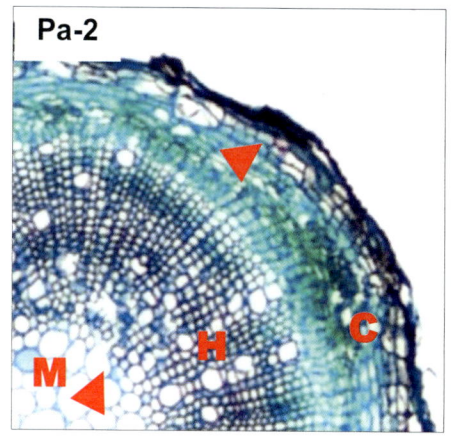

Pa-2

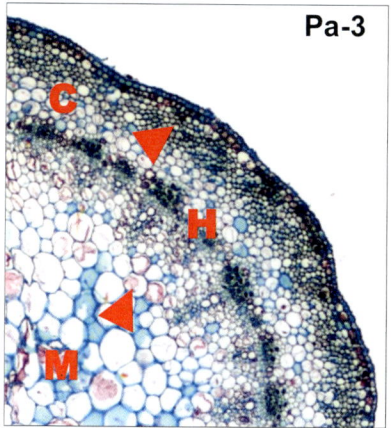

Pa-3

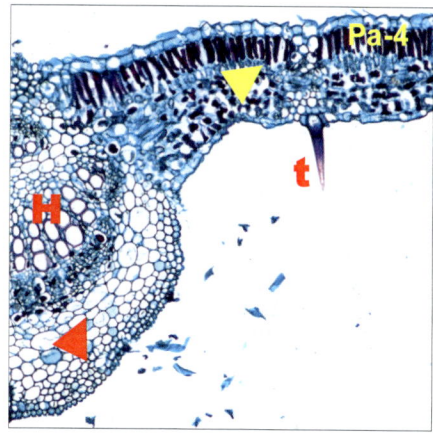

Pa-4

Pa-5 Presencia de cloroplastos (flechas) en lámina foliar. Hoja de *Urtica dioica*. La flecha abierta señala un cistolito. 40x.

Pa-6 Cloroplastos muy grandes (flechas) en las células de la vaina de planta C4. Tallo de *Cyperus papyrus*. Obsérvense cloroplastos de las células del mesófilo (flechas abiertas). 60x.

Abreviaturas: pa parénquima aerífero, pc parénquima clorofílico en empalizada.

El parénquima es un tejido encargado de realizar las funciones esenciales de las plantas, de las que destaca la fotosíntesis y la elaboración y almacenamiento de sustancias.

La fotosíntesis se lleva a cabo en los cloroplastos, que generalmente se disponen en la periferia celular, porque la vacuola los empuja a esa posición.

Aunque el tejido fotosintetizador por antonomasia es el parénquima clorofílico, es frecuente que otros parénquimas (como el parénquima aerífero) u otros tejidos (como el colénquima) presenten también cloroplastos.

En las plantas C4, las llamadas células de la vaina se caracterizan por presentar cloroplastos enormes en comparación con los de las células del mesófilo, que son similares a los que presentan el resto de las plantas.

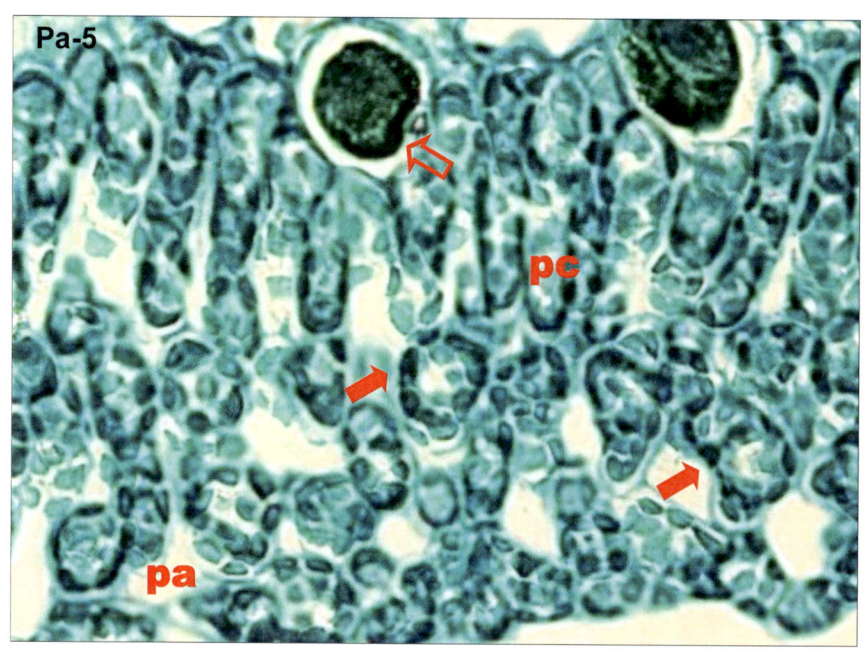

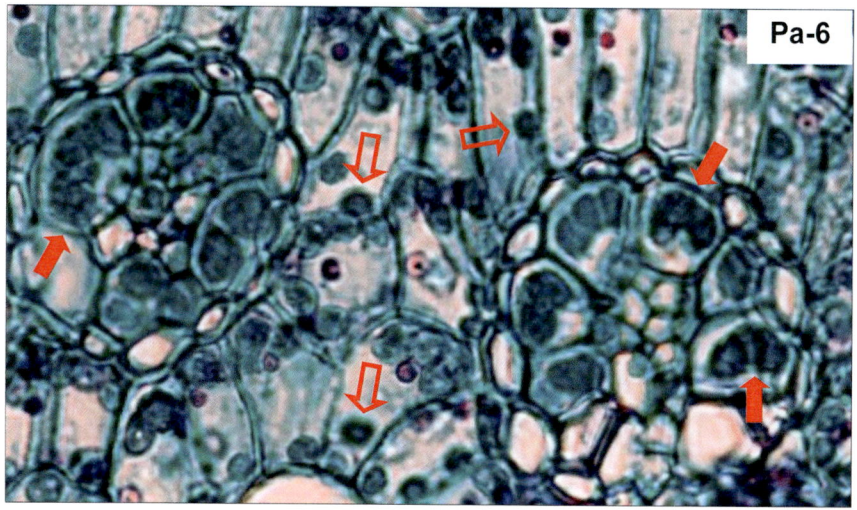

Pa-7 Parénquima clorofílico en empalizada (triángulos). Hoja de *Quercus* sp. 20x.

Pa-8 Parénquima clorofílico lagunar (triángulos). Nervio central de hoja de *Fragaria vesca*. Las flechas señalan espacios intercelulares. 20x.

El color verde de las plantas se debe desde el punto de vista molecular a las clorofilas localizadas en los cloroplastos, desde el punto de vista celular a las células que presentan cloroplastos y, desde el punto de vista histológico a los parénquimas clorofílicos.

El parénquima clorofílico en empalizada presenta células alargadas. Se puede observar constituido por una sola capa de células o dos o tres o más capas.

El parénquima clorofílico lagunar se caracteriza por presentar células redondeadas que normalmente dejan conspicuos espacios intercelulares (o meatos) entre sí.

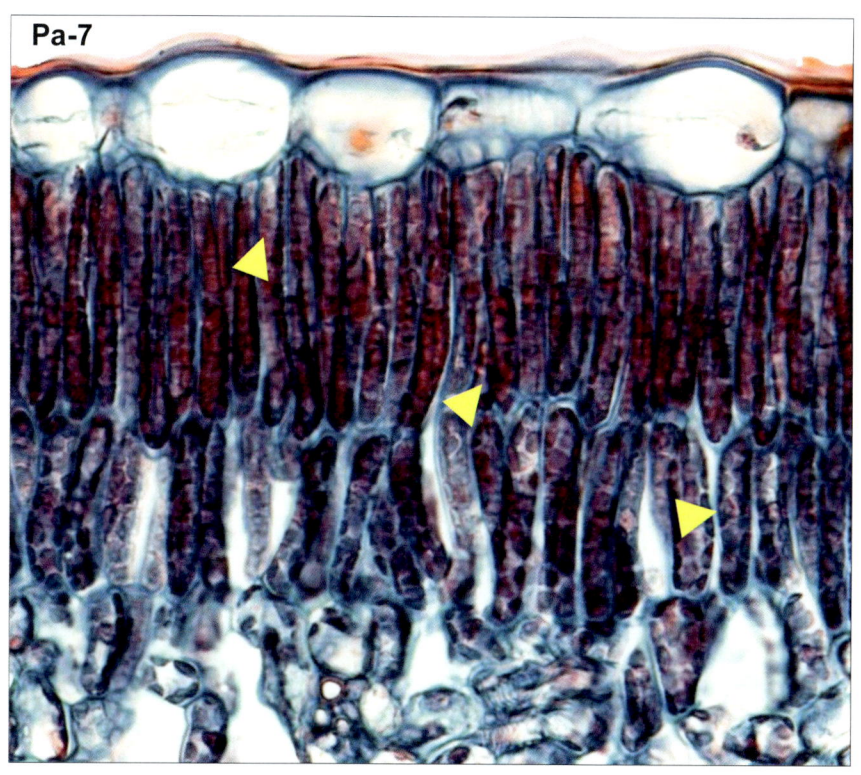

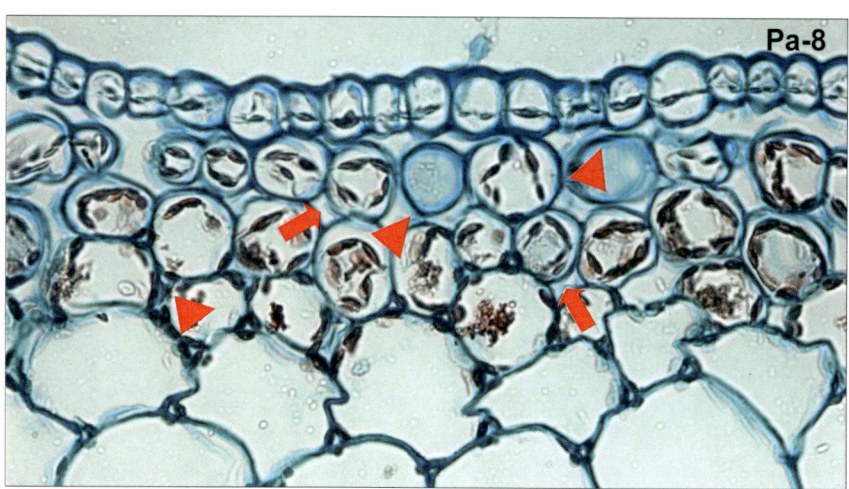

Pa-9 Conjunto de células con cromoplastos (triángulos). Fruto de *Aesculus hippocastanum.* 10x.

Pa-10 Cromoplastos (flechas). Fruto de *Aesculus hippocastanum.* Detalle de la anterior. 60x.

En una primera aproximación a los plastos, se pueden establecer dos grupos: los plastos que proporcionan color (los cloroplastos y los cromoplatos) y aquellos que no lo proporcionan (los leucoplastos).

Los cromoplastos son plastos que no contienen clorofilas (no son fotosintetizadores) pero que sintetizan y almacenan pigmentos como carotenoides y otros. Es frecuente observar cromoplastos en grandes agrupaciones celulares, siendo los responsables de los colores no verdes de las plantas particularmente en frutos.

Pa-9

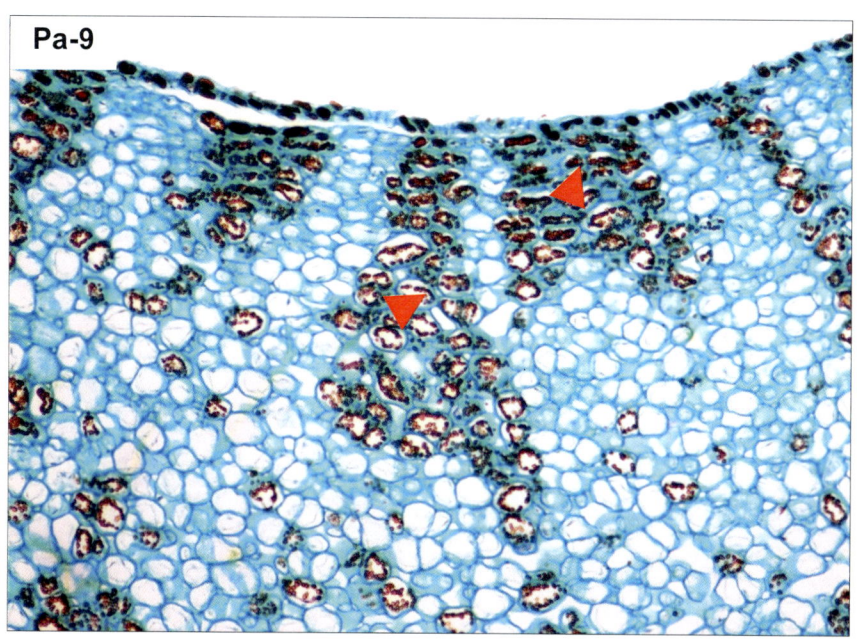

Pa-10

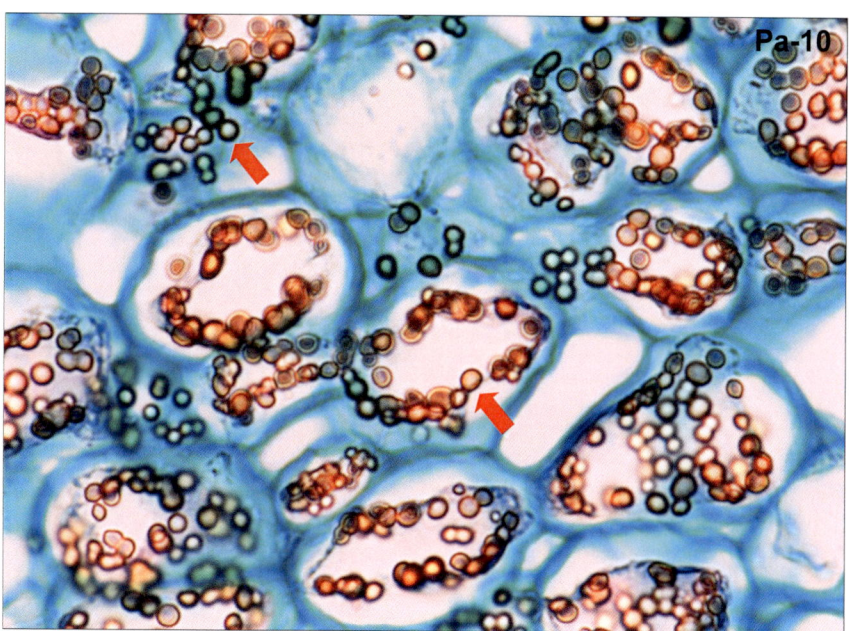

Pa-11 Parénquima aerífero. Lámina foliar de *Vitis vinifera*. 20x.

Pa-12 Parénquima aerífero. Lámina foliar de *Fragaria vesca*. 20x.

Pa-13 Parénquima aerífero. Nervio central de hoja de *Polygonum bistorta*. 20x.

Pa-14 Parénquima aerífero. Tallo de *Cyperus papyrus*. 20x.

Pa-15 Células en estrella en parénquima aerífero. Tallo de *Cyperus papyrus*. 60x.

Los triángulos indican espacios intercelulares o meatos.

Abreviatura: pc parénquima clorofílico en empalizada.

El parénquima aerífero o aerénquima es un parénquima especializado en el transporte de aire, concretamente es un parénquima con meatos más o menos grandes por los que circula el aire. Es frecuente que sus células presenten cloroplastos.

El parénquima aerífero está especialmente desarrollado en plantas hidrófitas.

Las células en estrella constituyen un parénquima aerífero especial. Son células que se encuentran unidas unas a otras solamente por las expansiones que presentan.

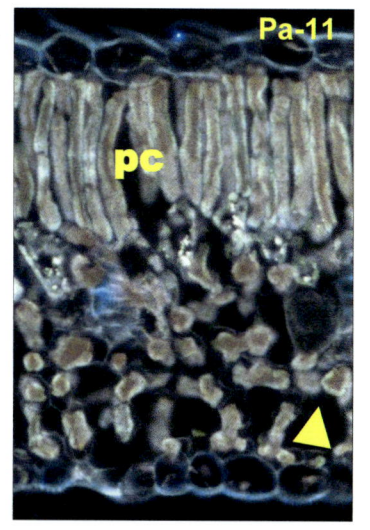

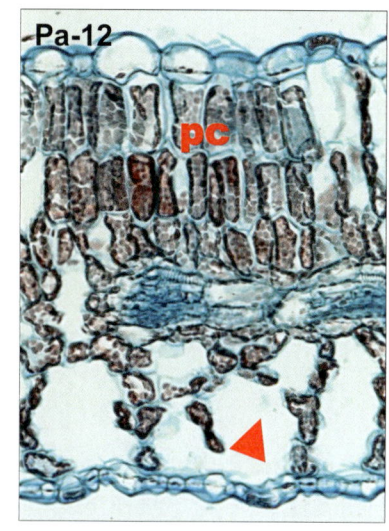

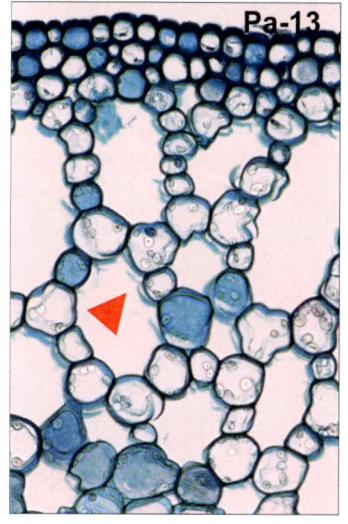

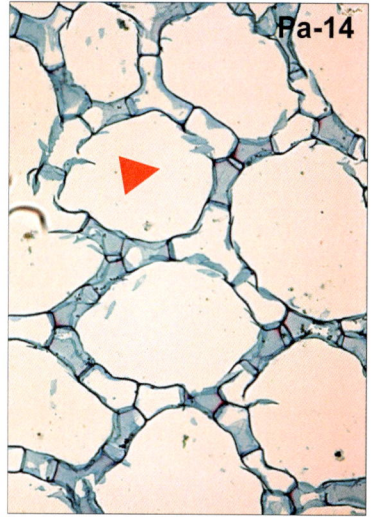

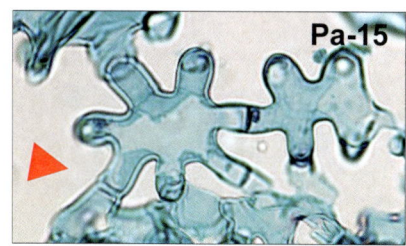

Pa-16 Parénquima de reserva (triángulos). Nervio central. Hoja de *Rubus ulmifolius*. 10x.

Pa-17 Parénquima de reserva. Peciolo de *Narcisus asturiensis*. Obsérvese el aspecto vacío de las células. La célula señalada con la flecha —aparentemente llena— es igual que sus compañeras de tejido —apartemente vacías—, pero en la señalada, el corte ha interesado a la pared. 20x.

Pa-18 Parénquima de reserva. Nervio central. Hoja de *Nerium oleander*. Las flechas señalan amiloplastos. La flecha abierta, señala una drusa. 20x.

Abreviatura: H tejidos vasculares.

Hay parénquimas especializados en realizar la fotosíntesis, otros especializados en permitir el transporte de aire, y otros que se observan en órganos diversos, entre determinados tejidos o estructuras y que parecen estar solamente rellenando espacios. Es el parénquima de reserva, cuyas células tienen materiales diversos, aunque con la microscopía óptica de rutina no es posible detectarlos. En otras ocasiones, pueden presentar amiloplastos, taninos, etc. que sí se observan al microscopio óptico de campo claro.

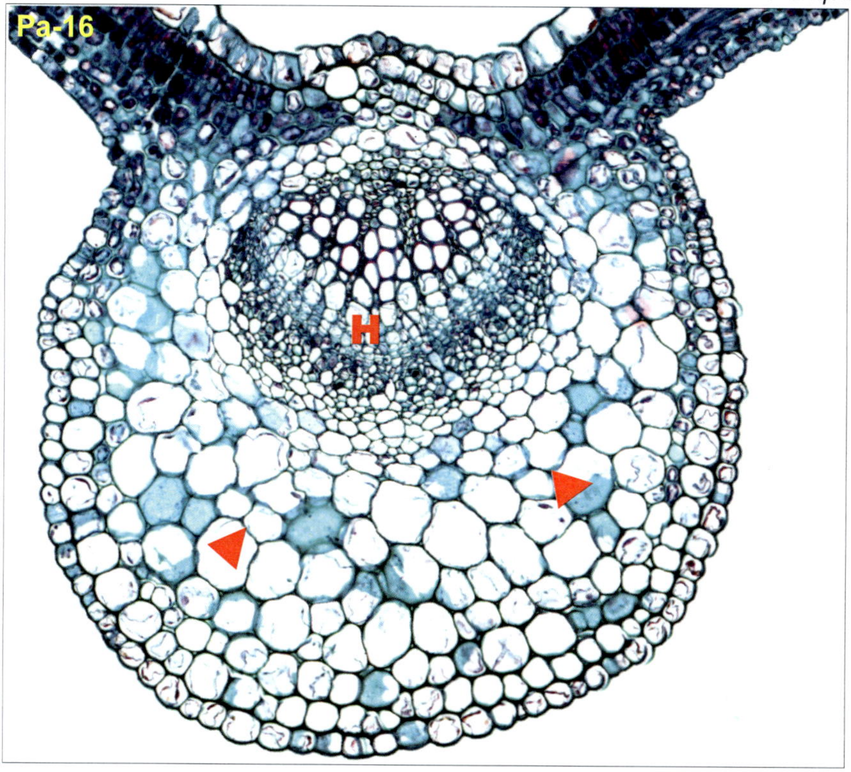

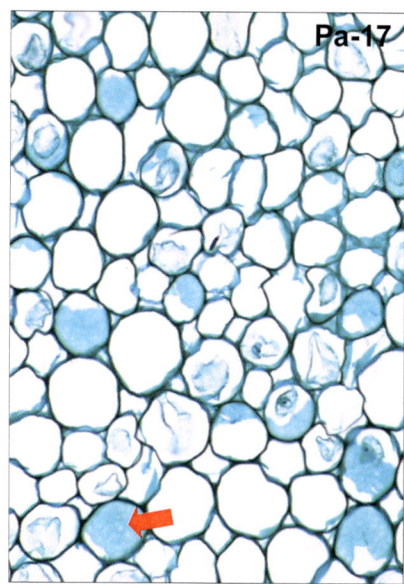

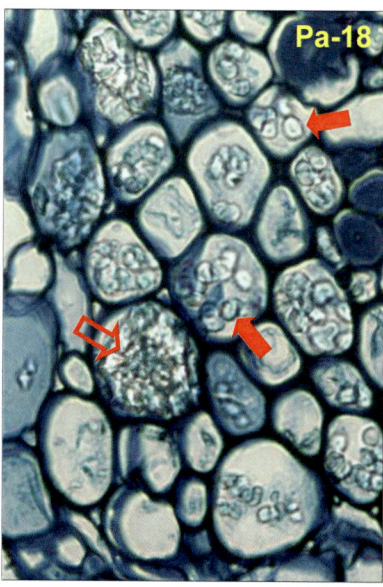

Pa-16

H

Pa-17

Pa-18

Pa-19 Parénquima de reserva. Semilla de *Acer* sp. 10x.

Pa-20 Parénquima nutritivo (triángulos). Agalla inducida por la avispa *Dryocosmus kuriphilus* en hoja de *Castanea sativa*. 40x.

Pa-21 Células de parénquima nutritivo. Agalla inducida por la avispa *Dryocosmus kuriphilus* en hoja de *Castanea sativa*. Detalle de la anterior. 100x.

Abreviatura: cam cámara larvaria, es esclereidas.

El parénquima acumulador de materiales energéticos es muy abundante en las plantas en general y en las raíces y semillas en particular.

El parásito conocido como avispilla del castaño, pone huevos en el interior de hojas. Las larvas que emergen de dichos huevos, se alimentan de células de parénquima de reserva modificadas: las células nutritivas. Dichas células se disponen tapizando la cámara donde habitan las larvas, estando protegido el conjunto, por una cubierta de esclerénquima. Las células nutritivas presentan citoplasma granuloso y núcleos prominentes como corresponde a células metabólicamente activas.

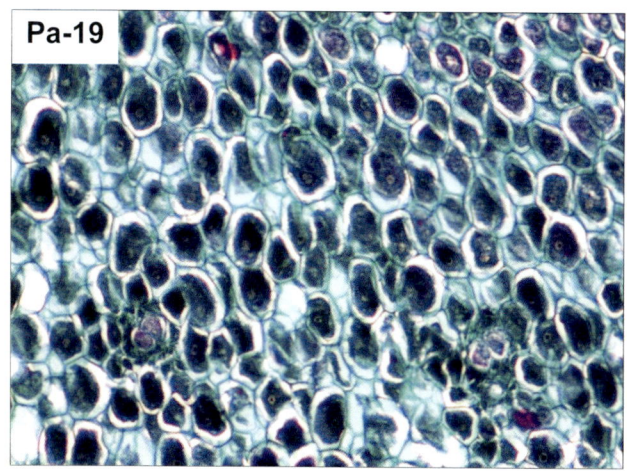

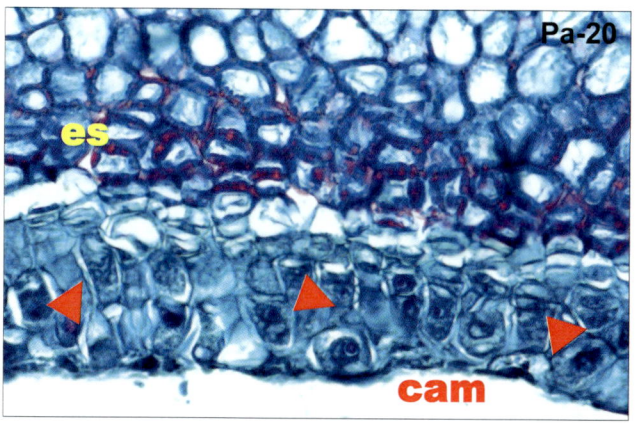

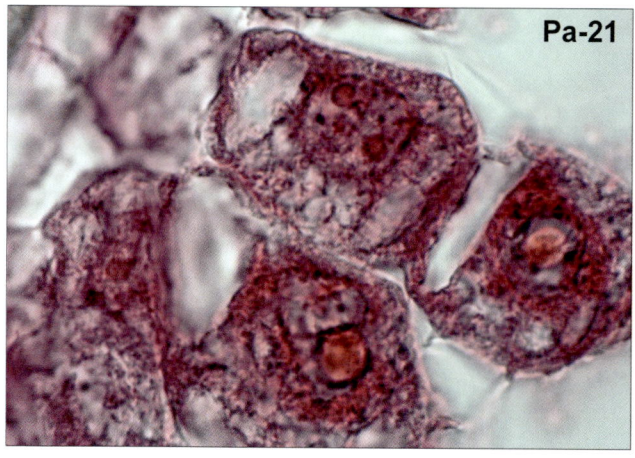

Pa-22 Parénquima de reserva con amiloplastos (flechas). Tallo de *Kalanchoe* sp. 20x.

Pa-23 Parénquima de reserva con amiloplastos. Tallo de *Kalanchoe* sp. La imagen anterior con luz polarizada. Obsérvese que los amiloplastos son birrefringentes. 20x.

Pa-24 Parénquima de reserva con amiloplastos. Raíz de *Bryonia dioica*. La tinción con Lugol muestra los amiloplastos como puntos negros. 10x.

Pa-25 Amiloplastos (puntos negros) en células fotosintetizadoras de lámina foliar. Hoja de *Quercus* sp. 20x.

En las plantas, el almidón se localiza exclusivamente en los cloroplastos (donde se sintetiza) y en los amiloplastos (donde se acumula). Algunos autores llaman a los amiloplastos, granos de almidón.

Habitualmente el almidón en los amiloplastos se acumula en capas concéntricas lo cual determina su actividad óptica y por tanto que sean visibles con el microscopio de polarización.

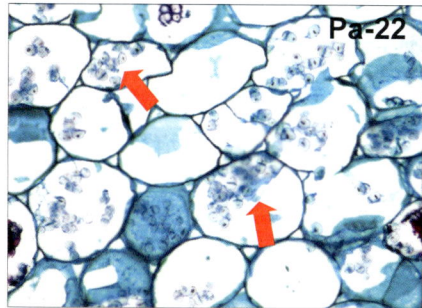

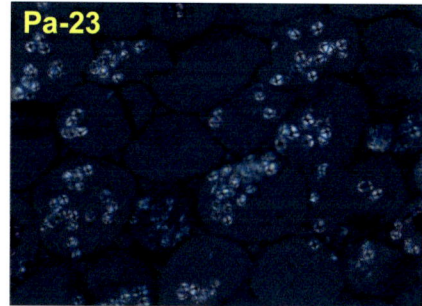

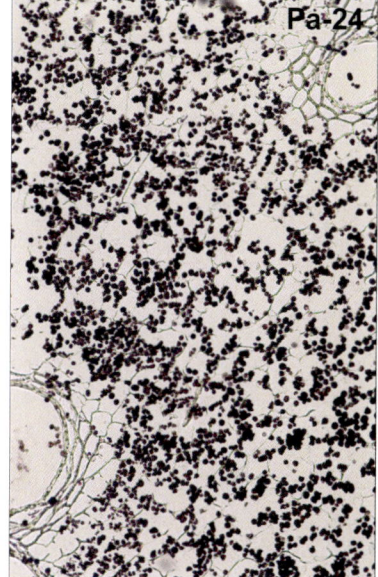

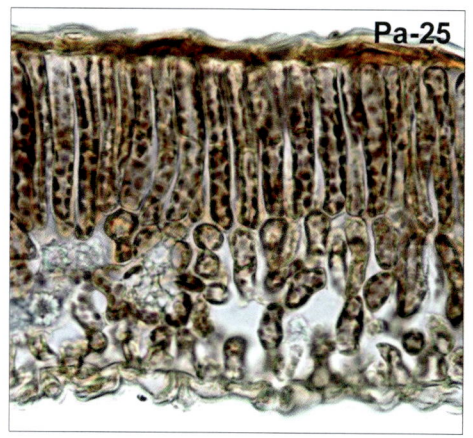

Pa-26 Células con amiloplastos (flechas). Tallo de *Cyperus papyrus*. 5000x.

Pa-27 Parénquima acuífero. Tallo de *Mentha* sp. 20x.

El parénquima acuífero es un parénquima especializado en el almacenamiento de agua. Son células particularmente grandes y con las paredes muy delgadas. Carece de plastos.

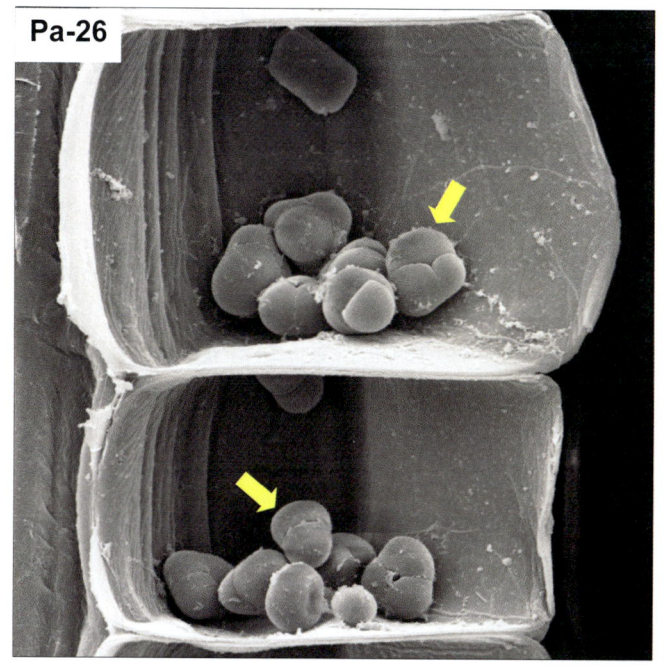

Pa-26

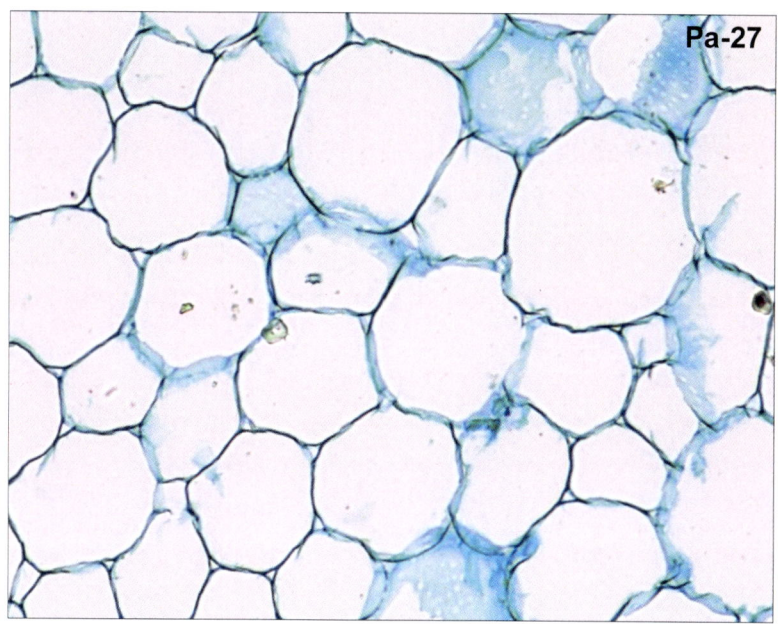

Pa-27

Pa-28 Drusa. Pedúnculo floral de *Rosa* sp. 10x.

Pa-29 Drusas apoyadas en una fibra de esclerénquima. Hoja de *Dianthus monspessulanus*. 100x.

Pa-30 Prisma (flecha). Hoja de *Rubus ulmifolius*. Obsérvese que algunas células presentan amiloplastos. 40x.

Pa-31 Prisma (flecha). Hoja de *Rubus ulmifolius*. La anterior con luz polarizada. 40x.

Pa-32 Ráfides. Hoja de *Vitis vinifera*. 40x.

Pa-33 Cristales en la pared de esclereidas (flechas). Peciolo de *Nymphaea odorata*. 20x.

Pa-34 Cristales en la pared de esclereidas. Peciolo de *Nymphaea odorata*. La anterior con luz polarizada. 20x.

Drusas, prismas y ráfides son inclusiones cristalinas de oxalato cálcico, especialmente abundantes en plantas con baja tolerancia al calcio (consiguen mantener bajos niveles de calcio al precipitar éste con oxalato dando lugar a los cristales de oxalato cálcico). Los cristales son anisótropos y, por tanto, fácilmente detectables con el microscopio de polarización.

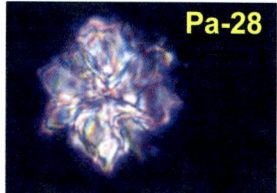

Pa-28

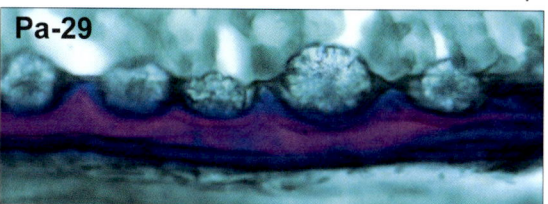

Pa-29

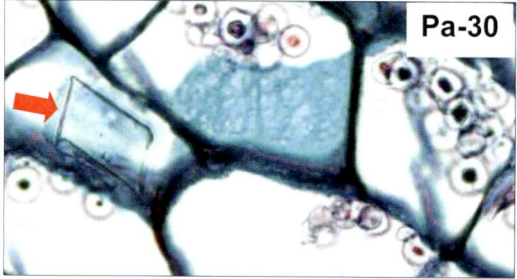

Pa-30

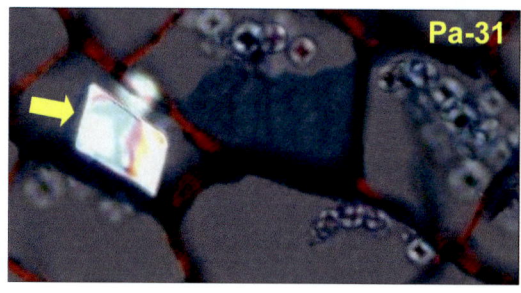

Pa-31

Pa-32

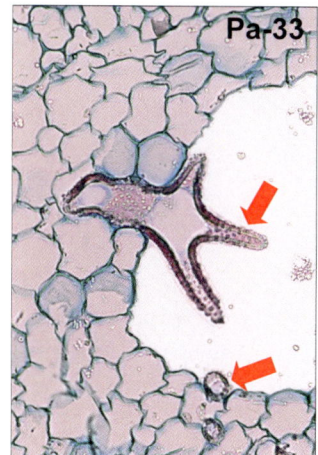

Pa-33

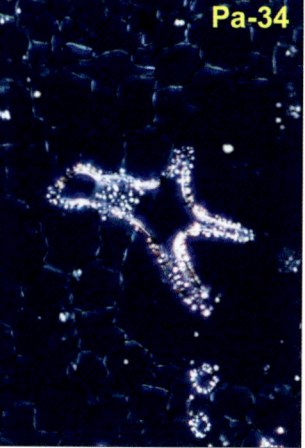

Pa-34

Pa-35 Cristales en células de parénquima clorofílico. Hoja de *Olea europaea*. 20x.

Pa-36 Cristales en el interior de células epidérmicas (flechas). Hoja de *Salix alba*. La flecha abierta señala una drusa. 20x.

Pa-37 Cristales en el interior de células epidérmicas. Hoja de *Salix alba*. La anterior con luz polarizada. 20x.

Pa-38 Microcristales dispersos. Hoja de *Cupressus sempervirens*. Las flechas señalan inclusiones de taninos.20x.

Los cristales de oxalato cálcico no se presentan en las plantas solamente en forma de drusas, prismas y ráfides; también se pueden observar como arenilla o microcristales dispersos, como cristales esféricos, etc. Además, los cristales pueden localizarse en el exterior de esclereidas, en células con cloroplastos, etc.

En determinadas células epidérmicas se localizan inclusiones de carbonato cálcico, los cistolitos (ver Ep-17 a Ep-21).

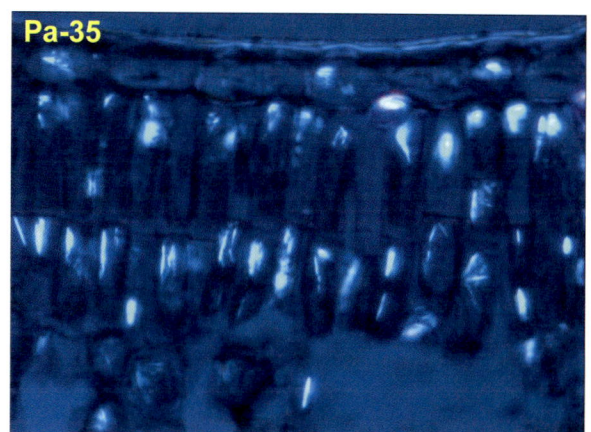

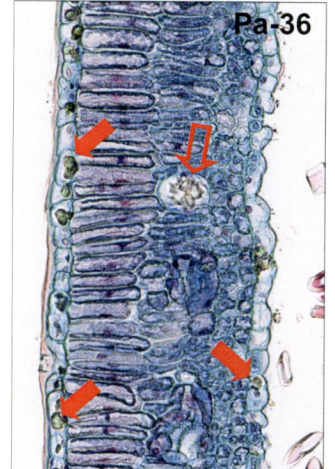

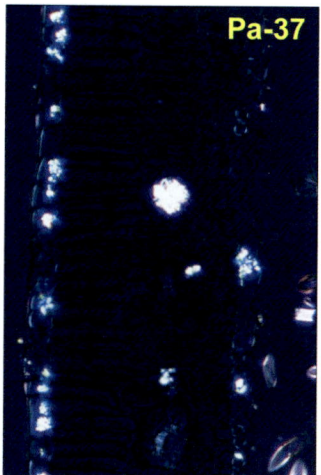

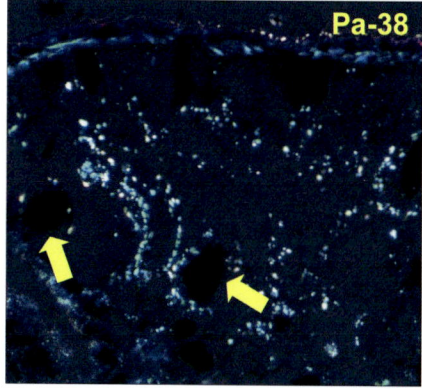

Pa-39 Taninos en la pared celular. Foliolo de *Pistacia terebinthus*. 60x.

Pa-40 Taninos de grano fino. Foliolo de *Pistacia terebinthus*. 60x.

Pa-41 Taninos de grano grueso. Foliolo de *Pistacia terebinthus*. 60x.

Pa-42 Taninos en hebras. Foliolo de *Pistacia terebinthus*. 60x.

Pa-43 Taninos homogéneos y densos. Hoja de *Vitis vinifera*. 40x.

Los derivados fenólicos son muy abundantes en las plantas, por ejemplo, la lignina es un derivado fenólico. Entre dichos derivados fenólicos, se encuentran los taninos, que frecuentemente se acumulan en células parenquimáticas.

Las células que acumulan taninos, pasan por varios estadios (de menor a mayor cantidad de taninos): sin inclusiones --- con inclusiones en la pared --- con inclusiones en gránulos, primero finos y después grandes --- inclusiones en hebras --- inclusiones homogéneas y densas que ocupan prácticamente toda la célula.

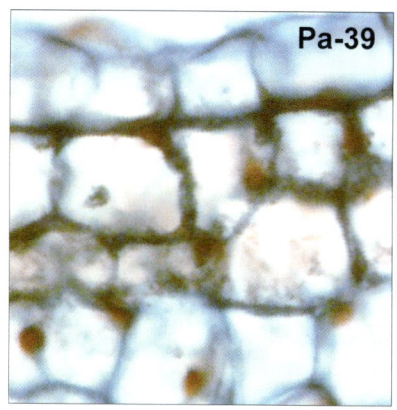

Pa-39

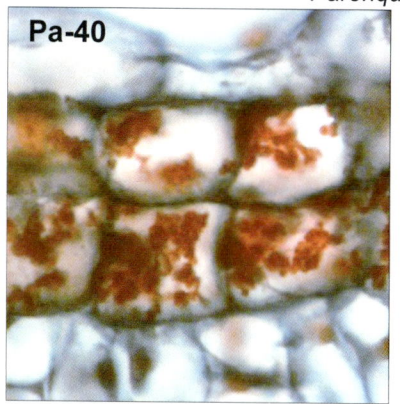

Pa-40

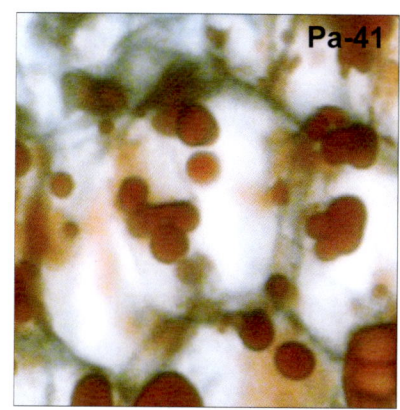

Pa-41

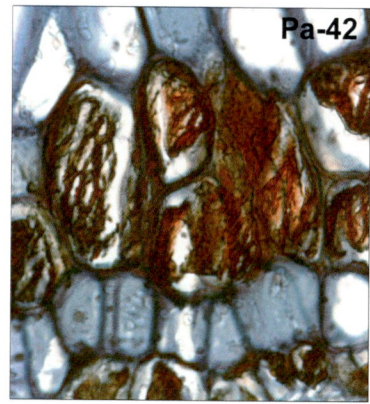

Pa-42

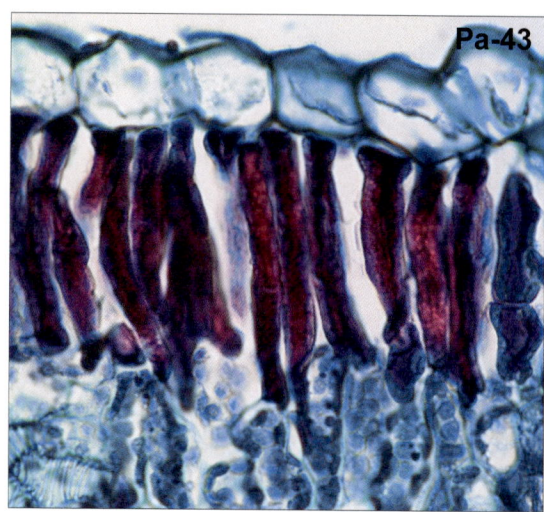

Pa-43

Colénquima

El colénquima es un tejido simple que consta de células vivas en su madurez y que presentan paredes primarias especialmente engrosadas. Es el tejido de sostén de —preferentemente— los órganos en crecimiento. Presenta junto con el parénquima la capacidad de desdiferenciarse, convirtiéndose en ese caso en células meristemáticas que potencialmente se pueden diferenciar en cualquier tipo celular. En ocasiones sus células pueden presentar cloroplastos.

Co-1 Colénquima angular. Tallo de *Mentha longifolia*. 100x.

Co-2 Colénquima laminar. Tallo de *Taraxacum officinale*. 100x.

Co-3 Colénquima laminar en sección longitudinal. Tallo de *Taraxacum officinale*. 100x.

Abreviatura: e epidermis.

El colénquima angular presenta los engrosamientos de la pared en los puntos de contacto de tres o más células. El colénquima laminar presenta los engrosamientos en las paredes tangenciales, estando muy poco engrosadas las paredes radiales. Ambos tipos de colénquimas no suelen presentar espacios intercelulares. El colénquima laminar suele disponerse inmediatamente por debajo de la epidermis.

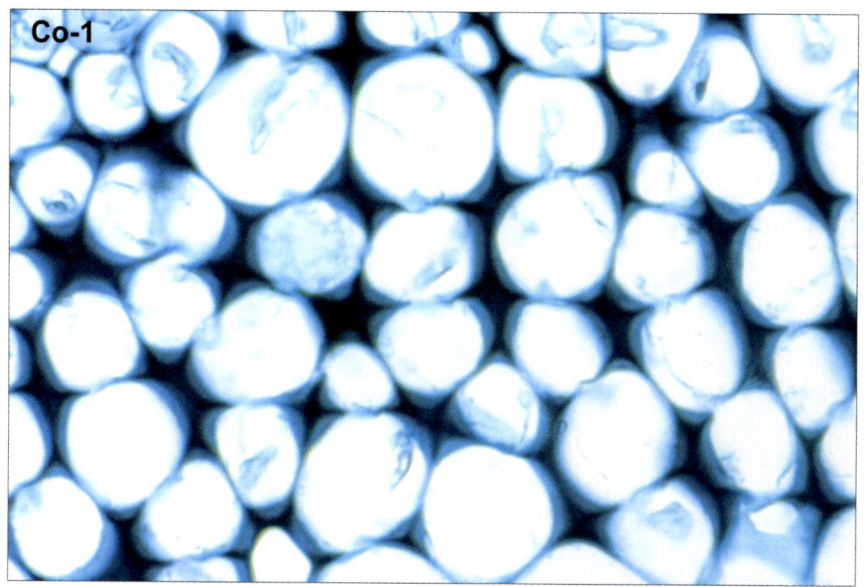

Co-1

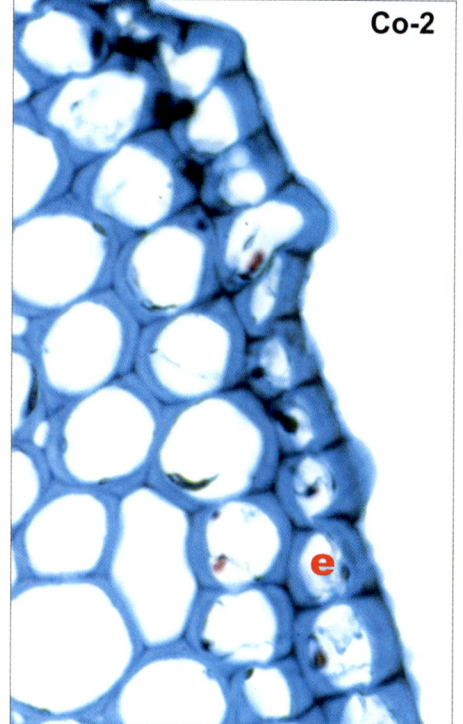

Co-2

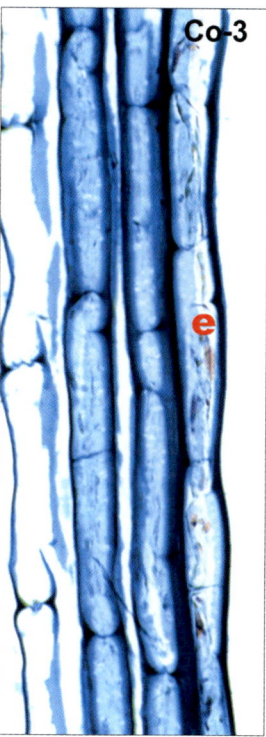

Co-3

Co-4 Colénquima laminar. Peciolo de *Urtica dioica*. Tres capas de colénquima (flechas) por debajo de la epidermis. 40x.

Co-5 Colénquima lagunar. Peciolo de *Malva sylvestris*. Las flechas indican espacios intercelulares. 100x.

Co-6 Colénquima anular. Hoja de *Rosa canina*. La flecha indica un espacio intercelular. 60x.

Abreviatura: e epidermis.

En el colénquima lagunar el engrosamiento se produce en las zonas de la pared que están en contacto con los espacios intercelulares. En el colénquima anular el engrosamiento es más o menos uniforme en toda la superficie celular. Ambos colénquimas presentan espacios intercelulares.

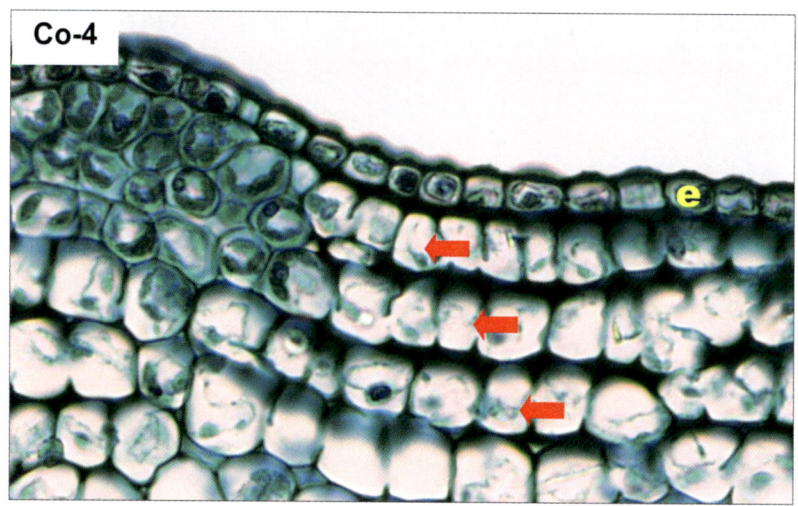

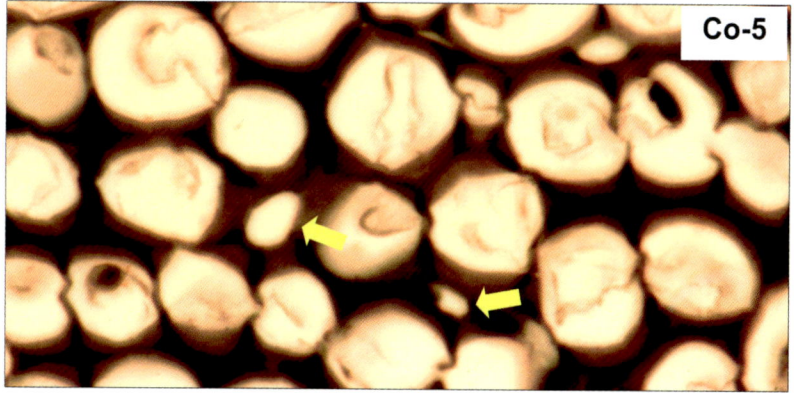

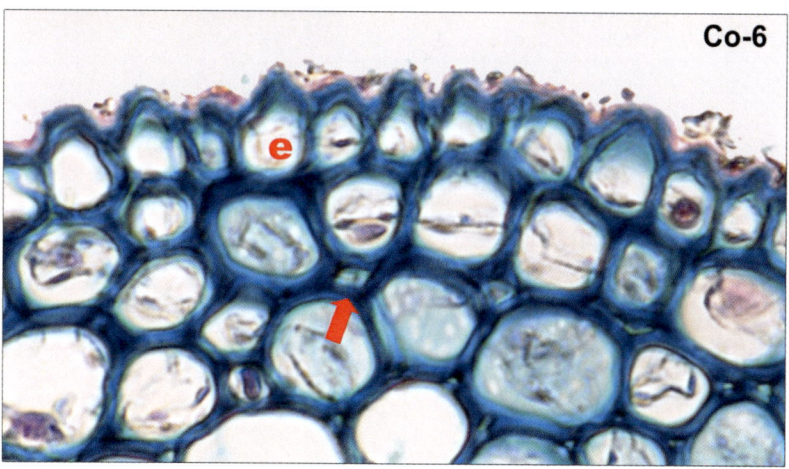

Co-7 Nervio central. Hoja de *Vitis vinifera*. Las flechas señalan refuerzos de colénquima en el haz y el envés del nervio central. 4x.

Co-8 Colénquima anular (triángulos) en el envés de nervio central. La flecha abierta señala una drusa. Hoja de *Nerium oleander*. 40x.

Co-9 Tallo de *Mentha* sp. Las flechas señalan costillas. 4x.

Co-10 Costilla de tallo de *Eryngium bourgatti*. 20x.

Co-11 Costilla de tallo de *Eryngium bourgatti*. Detalle de la anterior. Se señala colénquima laminar, lagunar, angular y anular. 20x.

Abreviaturas: e epidermis, C córtex, H tejidos vasculares, M médula, pc parénquima clorofílico lagunar, pr parénquima de reserva.

El colénquima se encuentra en los órganos en crecimiento, en los órganos adultos herbáceos (peciolos, ramas jóvenes, partes florales) o en las plantas sin crecimiento secundario, disponiéndose generalmente en grandes paquetes celulares.

En general presenta una distribución periférica disponiéndose o bien inmediatamente debajo de la epidermis o bien una o dos capas debajo de ella. En los tallos y en los peciolos, se distribuye constituyendo una capa continua alrededor del eje o en cordones formando las llamadas costillas (típicamente en las lamiáceas). En las hojas se localiza acompañando a los haces vasculares mayores, en las dos caras o en una solamente (normalmente en el envés) y en los bordes del limbo foliar.

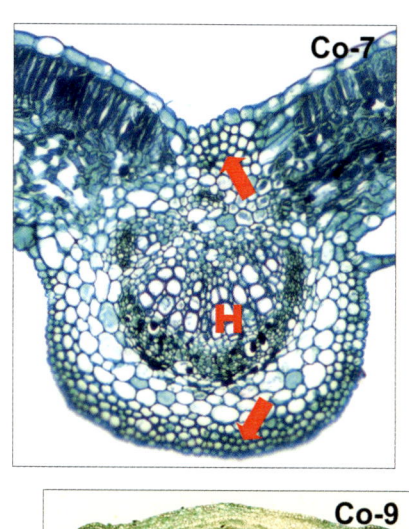

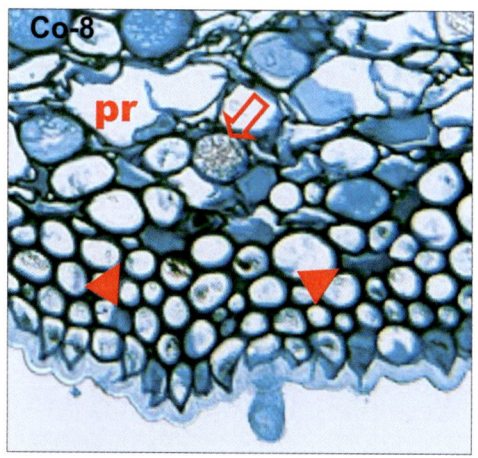

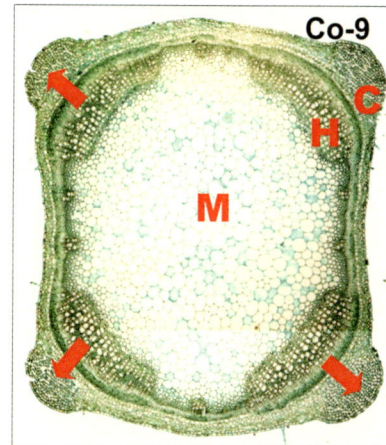

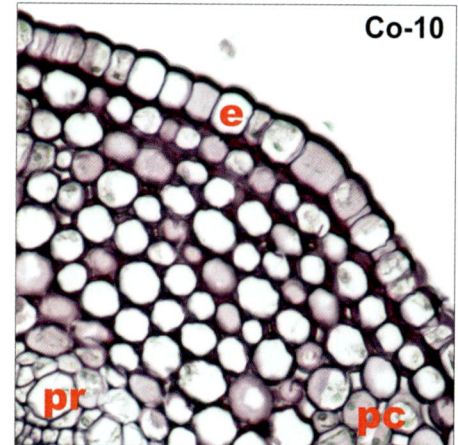

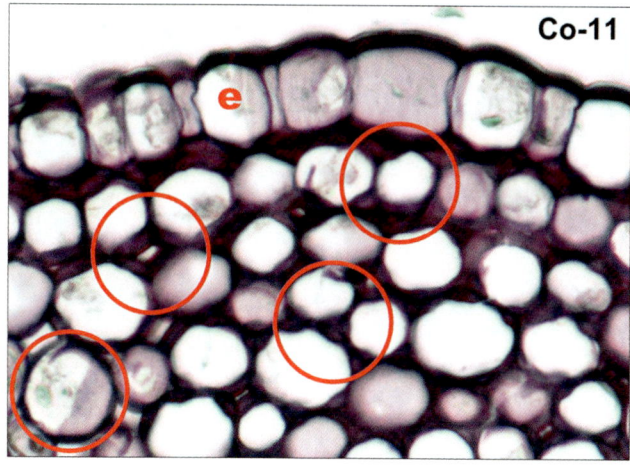

Esclerénquima

El esclerénquima es un tejido que consta de células muertas en su madurez y que presentan paredes secundarias muy engrosadas y lignificadas. Es el tejido de sostén de —preferentemente— los órganos que han cesado su crecimiento. Consta de dos tipos de células (fibras y esclereidas) a veces no bien diferenciados.

Es-1 Fibras (flechas). Tallo macerado de *Pistacia terebinthus*. 10x.

Es-2 Braquiesclereidas (flechas). Endocarpo macerado de *Prunus persica*. 40x.

Es-3 Astroesclereida (flechas). Hoja de *Nymphaea odorata*. 40x.

Es-4 Esclereida (flechas). Flor de *Cupressus sempervirens*. 10x.

Las células del esclerénquima presentan gran variación en la forma, estructura, origen y desarrollo, estableciéndose dos tipos celulares (que a veces no se distinguen netamente): las fibras y las esclereidas. Dentro de las esclereidas están las catalogadas como braqui-, macro-, osteo-, astro- o tricoesclereidas, y otras de difícil inclusión en los grupos indicados.

La maceración de órganos de las plantas consiste en el tratamiento de fragmentos de los mismos con ácidos fuertes. La consecuencia de dicho tratamiento es que las paredes celulósicas desaparecen en el proceso, permaneciendo exclusivamente las estructuras con paredes lignificadas, tales como las células del esclerénquima y del xilema.

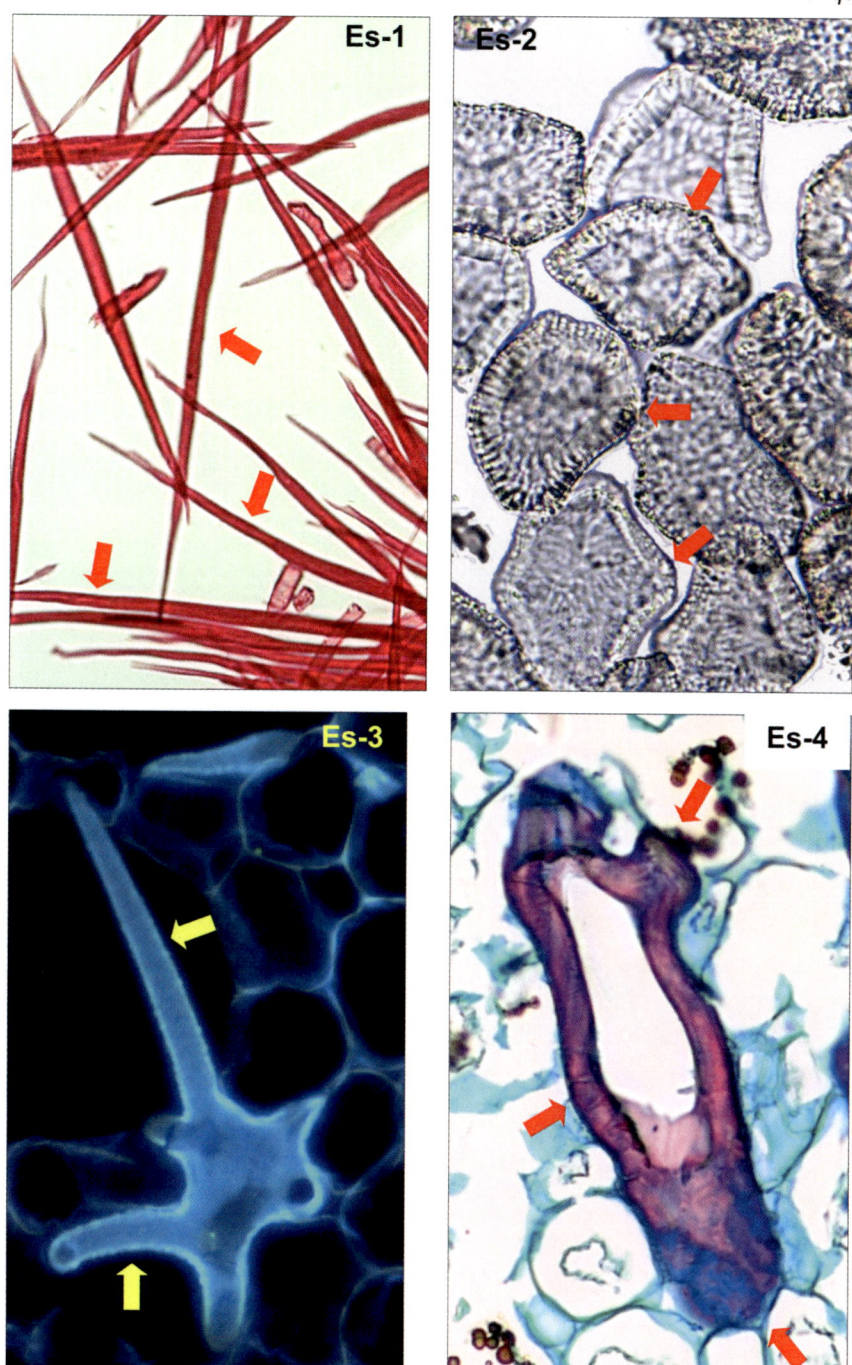

Fibras:

Es-5 Fibras libriformes. Tallo macerado de *Pistacia terebinthus*. Las flechas señalan el lumen celular. 20x.

Es-6 Fibras libriformes cortadas transversalmente. Hoja de *Magnolia grandiflora*. Obsérvese células con luces de diferentes tamaños (flechas). 40x.

Es-7 Fibrotraqueidas. Las flechas indican punteaduras areoladas. Tallo macerado de *Lantana camara*. 40x.

Es-8 Fibras septadas. Las flechas señalan septos. Tallo de *Urtica dioica*. Obsérvese que son fibras xilemáticas. 100x.

Es-9 Fibras mucilaginosas (flechas). Tallo de *Morus nigra*. Obsérvese que las fibras se apoyan en el floema (son fibras floemáticas). 40x.

Abreviaturas: f floema, x xilema.

Desde un punto de vista morfológico, las fibras se clasifican en fibras libriformes y fibrotraqueidas. Los dos tipos de fibras pueden presentarse como tales o como fibras septadas o gelatinosas. Las fibras libriformes son, de todas las células de las plantas, las que pueden llegar a presentar las paredes más engrosadas. Las fibrotraqueidas son células que representan formas de transición entre las fibras libriformes y las traqueidas del xilema. Es muy característico que presentan punteaduras areoladas (ver Xi-18 y Xi-19).

Las fibras septadas presentan septos que corresponden con las paredes primarias que separan a células hijas procedentes de una célula madre con cubierta dura. Las fibras gelatinosas se caracterizan porque la subcapa más interna de la pared (que es especialmente rica en celulosa y pobre en lignina) puede absorber agua. Estas fibras representan el último recurso hídrico de las plantas en caso de sequía prolongada.

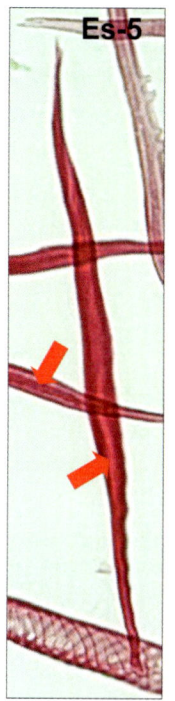

Es-5

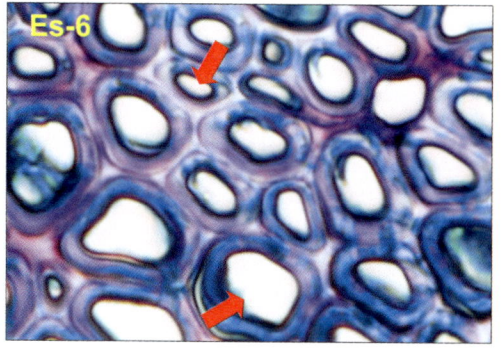

Es-6

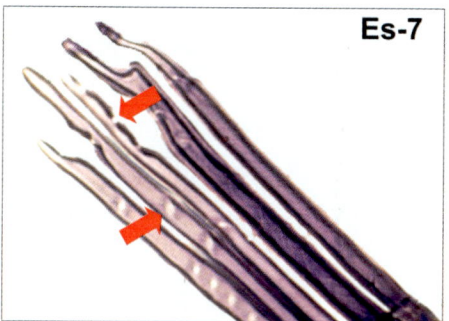

Es-7

Es-8

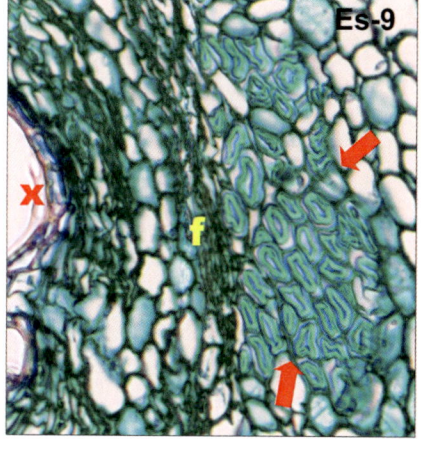

Es-9

Fibras xilemáticas:

Es-10 Fibras xilemáticas (flechas). Raíz de *Cytisus scoparius*. 20x.
Es-11 Fibras xilemáticas (flechas). Tallo de *Cytisus cantabricus*. 60x.

Fibras extraxilemáticas:

Es-12 Fibras corticales (flechas). Zarcillo de *Bryonia cretica*. Obsérvese que entre el floema y las fibras hay parénquima de reserva. 20x.
Es-13 Fibras perivasculares (flechas). Raíz de *Acacia dealbata*. 4x.
Es-14 Fibras floemáticas (flechas). Tallo de *Tilia platyphyllos*. Los abundantes puntos brillantes de la médula y el córtex, son drusas. 4x.
Es-15 Fibras floemáticas (flechas). Tallo de *Artemisia* sp. 20x.
Abreviaturas: C córtex, H tejidos vasculares, M médula, f floema, pr parénquima de reserva, x xilema.

Por localización y origen las fibras se clasifican en fibras xilemáticas y fibras extraxilemáticas. Las primeras forman parte integrante del xilema junto con las células propiamente xilemáticas. Este conjunto de células (las propiamente xilemáticas y las fibras) constituyen fundamentalmente lo que comercialmente se conoce como madera.

Las fibras extraxilemáticas se clasifican en fibras floemáticas, corticales y perivasculares o pericíclicas. Las floemáticas —a veces apoyadas en el floema— forman parte integrante del floema, las corticales se localizan en el córtex más o menos cerca de la epidermis o peridermis y alejadas del o los haces vasculares, y las perivasculares apoyadas en el floema y en muchas ocasiones acompañándolo totalmente.

Las células del esclerénquima (como las del xilema) presentan paredes secundarias siendo por tanto detectables con microscopía de polarización.

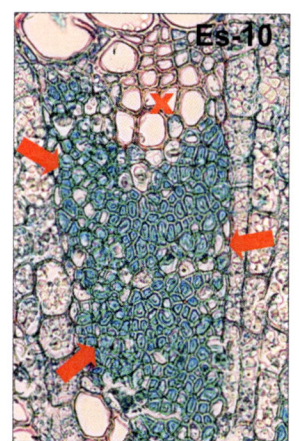

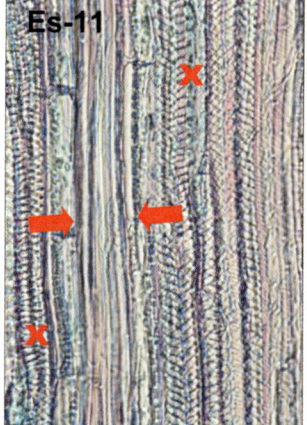

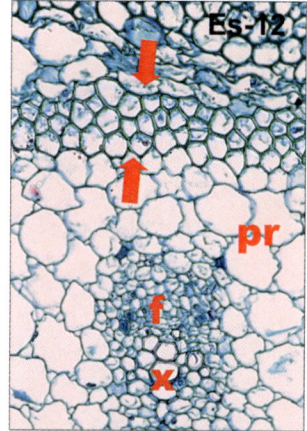

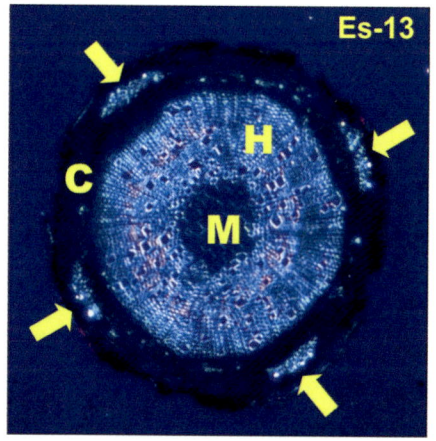

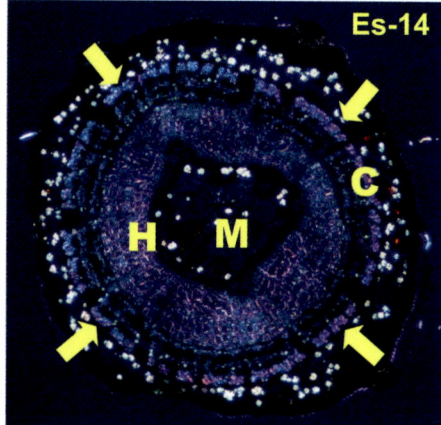

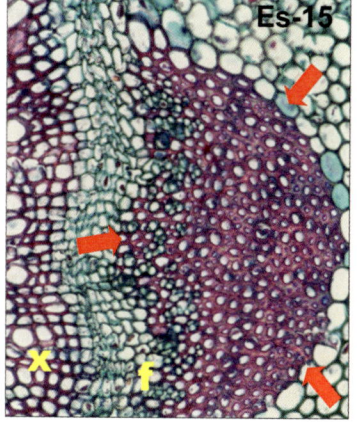

Esclereidas:

Es-16 Braquiesclereidas. Raíz de *Plantago lanceolata*. Obsérvese punteaduras simples en sección longitudinal (flechas) atravesando la pared secundaria, y en sección transversal (flecha abierta). 60x.

Es-17 Macroesclereidas (flechas). Cubierta seminal de *Phaseolus vulgaris*.60x.

Es-18 Osteoesclereidas (flechas). Cubierta seminal de *Phaseolus vulgaris*.60x.

Las braquiesclereidas o células pétreas son esclereidas que presentan punteaduras abundantes y evidentes. Aparecen frecuentemente como idioblastos en el mesocarpo de ciertos frutos (pera y membrillo por ejemplo), o formando cubiertas duras de frutos o semillas.

Las macroesclereidas y las osteoesclereidas suelen estar presentes en las cubiertas seminales, procediendo de células epidérmicas y subepidérmicas que depositan paredes secundarias, que posteriormente se lignifican.

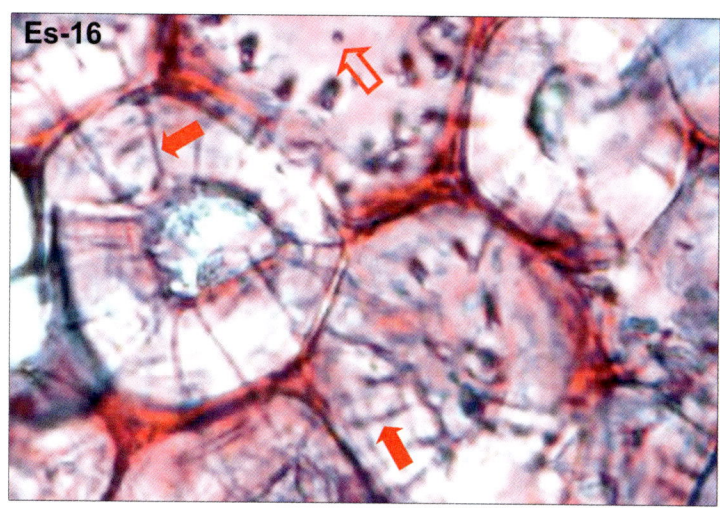

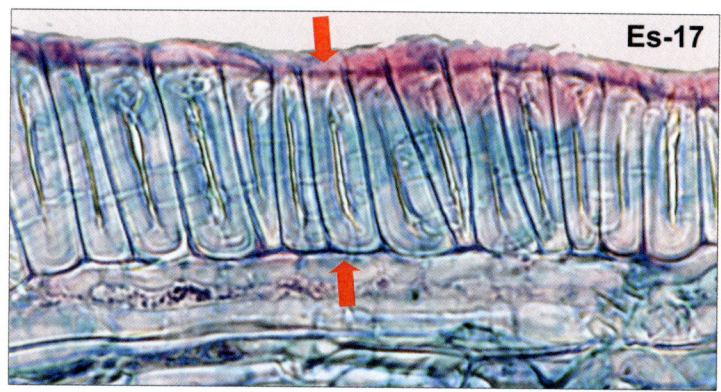

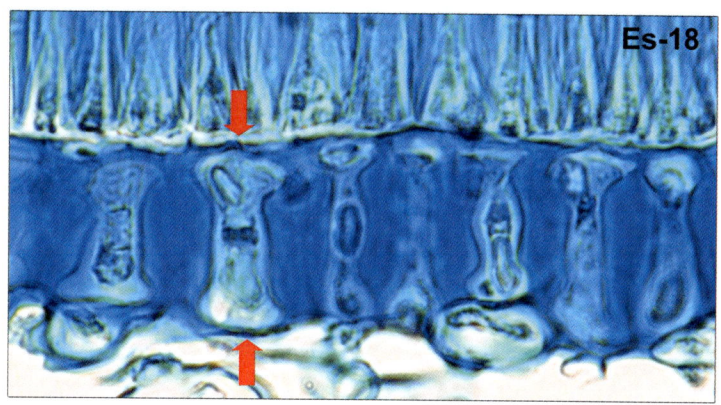

Esclereidas:

Es-19 Astroesclereidas (flechas). Hoja de *Nymphaea odorata*. 4x.
Es-20 Astroesclereida (flecha). Peciolo de *Nymphaea odorata*. 20x.
Es-21 Astroesclereidas (flechas). Hoja de *Nymphaea odorata*. 20x.
Abreviaturas: H tejidos vasculares, pa parénquima aerífero.

Las astroesclereidas son especialmente abundantes en hojas de plantas hidrófitas.

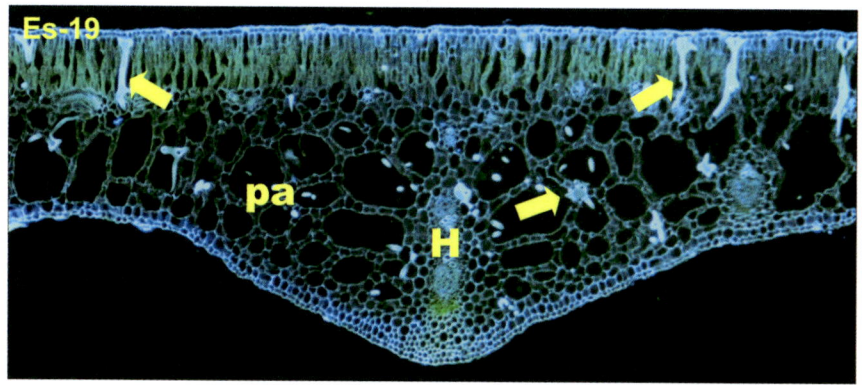

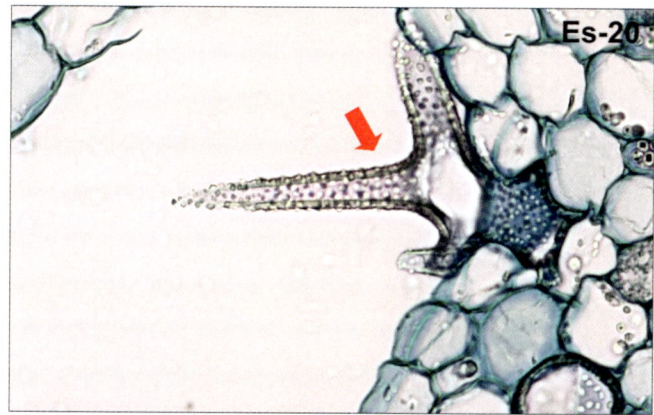

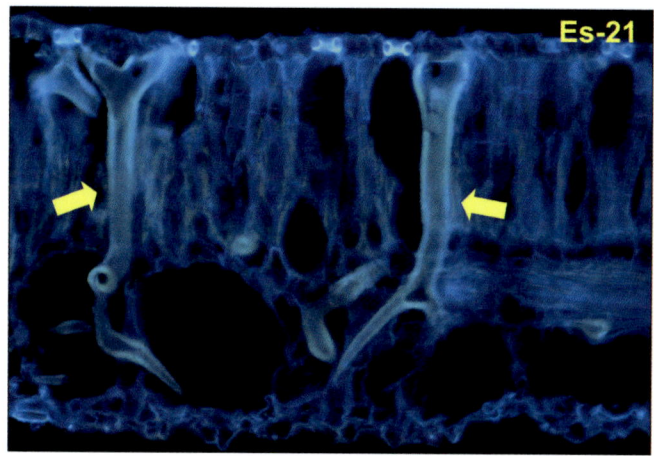

Esclereidas:

Es-22 Tricoesclereidas (flechas). Hoja de *Olea europaea*. Región superior de la hoja. 20x.

Es-23 Tricoesclereidas (flechas). Hoja de *Olea europaea*. Región inferior de la hoja. 20x.

Es-24 Tricoesclereidas en sección transversal, dispuestas subepidérmicamente (flechas). Hoja de *Olea* europaea. 40x.

Abreviatura: c cutícula, e epidermis, pa parénquima aerífero, pc parénquima clorofílico en empaliza, t tricoma.

Las tricoesclereidas, que suelen localizarse en las hojas, crecen por los huecos intercelulares. Su nombre hace referencia a la similitud existente entre ellas y ciertos tricomas.

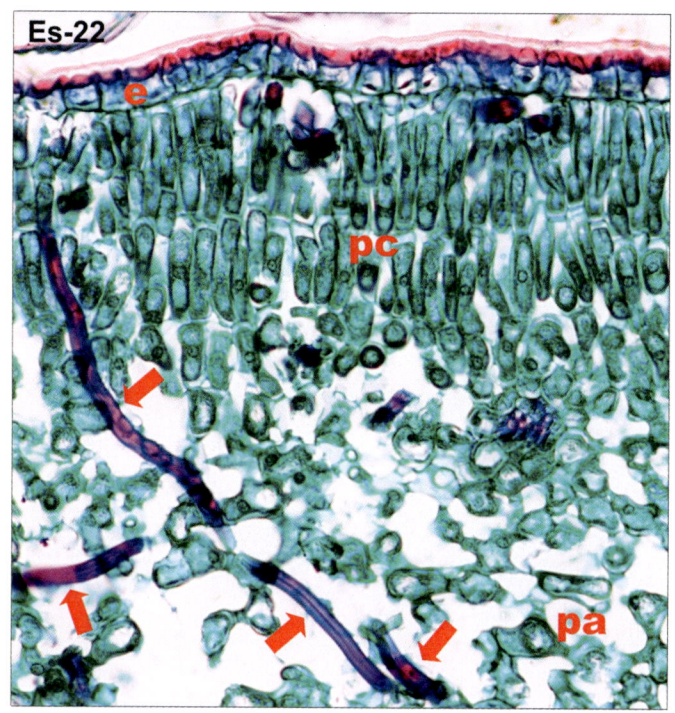

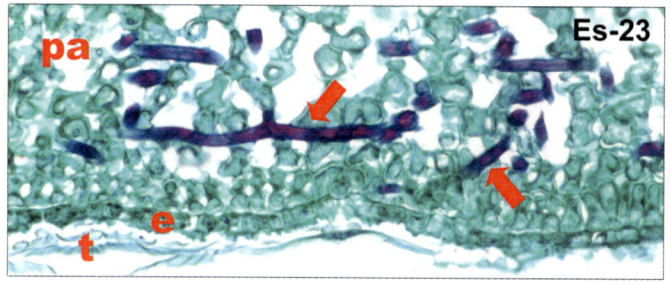

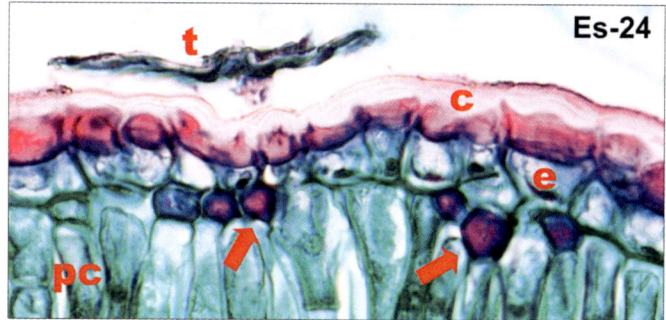

Esclereidas:

Es-25 Esclereidas formadas por lignificación de células parenquimáticas. Obsérvese que presentan el lumen ocupado por taninos. Las
flechas indican punteaduras simples (en sección trasversal (arriba) y
longitudinal (abajo)). Pared de una agalla inducida por un áfido en
foliolo de *Pistacia terebinthus.* 60x.

Es-26 Esclereidas formadas por lignificación de células epidérmicas y células parenquimáticas subepidérmicas. Acícula de *Pinus pinaster.* 40x.

Es-27 Esclereidas formadas por lignificación de células parenquimáticas. Médula de tallo de *Olea europaea.* 60x.

Es-28 Esclereidas formadas por lignificación de células parenquimáticas. Médula de peciolo de *Cistus ladanifer.* 40x.

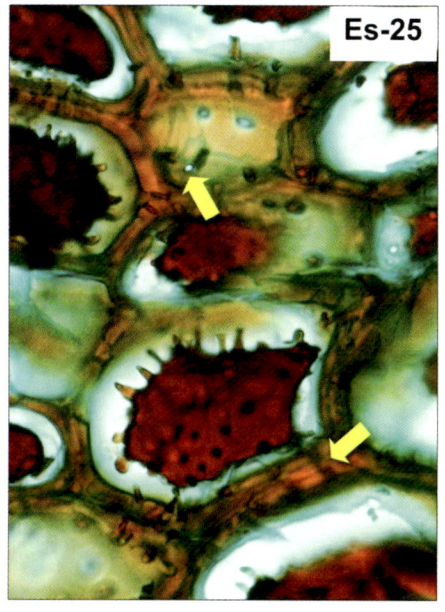

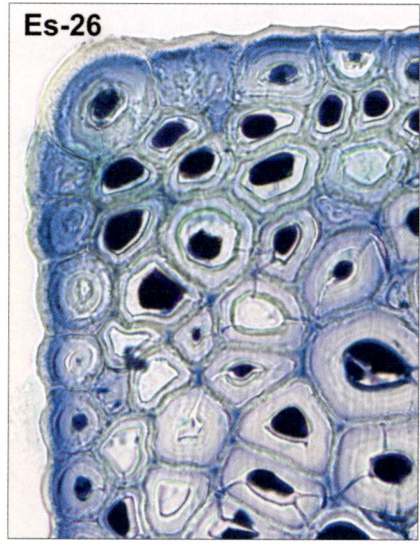

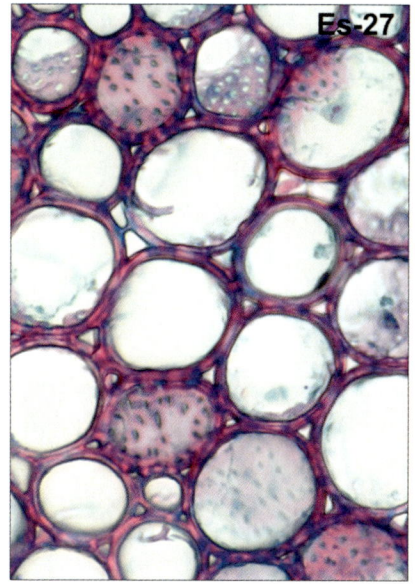

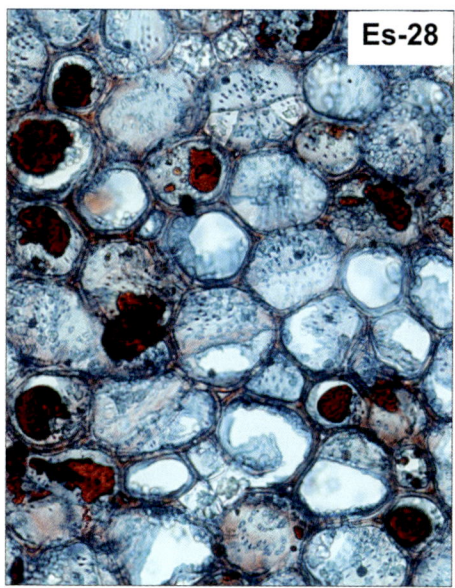

Es-29 Vaina fascicular parcial (flechas). Nervio central. Hoja de *Olea europaea*. 10x.

Es-30 Vaina fascicular entera (flechas). Nervio central. Hoja de *Populus nigra*. 10x.

Es-31 Crecimiento intrusivo. Fibras libriformes. Tallo de *Sambucus nigra*. 100x.

Es-32 Crecimiento intrusivo. Fibrotraqueida. Tallo de *Lantana camara*. 20x.

Abreviatura: H tejidos vascular.

Las fibras —como corresponde a tejidos especializados en el sostén— frecuentemente están rodeando haces vasculares, conformado la llamada vaina fascicular. En ocasiones rodean parcialmente el haz vascular y, en otras, lo rodean totalmente.

Las células de las plantas solamente crecen cuando tienen paredes primarias, si bien después del crecimiento pueden depositar pared secundaria que posteriormente se lignifica. El crecimiento puede ocurrir coordinadamente, esto es, una célula o determinada parte de una célula crece al mismo ritmo que la vecina y entre ambas se establecen conexiones (las punteaduras), de tal manera que la célula con pared secundaria denotará crecimiento coordinado en aquellas partes en las que se observen dichas punteaduras. Otro tipo de crecimiento es el crecimiento intrusivo: una célula o parte de una célula crece por los espacios intercelulares o atraviesa paredes blandas, y cuando encuentran un obstáculo (una pared lignificada por ejemplo) se curva o bifurca. Imágenes de conjuntos de células con tamaños diferentes y lúmenes con diámetros también distintos o células con el ápice curvado o bifurcado indican crecimiento intrusivo.

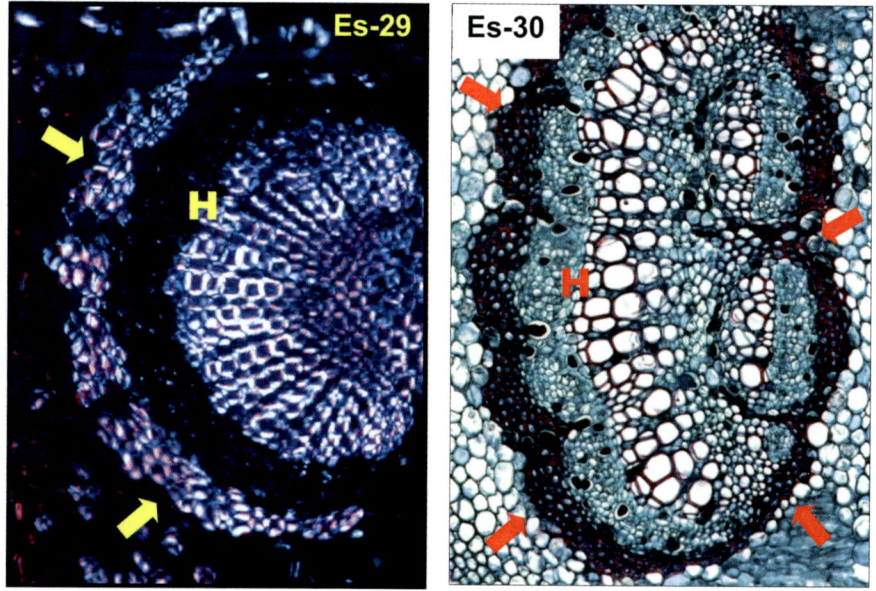

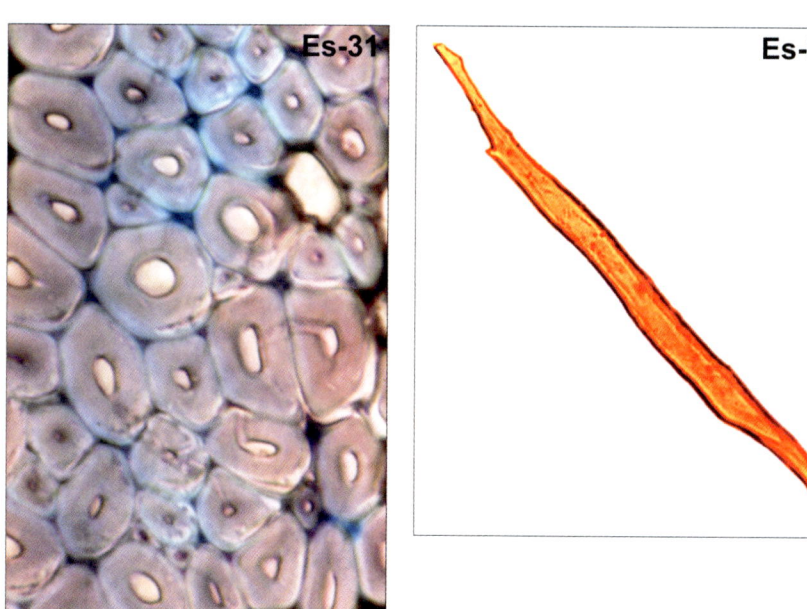

Xilema

El xilema es el tejido que transporta fundamentalmente el agua, que es el componente mayoritario de la savia bruta. Es un tejido compuesto, que consta de varios tipos celulares. Los elementos propiamente xilemáticos son células muertas en su madurez que presentan particulares engrosamientos de la pared secundaria. El resto de los componentes celulares del xilema, son células vivas unas y mayoritariamente células muertas.

El xilema en tanto que presenta células con paredes secundarias lignificadas, es un eficaz tejido de sostén.

Xi-1 Vasos de xilema. Foliolo de *Pistacia terebinthus.* Obsérvense vasos de diferentes diámetros. 5000x.

Xi-2 Xilema de angiosperma. Raíz de *Cucumis melo.* 10x.

Xi-3 Xilema de gimnosperma. Tallo de *Pinus radiata.* 60x.

Las angiospermas presentan como elementos propiamente conductores, las tráqueas y las traqueidas, mientras que las pteridofitas y gimnospermas presentan solamente traqueidas. Este hecho determina que las angiospermas en cortes microscópicos muestren en el xilema, células con luces de diferentes diámetros, y que las segundas, muestren luces más o menos uniformes.

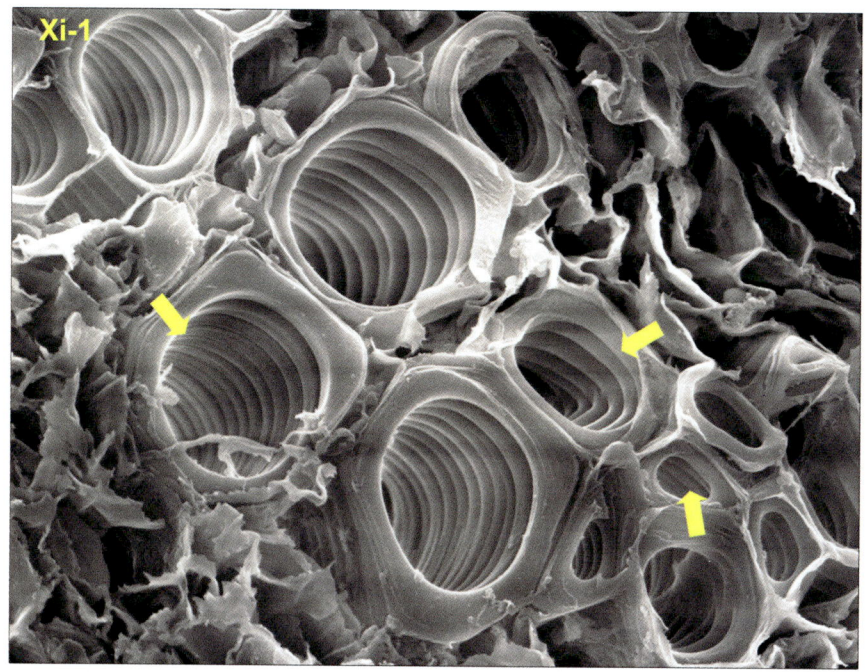

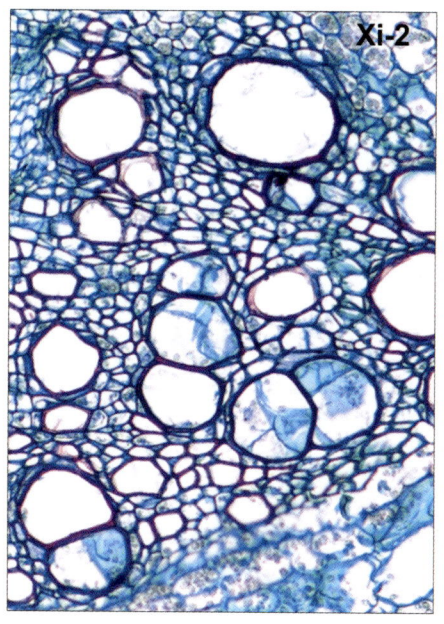

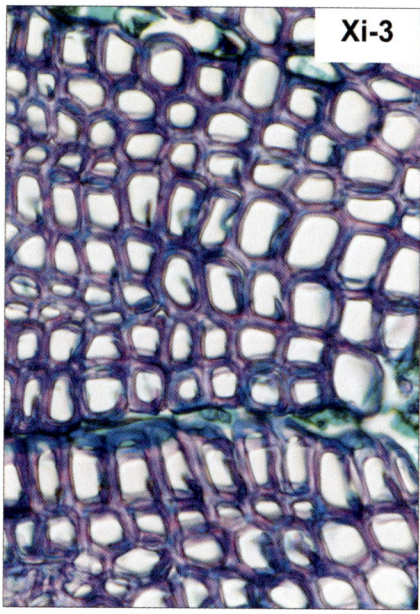

Xi-4 Formación de un elemento conductor en una fase inicial. Raíz de *Zea mays.* 20x.

Xi-5 Formación de un elemento conductor en una fase posterior a la anterior. Raíz de *Zea mays.* 20x.

Xi-6 Formación de un elemento conductor en una fase posterior a la anterior. Raíz de *Zea mays.* 20x.

Xi-7 Formación de un elemento conductor en una fase posterior a la anterior. Raíz de *Zea mays.* 20x.

En la formación de los elementos conductores del xilema, las células superpuestas se van alargado progresivamente, al tiempo que el citoplasma se va condensando.

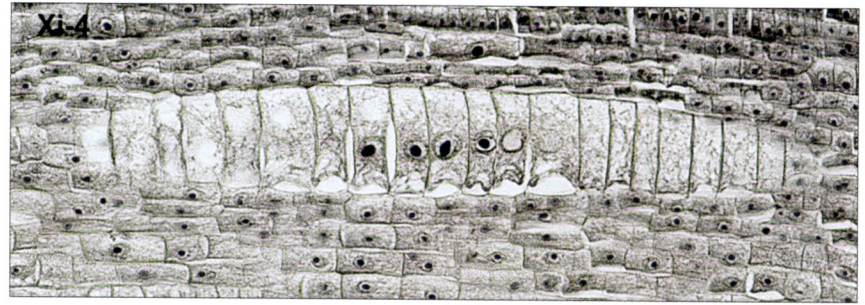

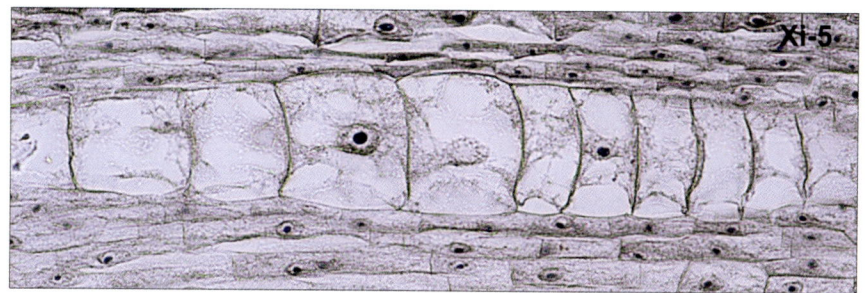

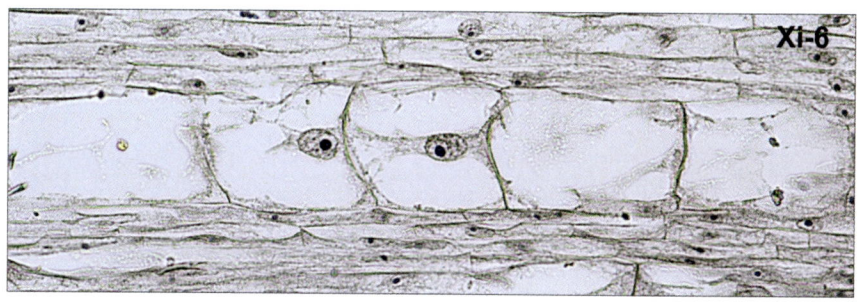

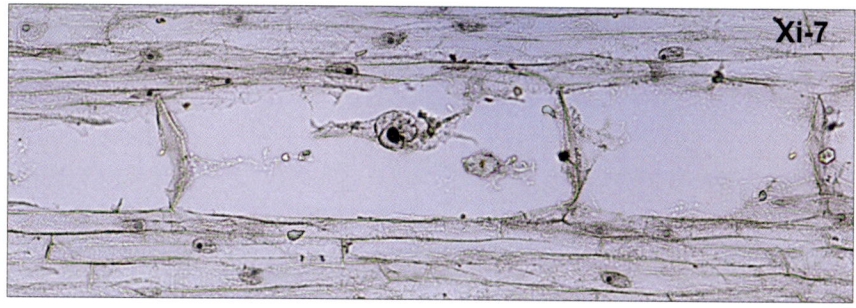

Xi-8 Formación de elementos conductores (flechas). Tallo de *Artemisia* sp. 20x.

Xi-9 Formación de elemento conductor (flecha). Tallo de *Artemisia* sp. Detalle de la anterior. 40x.

Xi-10 Formación de elemento conductor. Tallo de *Artemisia* sp. La imagen anterior con luz polarizada. Obsérvese que la célula en formación no presenta aún, la anisotropía característica de las células con pared secundaria. 40x.

Abreviatura: f floema.

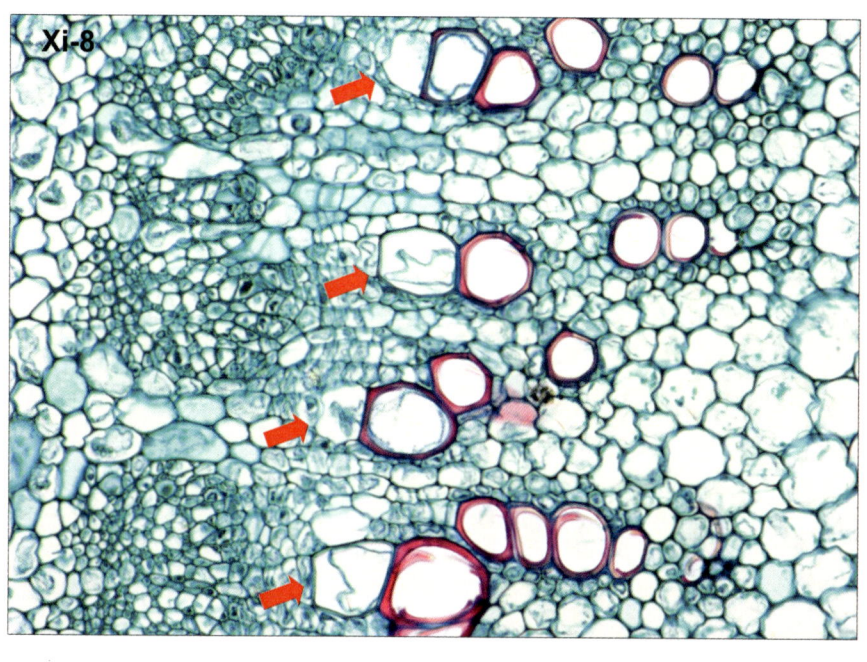

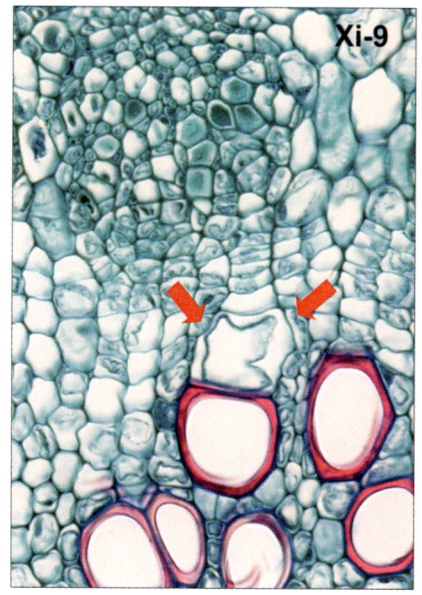

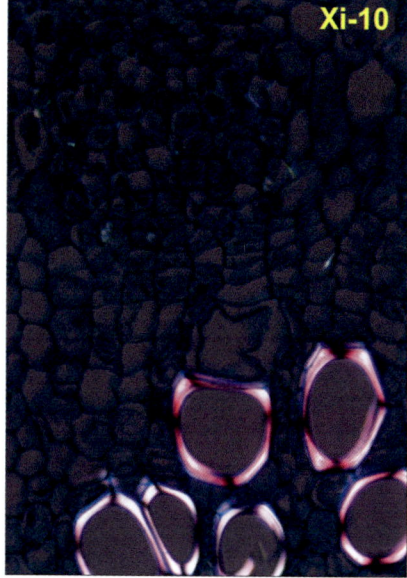

Xi-11 Vasos de xilema. Foliolo de *Pistacia atlantica*. 40x.

Xi-12 Células conductoras ensambladas (flecha) formando tubos. Tallo de *Cytisus cantabricus*. 20x.

Xi-13 Vasos de xilema. Hoja de *Taraxacum officinale*. Obsérvese que los vasos presentan engrosamientos discretos. 40x.

Xi-14 Vasos de xilema. Hoja de *Malva sylvestris*. Obsérvese el gran engrosamiento de la pared. 40x.

Los elementos conductores del xilema conforme van madurando, van depositando cada vez más pared secundaria lignificada. Inicialmente, en el protoxilema, son engrosamientos anulares y helicados. Posteriormente, en el metaxilema y en el xilema secundario, se deposita más pared entre los anillos y espirales dando lugar a engrosamientos escaleriformes, reticulados o punteados.

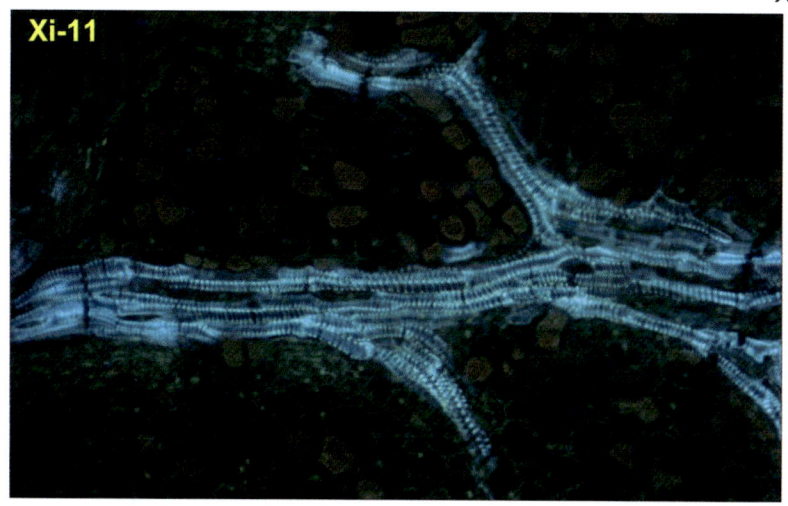

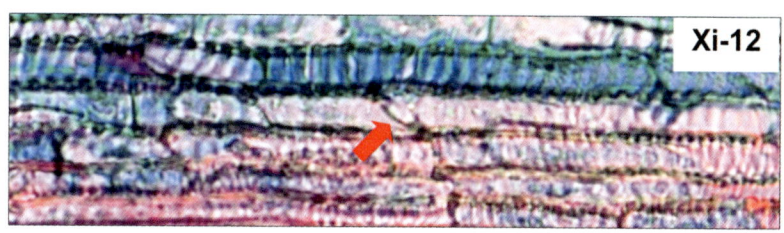

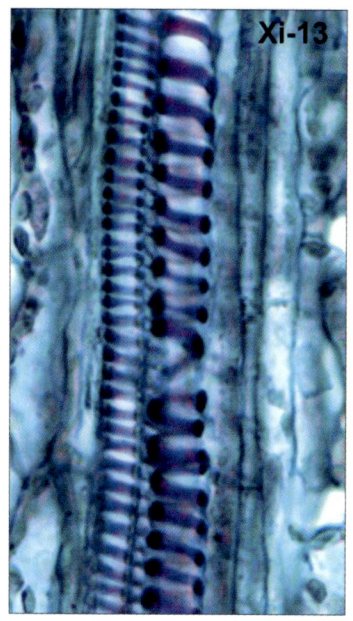

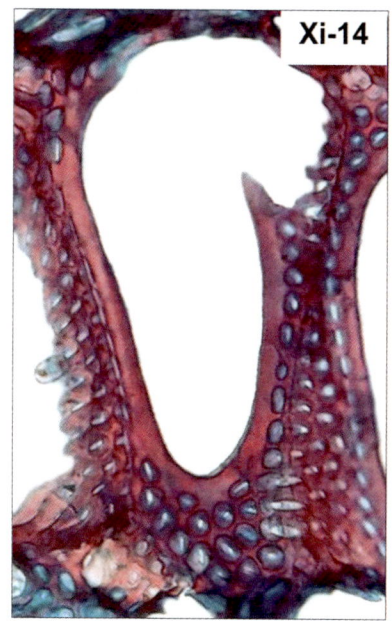

Xi-15 Xilema de *Pistacia terebinthus* tras maceración. Obsérvese la gran cantidad de fibras de esclerénquima y entre ellas tráqueas (flechas) y alguna célula parenquimática lignificada (flecha abierta). 10x.

Xi-16 Tráquea de *Pistacia terebinthus*. Las flechas huecas señalan las perforaciones que comunican las células entre sí. 20x.

Xi-17 Tráquea de *Pistacia terebinthus*. Las flechas huecas señalan las perforaciones que comunican las células entre sí. 20x.

Si el xilema se trata con ácidos fuertes, los elementos vivos se desintegran (particularmente las células parenquimáticas con paredes primarias), permaneciendo solamente los elementos con paredes lignificadas: elementos conductores, fibras de esclerénquima y quizás células parenquimáticas lignificadas. Las perforaciones de las paredes transversales de las tráqueas —que comunican las células entre sí— pueden observarse como una única perforación o como varias. En conjunto constituyen la llamada placa perforada. La placa perforada simple (la que ocupa todo el espacio ocupado originalmente por la pared transversal) es horizontal y se la considera la más evolucionada (porque es la que facilita en mayor medida la conducción). Las formas menos evolucionadas, presentan las paredes transversales más oblicuas.

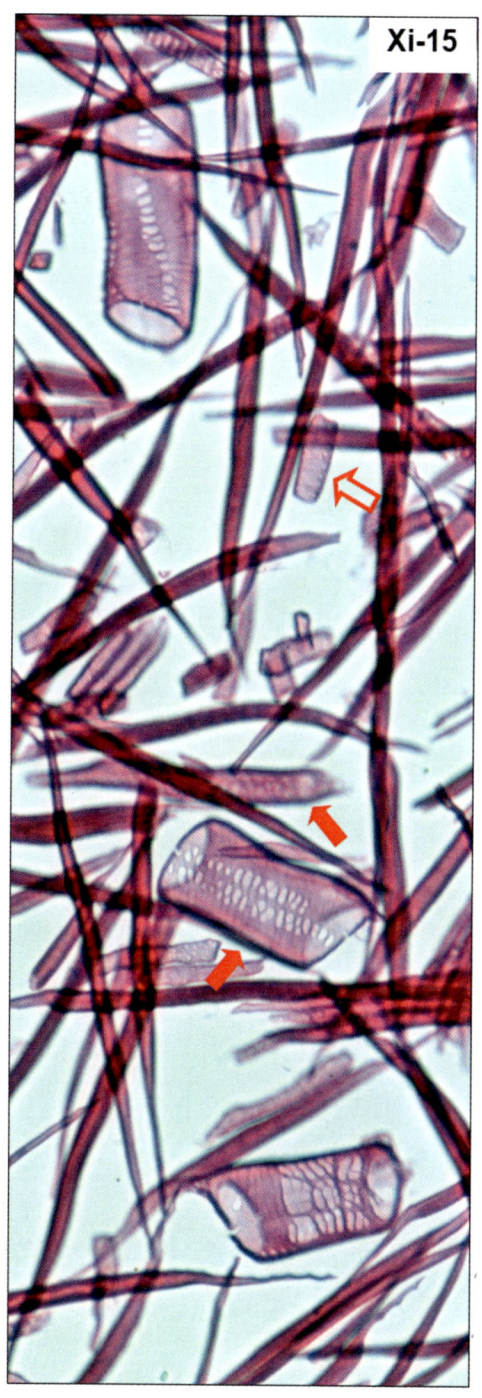

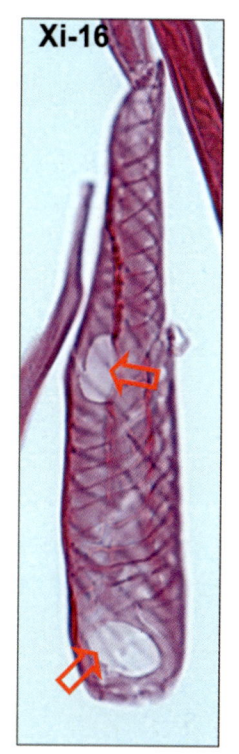

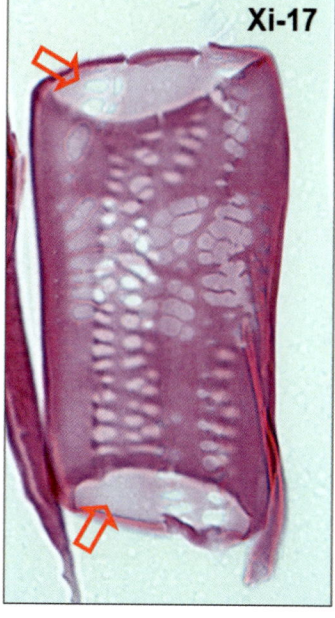

Xi-18 Punteaduras areoladas (flechas) en la superficie celular. Acícula de *Pinus pinaster*. 40x.

Xi-19 Punteaduras areoladas (flechas) en sección transversal de traqueida. Raíz de *Pinus pinaster*. 60x.

Xi-20 Tílides (flechas). Raíz de *Pinus pinaster*. 60x.

Las traqueidas se caracterizan por tener punteaduras areoladas en las paredes laterales (y no presentan perforaciones en las paredes terminales).

Cuando las tráqueas y las traqueidas dejan de ser activas, las células parenquimáticas vecinas —que continúan creciendo— ejercen fuertes presiones sobre ellas y en ocasiones llegan a introducirse parcialmente dentro de las mismas, a través de las perforaciones de las células conductoras. Dichas proyecciones son las tílides, que suelen formarse además en respuesta a una herida para obstruir los vasos y evitar que entren agentes patógenos.

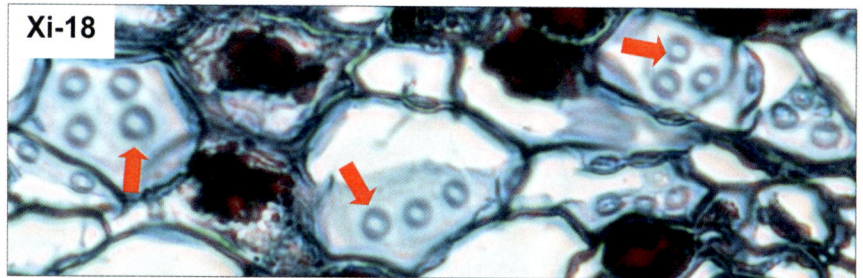

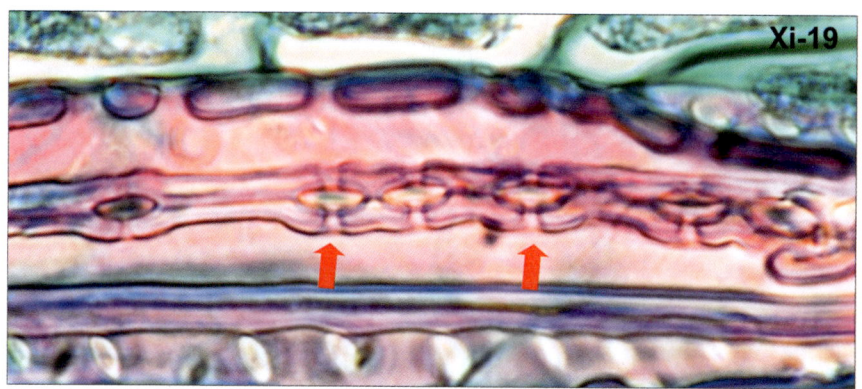

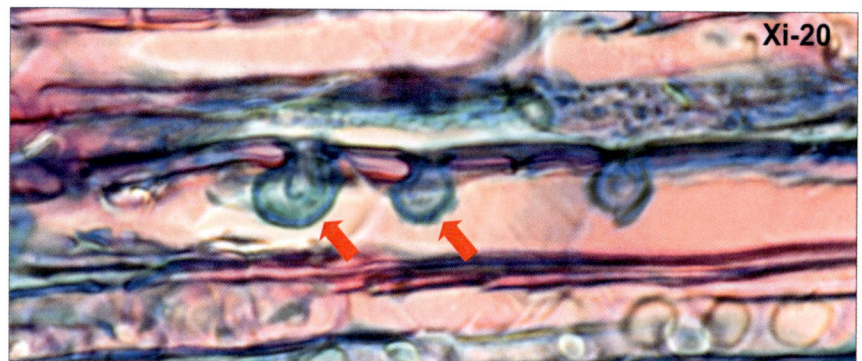

Xi-21 Xilema primario. La flecha señala el protoxilema. Raíz de *Montsera deliciosa.* 40x.

Xi-22 Xilema primario. La flecha señala el protoxilema. Tallo de *Allium* sp. 40x.

Xi-23 Xilema primario. Las flechas señalan protoxilema. Tallo de *Sonchus oleraceus.* 20x.

Abreviatura: mx metaxilema.

El protoxilema es el primer xilema que se forma, aunque enseguida deja de ser funcional, permaneciendo bien como células íntegras pero pequeñas en comparación con las del metaxilema, o bien como células literalmente aplastadas.

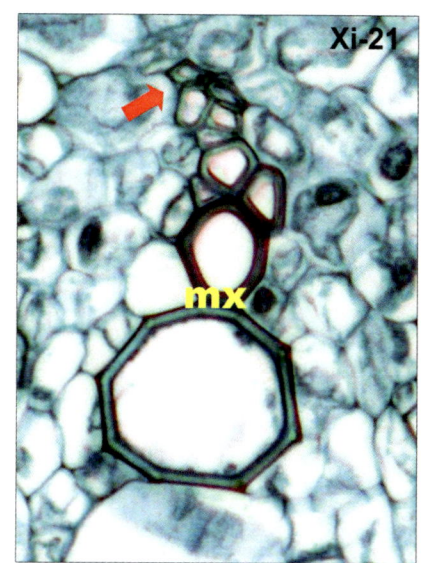

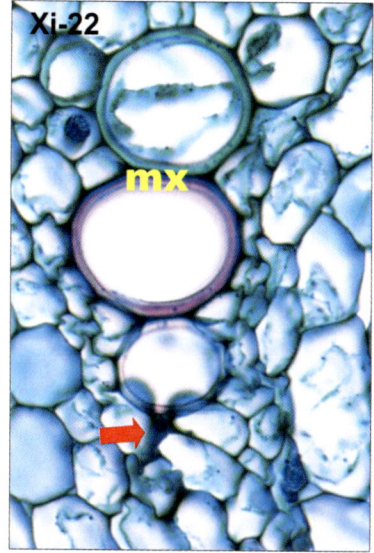

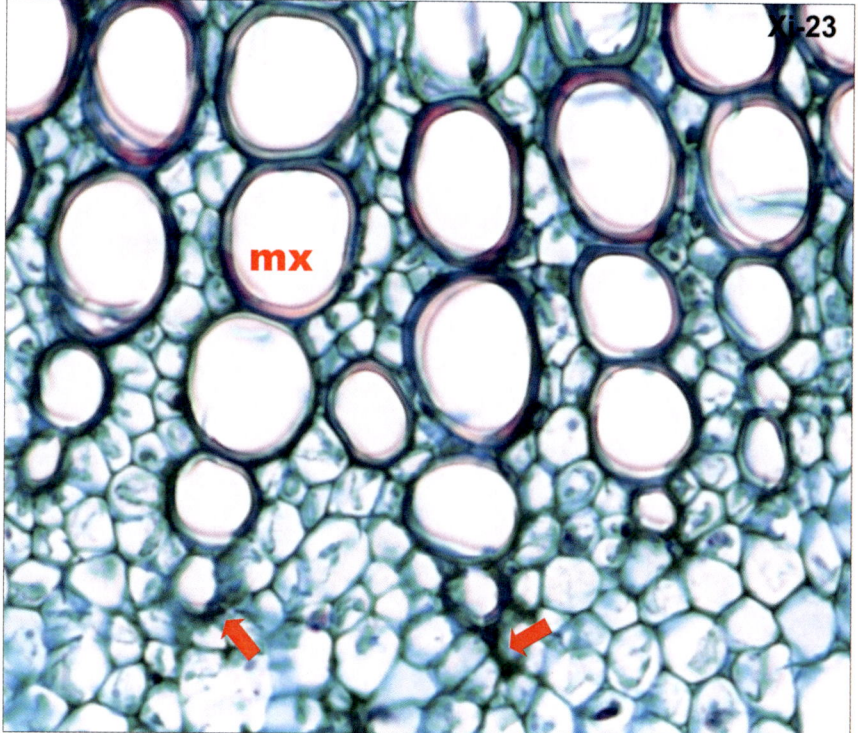

Xi-24 Xilema de hidrófita. Las flechas indican elementos conductores. Rizoma de *Equisetum telmateia.* 20x.

Xi-25 Laticíferos (flechas) entre las células del xilema. Peciolo de *Chelidonium majus.* 10x.

Abreviatura: f floema.

En las plantas acuáticas se produce una reducción notable del sistema vascular particularmente del xilema. La región central normalmente ocupada por células del xilema o por una médula de sistema fundamental, se observa vacía.

Puede haber elementos secretores asociadas al xilema.

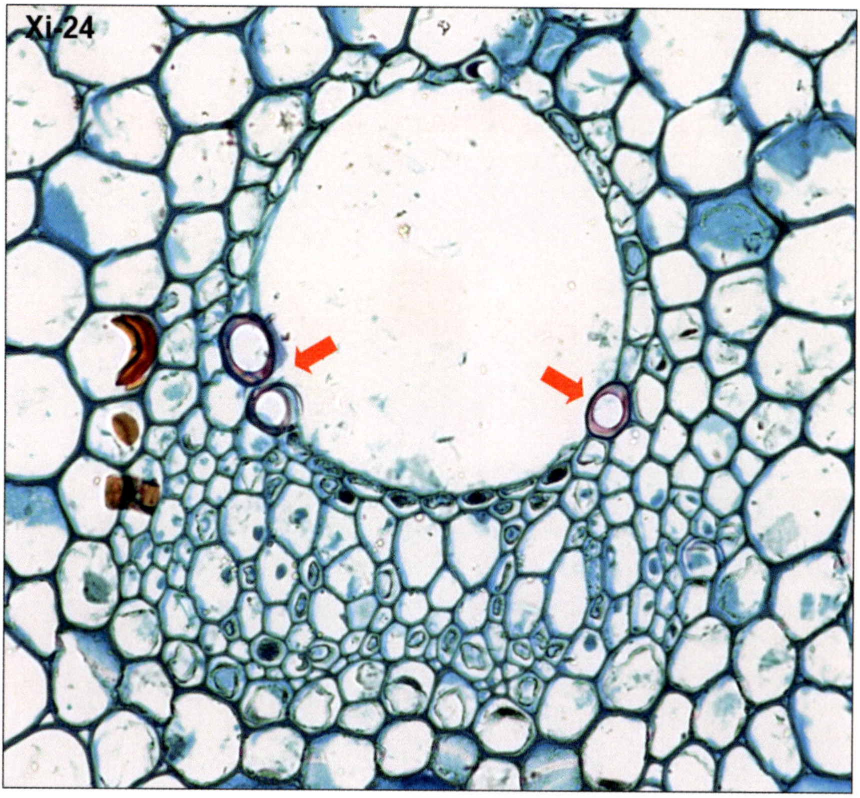

Xi-24

Xi-25

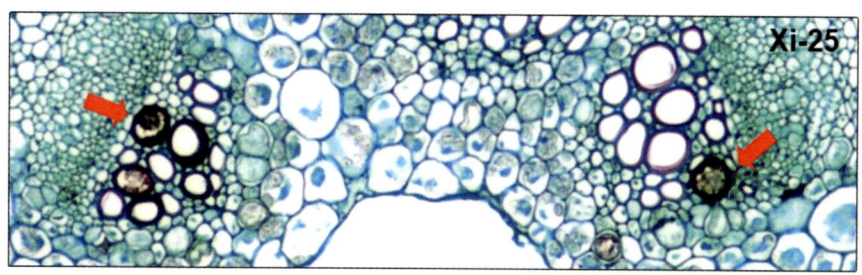

Xi-26 Xilema secundario en sección transversal. Madera. Tallo de *Salix alba*. 10x.

Xi-27 Xilema secundario en sección tangencial. Madera. Las flechas indican radios. Raíz de *Linum usitatissimum*. 10x.

Xi-28 Xilema secundario en sección radial. Madera. Las flechas indican radios. Raíz de *Linum usitatissimum*. 10x.

Abreviatura: tr: tráquea.

La madera utilizada comercialmente es, desde el punto de vista histológico, xilema secundario.

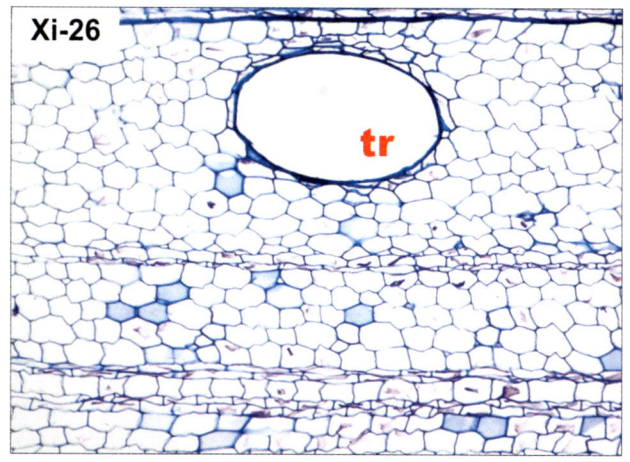

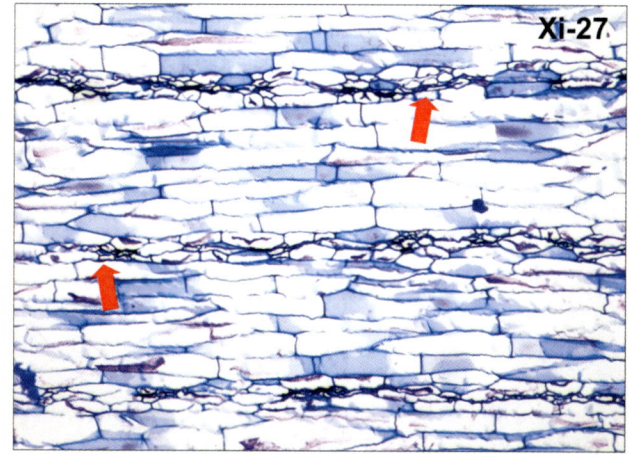

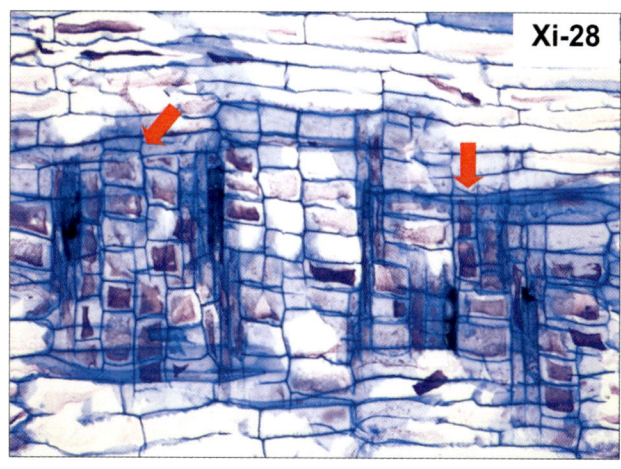

Xi-29 Anillos de crecimiento (triángulos). Raíz de *Linum usitatissimum*. 4x.

Xi-30 Anillos de crecimiento. Tallo de *Pinus pinaster*. 20x.

Abreviaturas: c cambium vascular, f floema, r radios medulares, xta xilema tardío, xte xilema temprano.

Las secciones transversales de tallos y raíces de ciertas plantas, permiten conocer su edad porque presentan anillos de crecimiento. Dichos anillos son la consecuencia de la actividad periódica del cambium vascular: el xilema temprano es menos denso (porque tiene vasos de diámetro mayor) que el xilema tardío (que tiene vasos de menor diámetro). En cada temporada se produce un estrato de xilema menos denso nuevo y otro de xilema más denso también nuevo, correspondientes a cada año de edad del árbol.

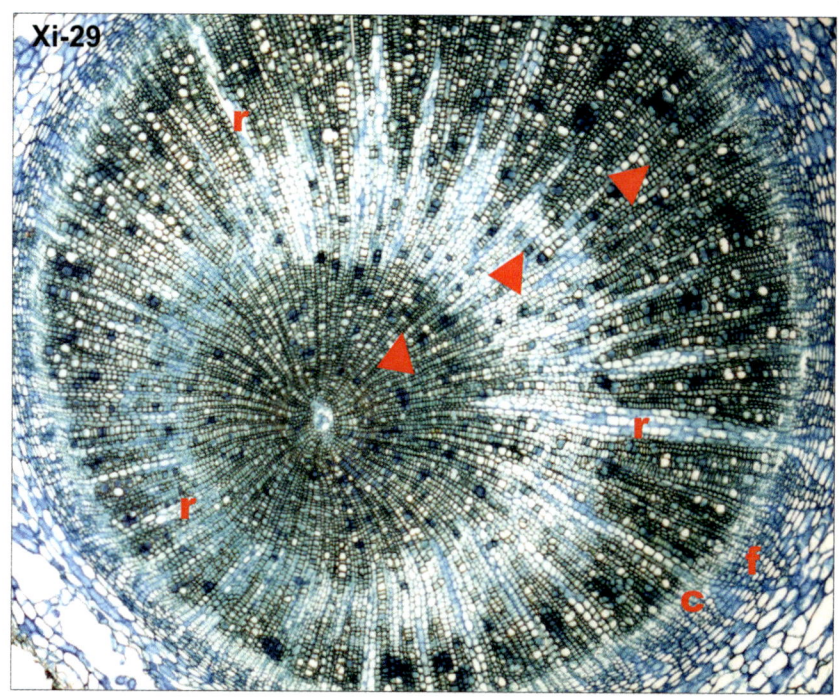

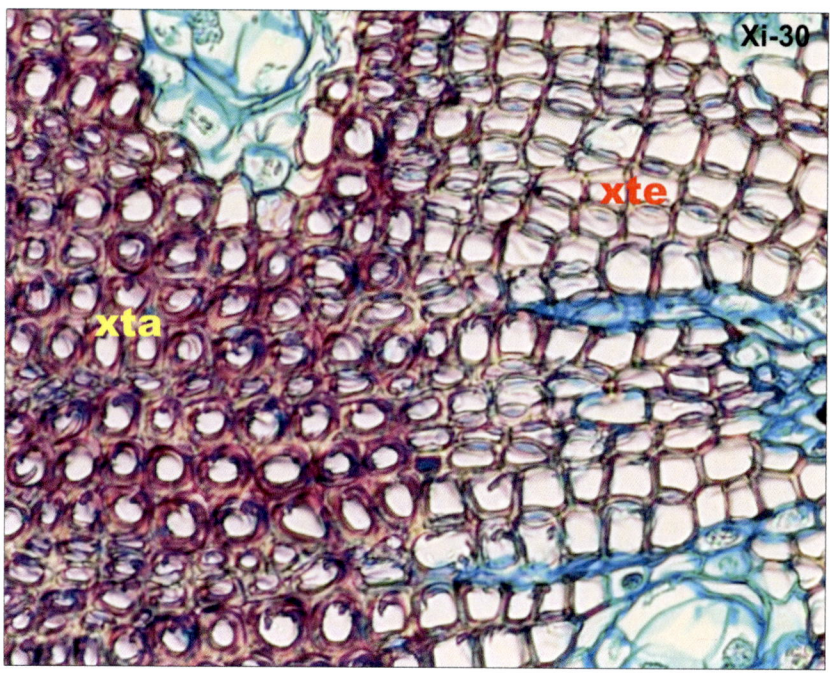

Xi-31 Tallo de *Pinus pinaster*. Las flechas señalan radios medulares. Las flechas abiertas, conductos resiníferos. 4x.

Xi-32 Radios medulares (flechas). Raíz de *Vitis vinifera*. 20x.

Abreviaturas: C córtex, H tejido vascular, M médula.

Las células parenquimáticas del xilema secundario se organizan en el sistema vertical y el sistema horizontal, el cual usualmente se continúa con el parénquima horizontal del floema, constituyendo ambos, los radios medulares, que comunican el córtex con la médula.

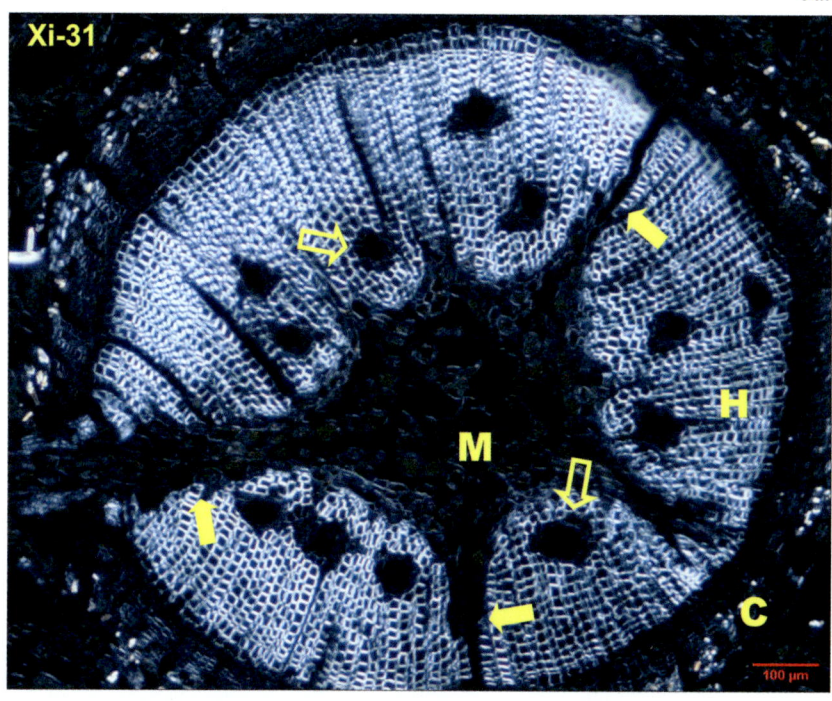

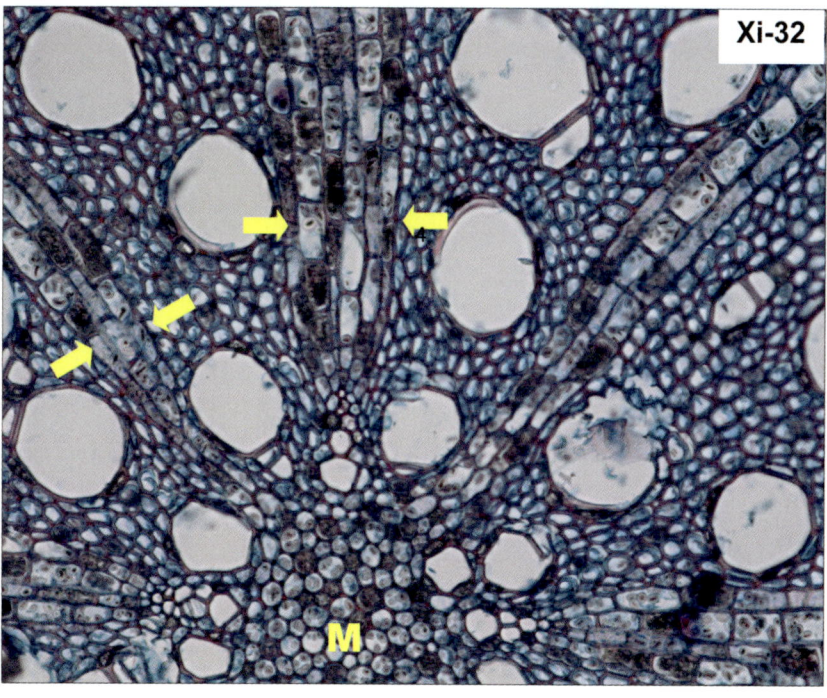

Floema

El floema es un tejido complejo. Las células propiamente conductoras son células vivas tan especializadas que no presentan núcleo; el resto son mayoritariamente células vivas que, como aquellas, presentan paredes primarias. En las zonas de contacto entre células conductoras, depositan calosa. El floema transporta fundamentalmente sacarosa, pero no exclusivamente.

Fm-1 Floema en haz colateral. Tallo de *Allium* sp. Obsérvese el protofloema aplastado (flecha). La flecha hueca señala proxilema (también aplastado). 40x.

Fm-2 Floema en haces colaterales. Tallo de *Cactus* sp. Obsérvese el protofloema aplastado (flechas). 40x.

Fm-3 Floema. Hoja de monocotiledónea. Las flechas señalan células acompañantes del floema (células con núcleo). 60x.

Abreviaturas: mf metafloema, mx metaxilema.

Durante el desarrollo de los órganos, el protofloema pronto es destruido por las tensiones de elongación, siendo reemplazado funcionalmente por el metafloema. En las secciones histológicas el protofloema se reconoce como un conjunto de células aplastadas.

Entre las células del floema, las células acompañantes son células parenquimáticas especializadas que gobiernan los elementos cribosos. Ambas, son células vivas, con una particularidad muy destacable: los elementos cribosos son células tan especializadas que carecen de núcleo.

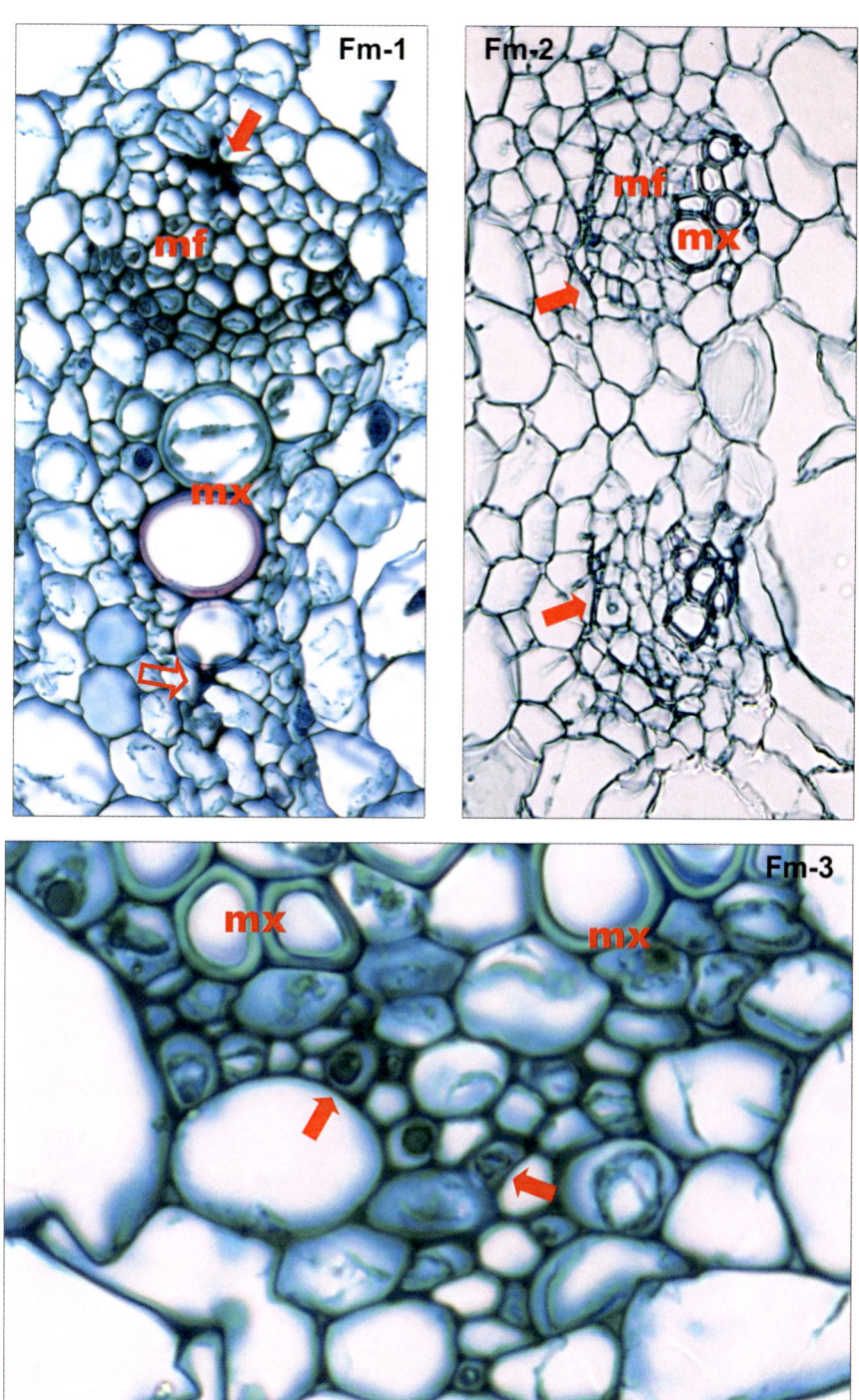

Fm-4 Placa cribosa (flecha). Tallo de *Bryonia dioica*. 100x.

Fm-5 Detección histoquímica de calosa (flechas). Foliolo de *Pistacia terebinthus*. 20x.

Fm-6 Conductos secretores intrafloemáticos (flechas). Foliolo de *Pistacia terebinthus*. 10x.

Abreviaturas: vf vaina fascicular, x xilema.

Las células que constituyen los tubos cribosos, se unen por sus extremos, presentando característicamente perforaciones llamadas placas cribosas. Tanto en las placas cribosas como en las áreas cribosas (localizadas en las paredes laterales de las células), se deposita calosa por fuera de las perforaciones propiamente dichas. Dicha calosa se puede detectar utilizando un marcador fluorescente específico.

Puede haber elementos secretores asociadas al floema.

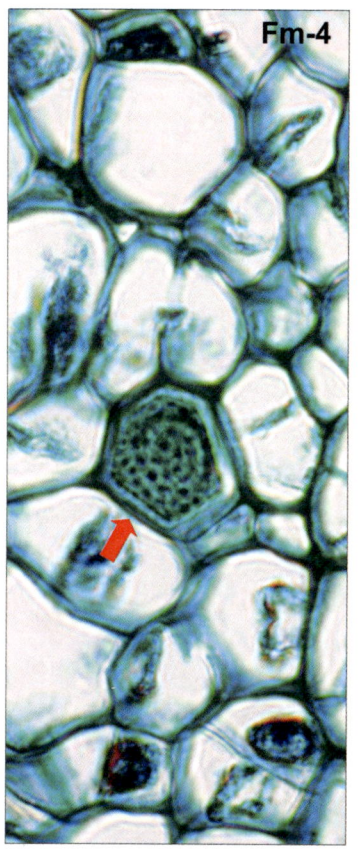

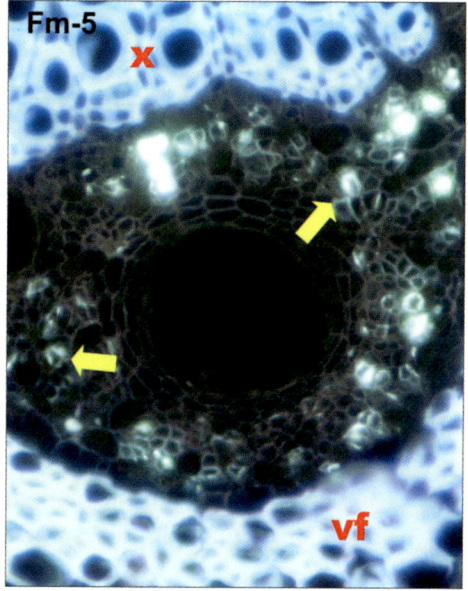

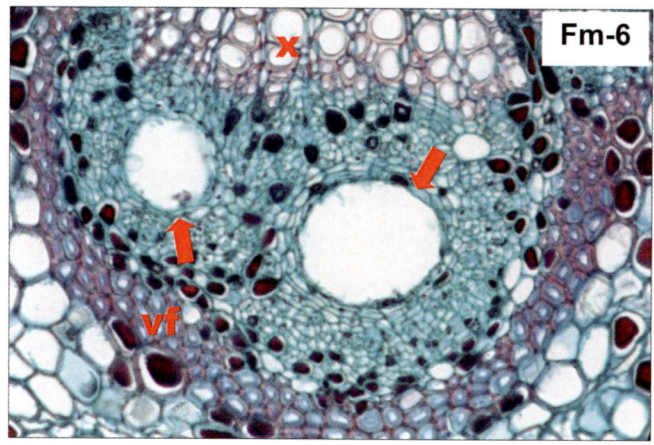

Fm-7 Floema de gimnosperma. Acícula de *Pinus pinaster*. 40x.

Fm-8 Floema secundario. Tallo de *Quercus suber*. Las flechas señalan un radio floemático. 20x.

Abreviaturas: C córtex, fi fibras de esclerénquima, f1 floema primario, f2 floema secundario, mf metafloema, pf protofloema, x xilema.

En general el floema activo, inactiva al anterior: el protofloema es inactivado por el metafloema, y ambos (el floema primario) por el floema secundario.

El floema secundario, al contrario que el xilema secundario, no presenta anillos de crecimiento porque el floema formado en primavera es similar en todos los sentidos al formado en otoño.

Las células del parénquima horizontal del floema suelen disponerse a continuación de las del parénquima horizontal del xilema, constituyendo ambas los radios medulares, que permiten una comunicación de células vivas entre la médula y el córtex.

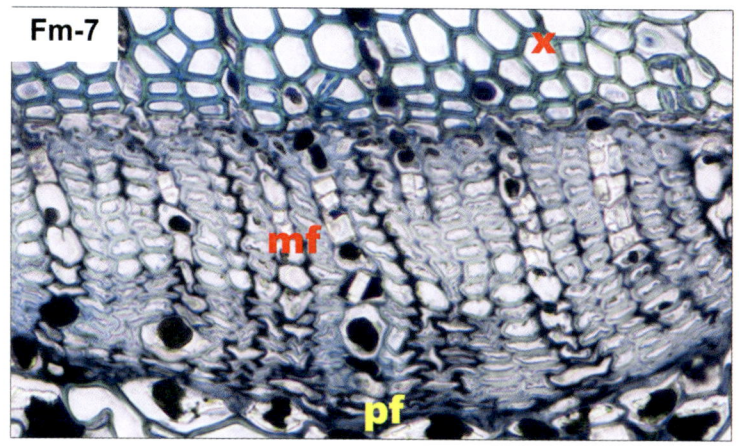

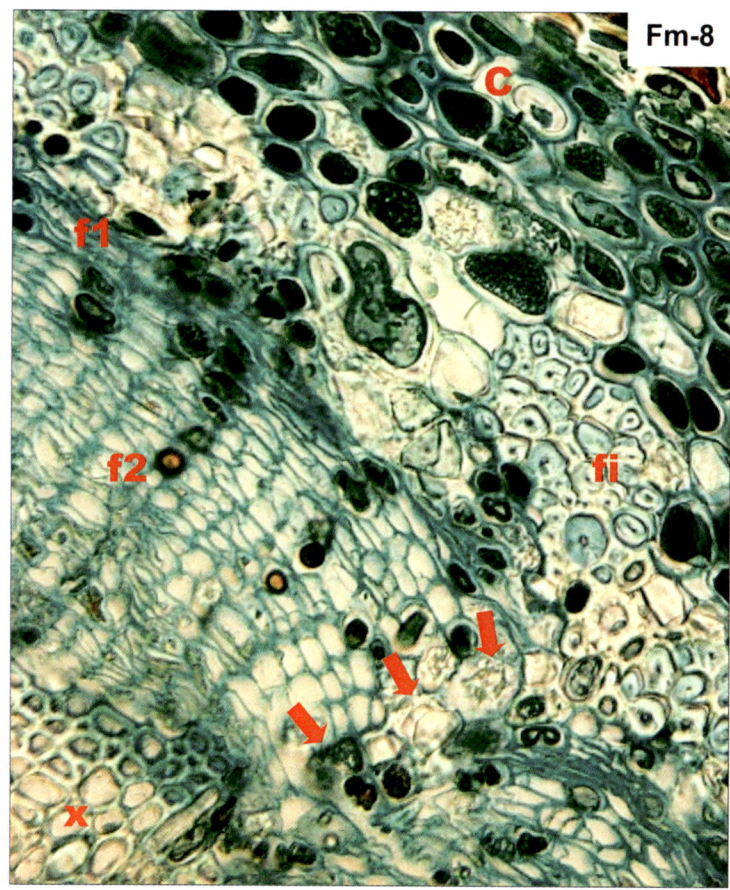

Fm-9 Floema normal en peciolo de *Populus nigra*. 20x.

Fm-10 Floema hipertrofiado por la inducción de un pulgón (*Pemphigus vesicarius*). Peciolo de *Populus nigra*. 20x.

Fm-11 Tentativas de pulgón (*Geopemphigus blackmani*) (flechas) para alimentarse del contenido floemático, en foliolos de *Pistacia mexicana*. 40x.

Abreviaturas: cam cámara de la agalla donde viven los pulgones, f floema, vf vaina fascicular, x xilema.

No todos los materiales orgánicos se desplazan por el floema ni todos los inorgánicos por el xilema. En ambas savias hay suficiente aporte nutritivo como para que haya insectos que se alimenten de ellas: por ejemplo los pulgones lo hacen del contenido floemático y las cigarras del xilemático.

Los pulgones que inducen la formación de agallas, determinan hipertrofia del floema. La saliva que acompaña al pico del insecto en la búsqueda de células floemáticas, forma una funda que se puede observar con microscopía de fluorescencia.

Fm-9
vf
f
x

Fm-10
vf
f
x

Fm-11
x
f
f
cam

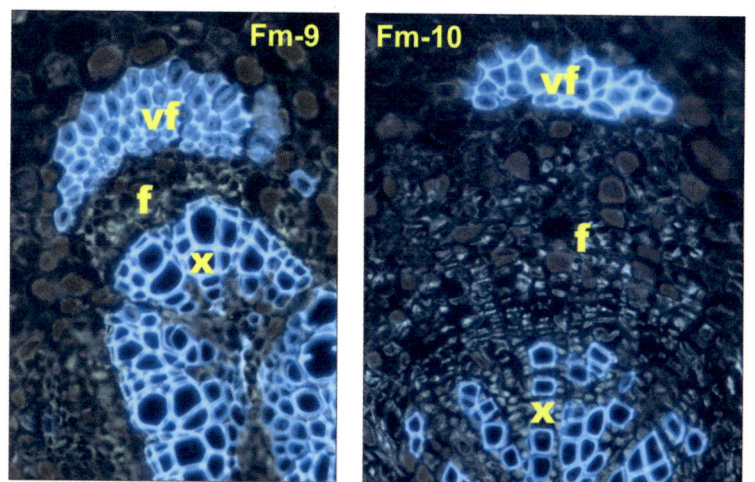

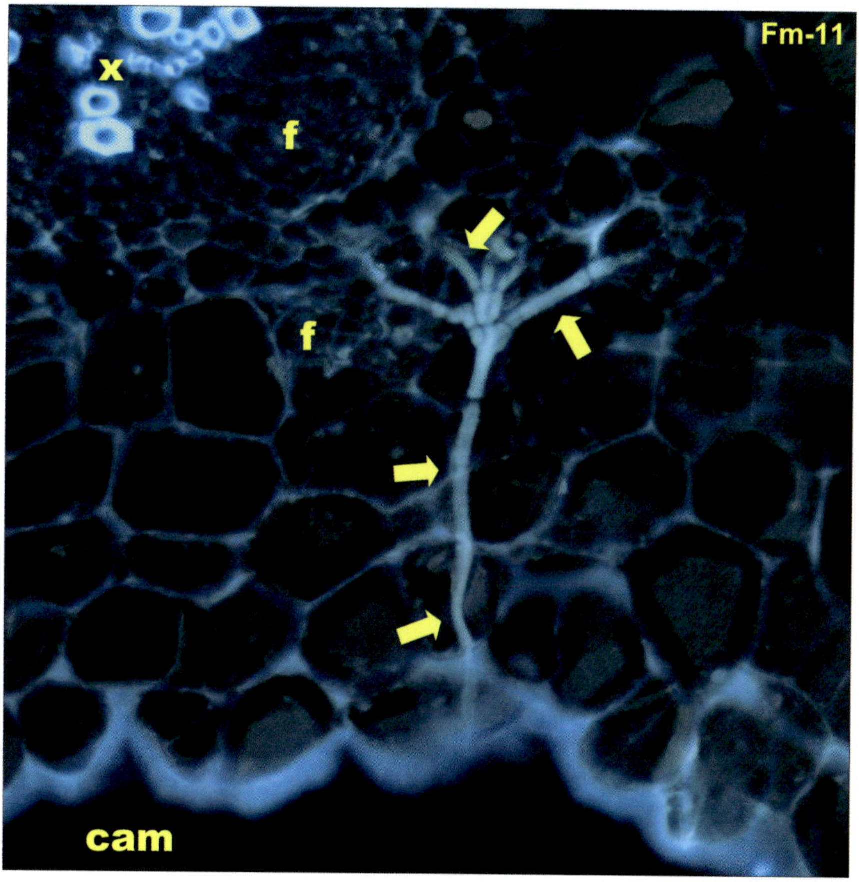

Haces vasculares

Los haces vasculares están constituidos por el xilema y el floema que, inevitablemente, están juntos en todas las estructuras de las plantas. En las hojas constituyen la venación y en el tallo y en la raíz se disponen entre la médula (si existe) y el córtex.

Hv-1 Haz vascular colateral cerrado. Hoja de *Morus nigra*. Obsérvese la ausencia de procambium entre el xilema y el floema. 20x.

Hv-2 Haz vascular colateral cerrado. Hoja de *Allium* sp. 40x.

Hv-3 Haz vascular colateral abierto. Hoja de *Artemisia* sp. Entre el xilema y el floema se observa procambium (flechas). 20x.

Abreviaturas: f floema, x xilema.

Los haces vasculares son abiertos o cerrados según presenten o no presenten, meristemo (procambium o cambium vascular) entre el xilema y el floema.

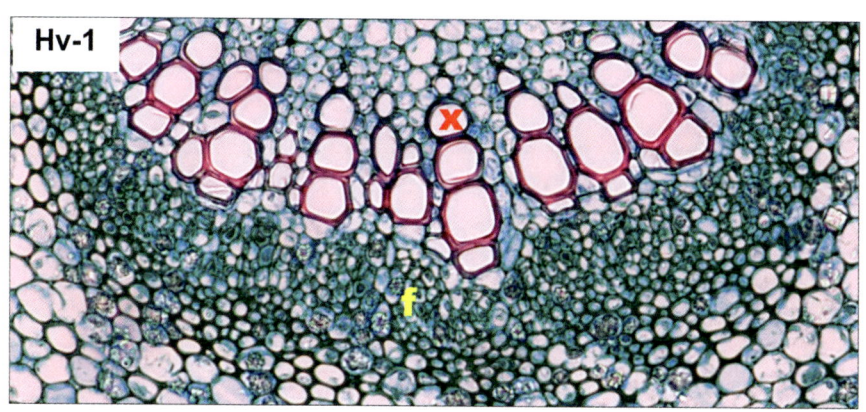

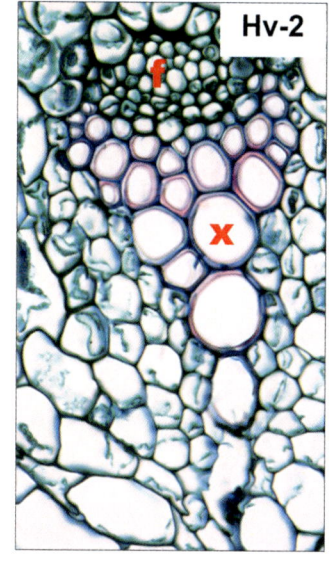

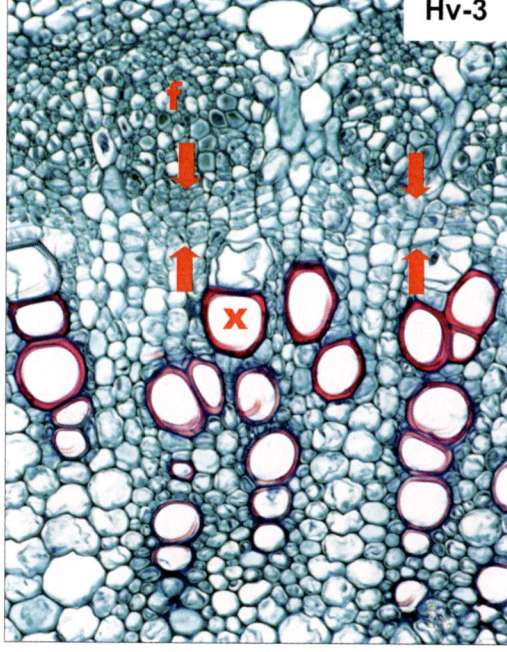

Hv-4 Haz bicolateral. Tallo de *Bryonia dioica*. El xilema en el centro de la imagen, presenta floema por encima y por debajo. 20x.

Hv-5 Haces bicolaterales. Tallo de *Sonchus oleraceus*. 10x.

Hv-6 Haces bicolaterales. Tallo de *Sonchus oleraceus*. La imagen anterior vista con luz polarizada. 10x.

Hv-7 Haz vascular radial. Raíz de *Monstera deliciosa*. Un tejido vascular (floema o xilema) presenta el otro tejido vascular (xilema o floema) a derecha e izquierda.10x.

Abreviaturas: f floema, x xilema.

Asumiendo que en un porcentaje muy elevado de casos, el estudio histológico de las plantas se lleva a cabo en secciones transversales de los órganos o sus partes, los haces vasculares colaterales se identifican porque presentan xilema por encima del floema (o viceversa), en los bicolaterales, el xilema presenta floema en disposición superior e inferior, y en los haces vasculares radiales, el xilema y el floema están más o menos alineados y no uno encima (o debajo) de otro.

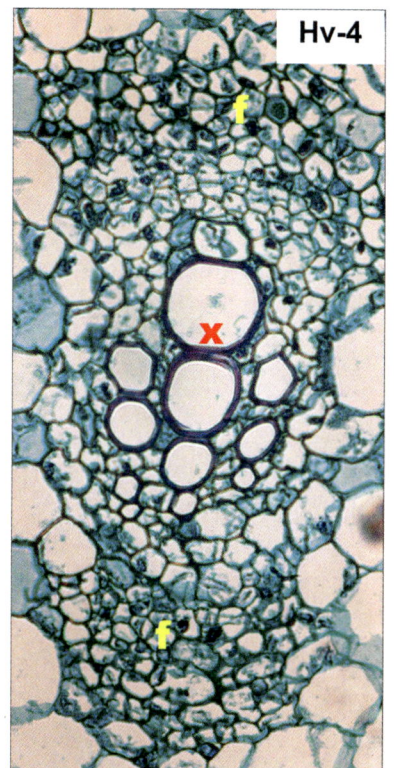

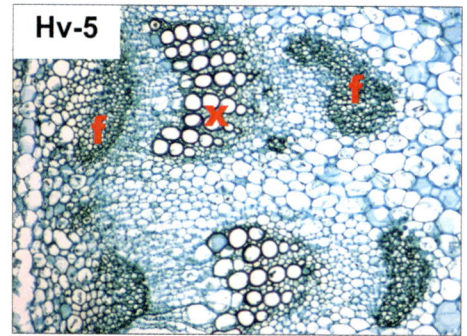

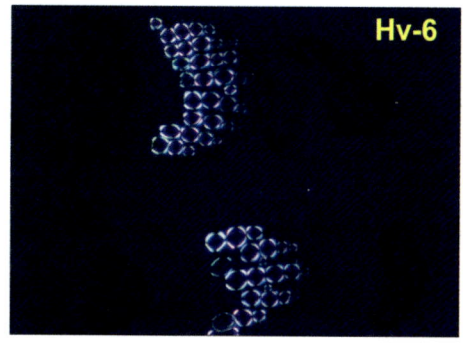

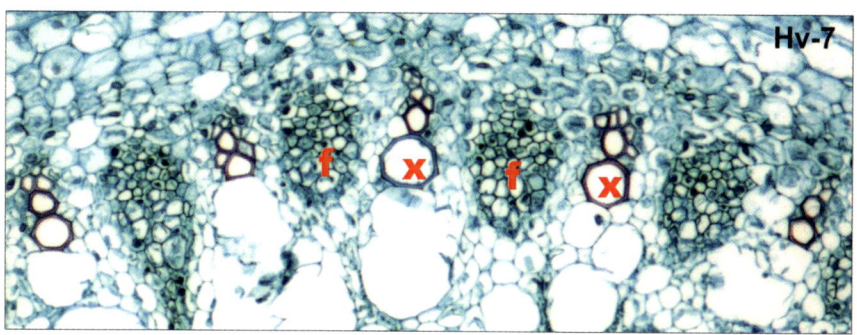

Hv-8 Haz perifloemático o anficribal. Flor de *Dianthus monspessulanus*. 60x.

Hv-9 Haz perixilemático o anfivasal. Rizoma de *Cyperus papyrus*. 60x.

Hv-10 Vaina fascicular (flechas). Tallo de *Cyperus papyrus*. 10x.

Hv-11 Vaina fascicular (flechas). Hoja de *Eucalyptus globulus*. 10x.

Abreviaturas: co colénquima, f floema, x xilema.

La vaina fascicular rodea total o parcialmente los haces vasculares. Generalmente está formada por tejidos de sostén.

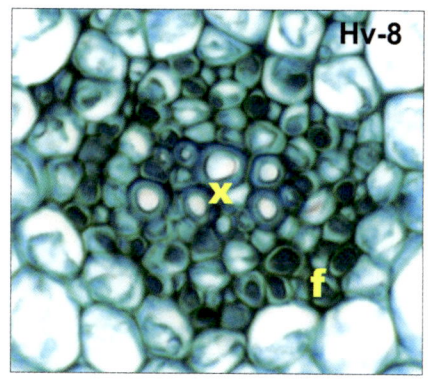

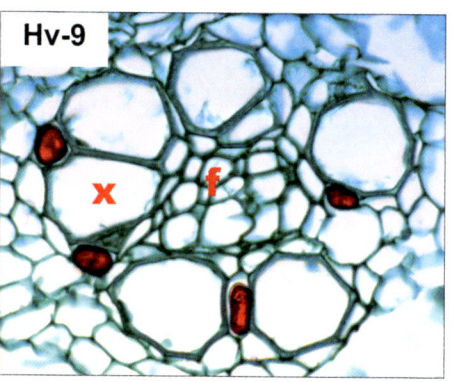

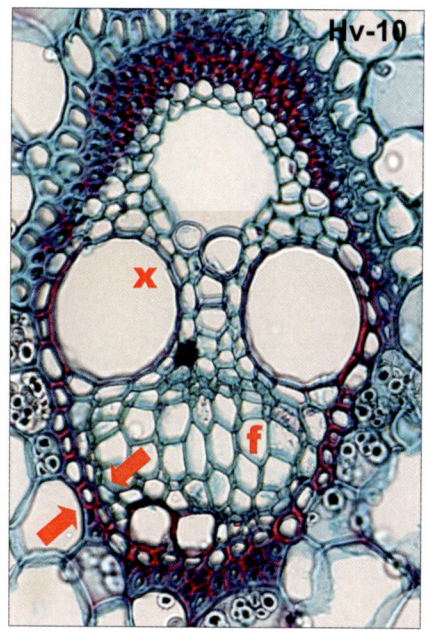

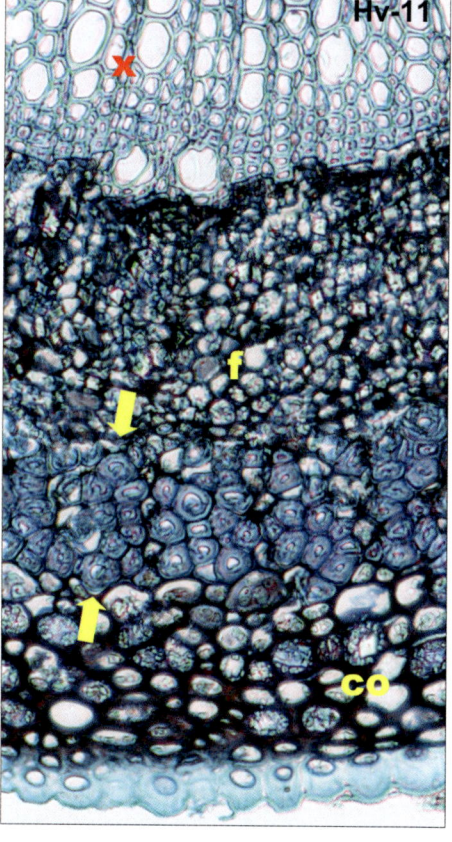

Hv-12 Haces vasculares supernumerarios (flechas). Raíz de *Beta vulgaris*. 10x.

Hv-13 Haz supernumerario (flecha) en foliolo de *Pistacia terebinthus*. 4x.

Hv-14 Radios medulares (flechas). Raíz de *Linum usitatissimum*. 4x.

Abreviaturas: C córtex, H haz vascular central, tg tricoma glandular.

En ciertas raíces almacenadoras, los haces vasculares supernumerarios (que son la consecuencia de la formación de un meristemo supernumerario) originan por fuera del haz vascular central, xilema y floema, y sobre todo parénquima de reserva.

Los radios medulares no solamente permiten la comunicación entre el córtex y la médula de tallos y raíces, sino que además están conectados con las células de los parénquimas verticales del xilema y del floema, constituyendo todas ellas una red de células vivas que recorre los haces vasculares tanto en sentido horizontal como vertical.

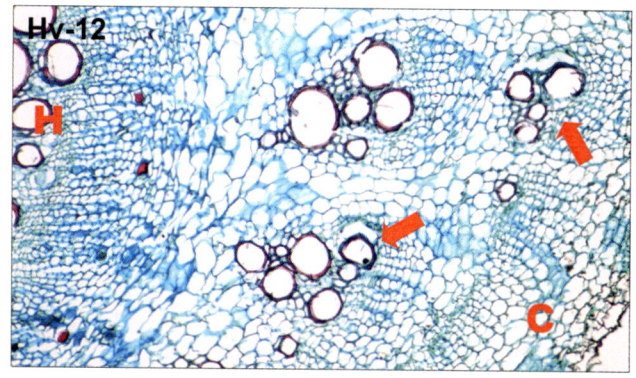

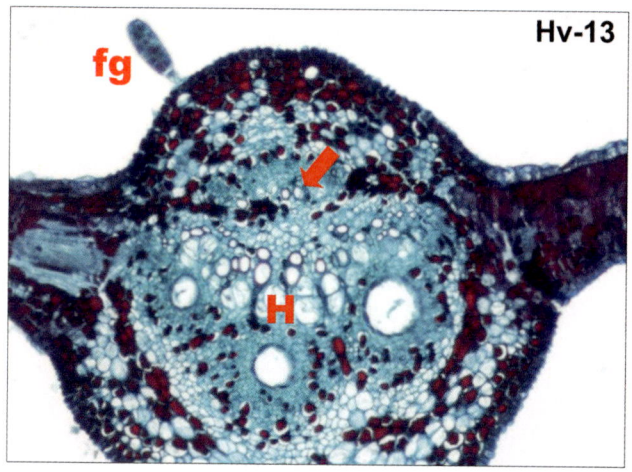

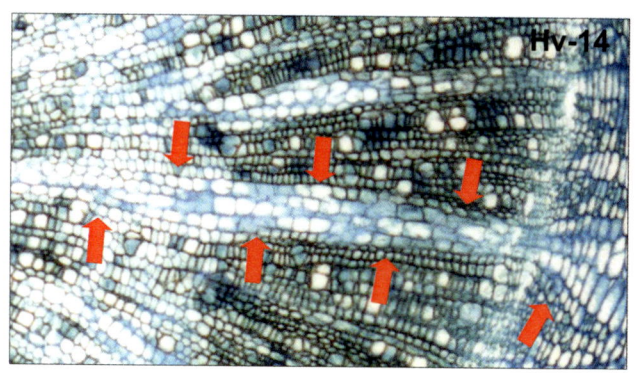

Tejidos secretores

Las plantas presentan dos tipos de estructuras secretoras: unas de superficie y otras internas. Las primeras son las llamadas «estructuras secretoras externas» (que suelen tratarse en el tema sobre la epidermis) y las segundas son las llamadas «estructuras secretoras internas». Los tejidos secretores constan en general de células con paredes primarias, vivas unas, muertas otras y todas relacionadas con la síntesis o la acumulación de sustancias de naturaleza muy diversa.

Los tejidos secretores internos, están constituidos por células aisladas o por conductos (o cavidades) más complejos.

Ts-1 Hidatodo (flecha). Hoja de *Pelargonium* sp. La flecha hueca señala un estoma. 10x.

Ts-2 Epitema. Hidatodo en hoja de *Pelargonium* sp. Detalle de la anterior. Las flechas señalan vasos de xilema. 20x.

Los hidatodos pasivos o acuíferos son órganos destinados a secretar agua (proceso conocido como gutación). Se reconocen en los extremos de las hojas, por estar asociados a estomas no funcionales y por presentar el epitema: conjunto de células parenquimáticas pequeñas y sin cloroplastos, al que vierten vasos del xilema que aportan el agua.

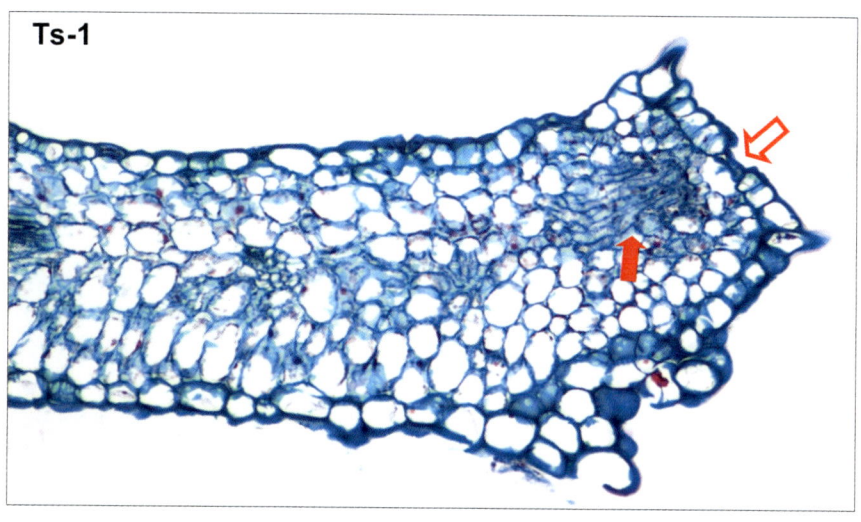

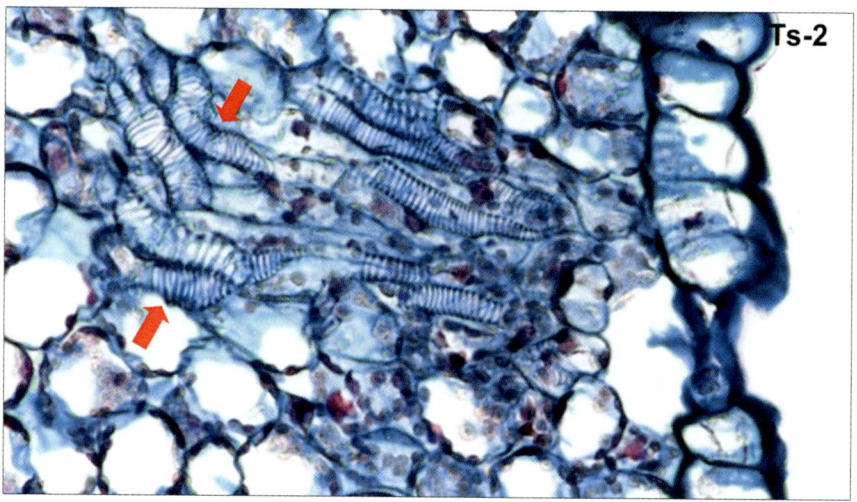

Ts-3 Hoja de *Saxifraga paniculata*. Obsérvese la costra blanquecina formada por cristales de carbonato cálcico. 27x.

Ts-4 Cristales de carbonato cálcico (anisótropos) en hoja de *Saxifraga paniculata*. 20x.

Ts-5 Hidatodo de *Saxifraga paniculata*. La flecha señala el poro por el que es vertida la solución de carbonato cálcico. 10x.

Ts-6 Detalle del epitema en hoja de *Saxifraga paniculata*. Las flechas señalan vasos de xilema. 20x.

Ts-7 Poros (flechas) por los que es vertida la solución de carbonato cálcico. Hoja de *Saxifraga paniculata*. 25x.

Abreviaturas: e epitema, h hidatodo.

Saxífraga paniculata vive sobre rocas calizas. Sus hojas se observan blanquecinas porque están completamente cubiertas por cristales de carbonato cálcico. Los cristales llegan al exterior en disolución acuosa procedente del epitema (al que vierten vasos de xilema), siendo finalmente expulsada a través de poros. En el exterior el agua se evapora, cristalizando el carbonato.

Los hidatodos de *Saxifraga paniculata* intervienen en la regulación interna de calcio de la planta.

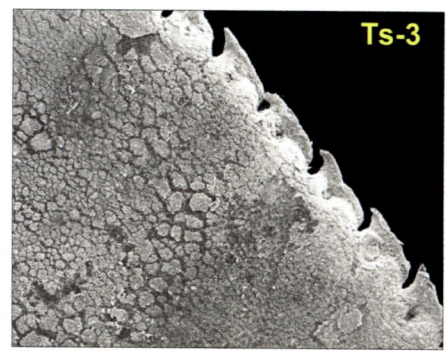

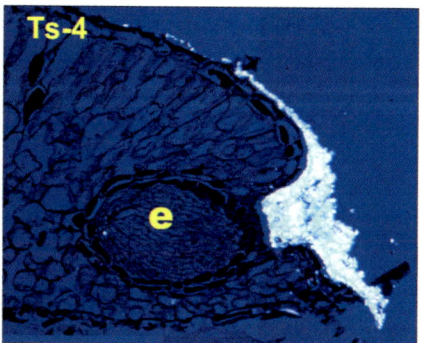

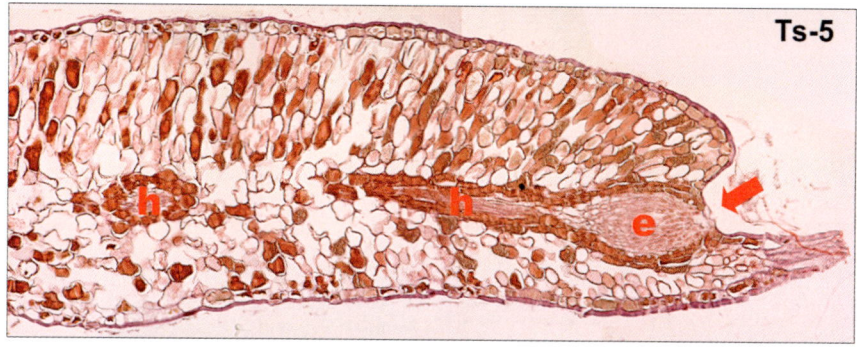

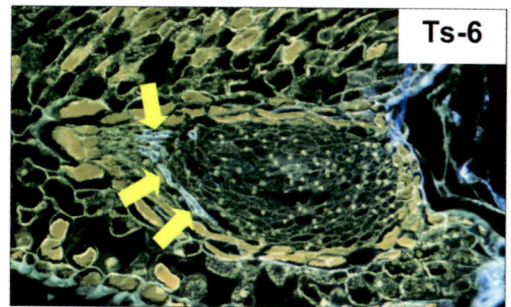

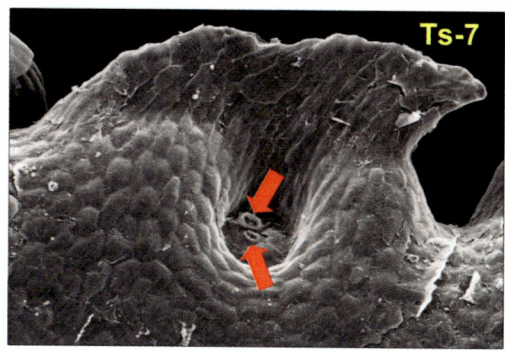

Ts-8 Nectario floral (flechas) de *Ranunculus bulbosus*. 10x.

Ts-9 Nectario floral (flechas) de *Ranunculus bulbosus*. Unos cortes antes o unos cortes después del anterior. 10x.

Ts-10 Nectario de *Ranunculus bulbosus*. Detalle de la anterior. Las flechas señalan vasos de xilema. 20x.

Los nectarios (secretores de néctar) son estructuras de diversa morfología e histología.

Ts-8

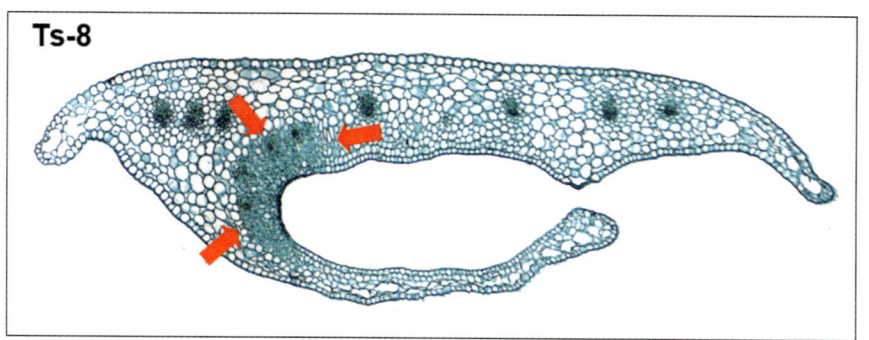

Ts-9

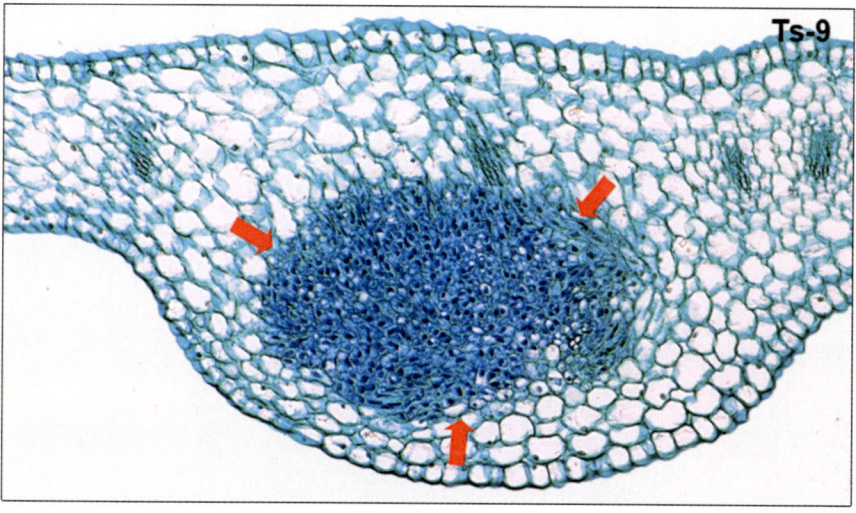

Ts-10

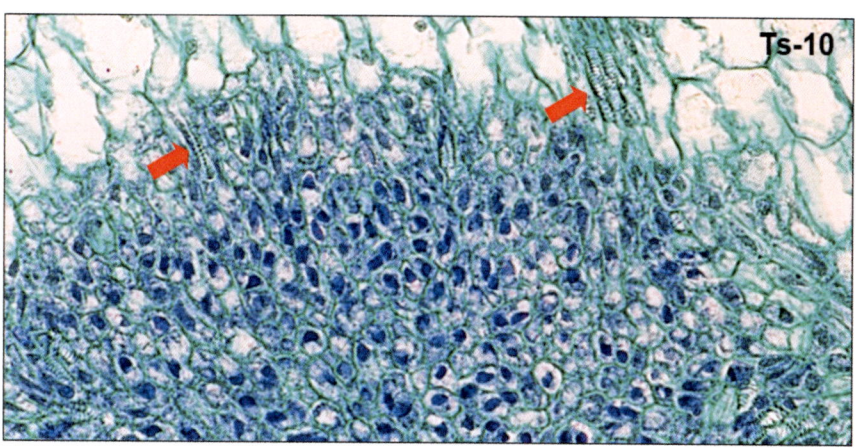

Ts-11 Conducto esquizógeno en hoja de *Sequoiadendron giganteum*. 20x.

Ts-12 Conductos resiníferos (flechas). Tallo de *Pinus pinaster*. 4x.

Ts-13 Conductos esquizógenos intrafloemáticos (flechas) en hoja de *Pistacia terebinthus*. 20x.

Ts-14 Conducto esquizógeno intrafloemático en hoja de *Pistacia terebinthus*. Detalle de la anterior. 40x.

Abreviaturas: f floema, fi fibras de esclerénquima (de la vaina fascicular), x xilema.

Los conductos esquizógenos son el resultado de un progresivo agrandamiento de un espacio intercelular inicial. Los productos elaborados por las propias células que tapizan el hueco vierten su contenido al mismo.

Los conductos resiníferos de las gimnospermas son conductos esquizógenos. Característico de las anacardiáceas, es la presencia de conductos esquizógenos intrafloemáticos. En las pistacias, por dichos conductos, circula la resina de Quio.

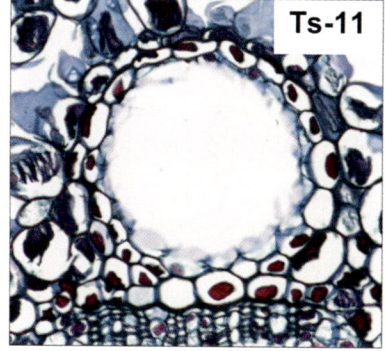

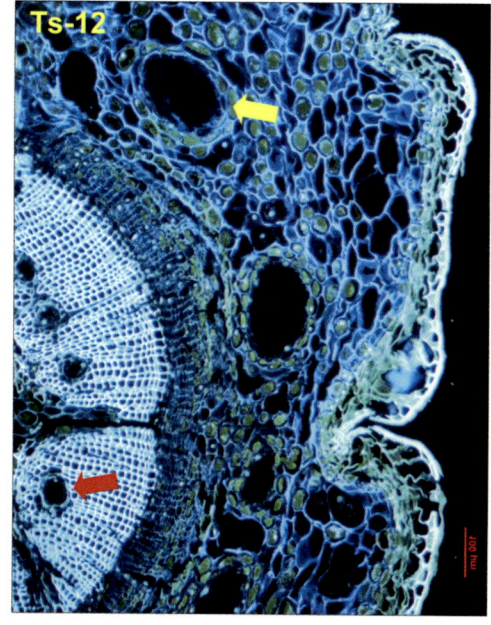

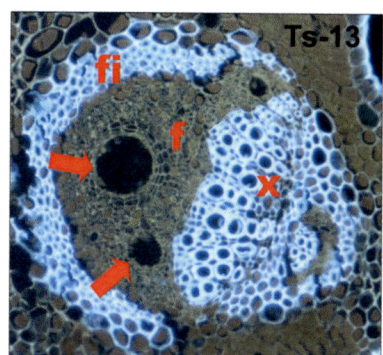

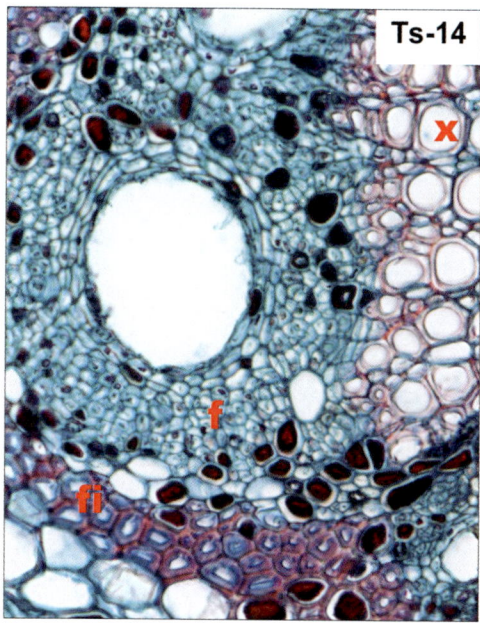

Ts-15 Conducto lisogénico (triángulo) en pericarpo de *Citrus sinensis*. 10x.

Ts-16 Cavidades secretoras (flechas) en peciolo de *Eucaliptus globulus*. 4x.

Ts-17 Conducto secretor en peciolo de *Eucaliptus globulus*. Detalle de la anterior. 20x.

Ts-18 Conductos secretores (flechas) en hoja de *Eucaliptus globulus*. 10x.

Abreviatura: e epidermis, H tejidos vasculares.

Los conductos lisogénicos se originan por la lisis de determinadas células que previamente sintetizan determinadas sustancias, hasta que, literalmente explotan. En los cortes histológicos se suelen observar restos celulares en la periferia de la cavidad.

Los conductos secretores de los eucaliptos no son claramente esquizógenos o lisogénicos. Son —según algunos autores— conductos o cavidades esquizolisogénicas.

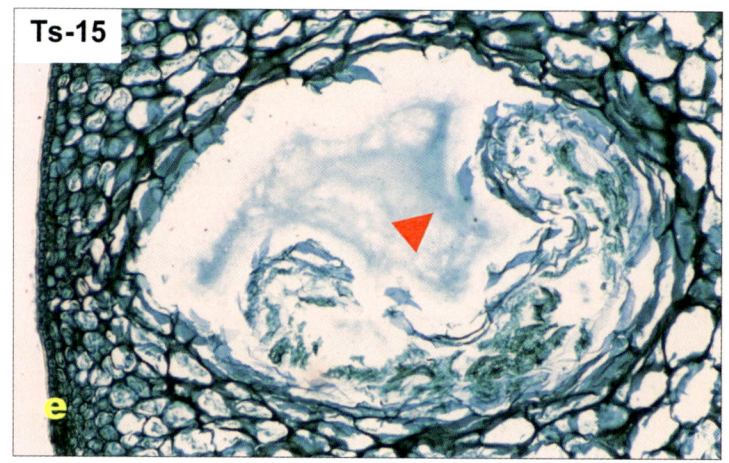

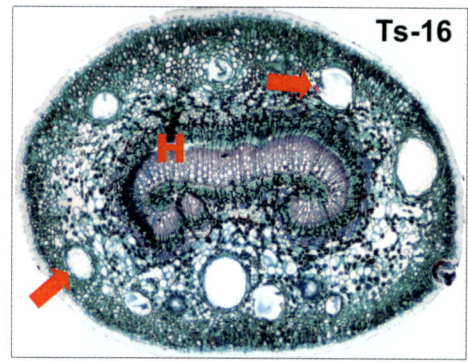

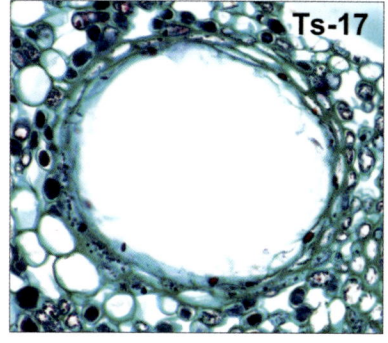

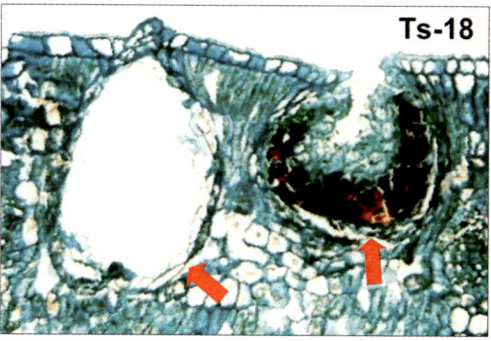

Ts-19 Tubos secretores (flechas) en receptáculo floral de *Malus domestica*. 40x.

Ts-20 Laticíferos (flechas) en hoja de *Chelidonium majus*. 20x.

Ts-21 Laticíferos asociados a haces conductores (flechas) en peciolo de *Chelidonium majus*. 4x.

Ts-22 Laticíferos (flechas) en peciolo de *Chelidonium majus*. Detalle de la anterior. 40x.

Abreviaturas: f floema, H tejidos vasculares, x xilema.

Clasificar los conductos secretores atendiendo a los productos de secreción no es posible (tampoco para las células secretoras aisladas) por tratarse de sustancias muy heterogéneas: látex, taninos, gomas, resinas, etc.

Los tubos secretores pueden estar asociados a los haces conductores o no.

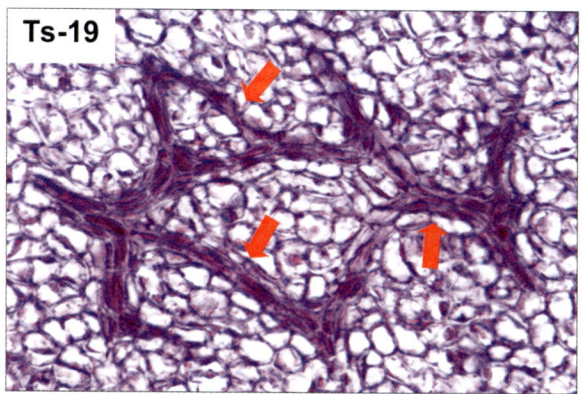

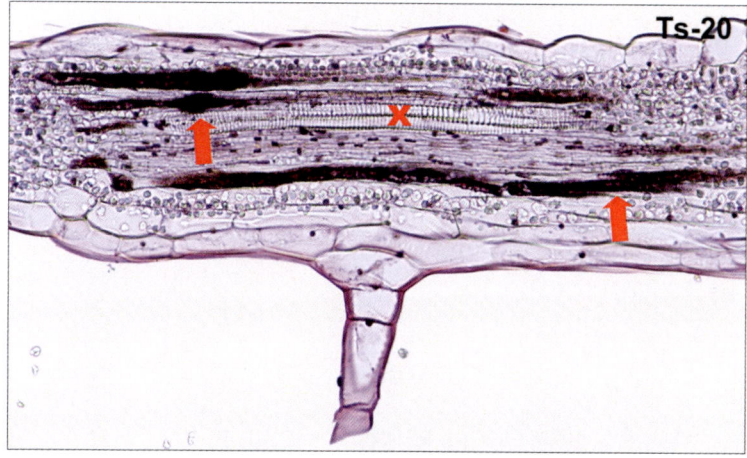

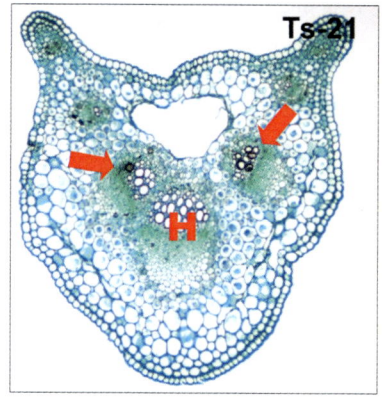

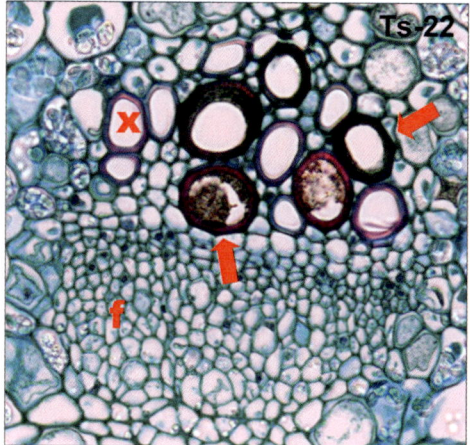

Ts-23 Laticíferos en fruto de *Musa* sp. Los puntos oscuros del pericarpo son laticíferos. 0,75x.

Ts-24 Laticíferos (flechas) en fruto de *Musa* sp. Detalle de la anterior. 10x.

Ts-25 Célula secretora (flecha). Tallo de *Equisetum telmateia*.20x.

Ts-26 Célula mucilaginosa (flechas). Raíz de *Vitis vinifera*. Obsérvense ráfides (flecha hueca) en el interior de la célula mucilaginosa. 40x.

Abreviatura: P pericarpo.

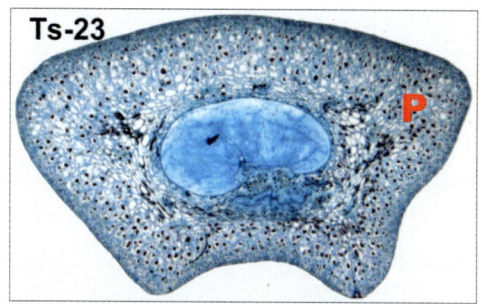

Ts-23

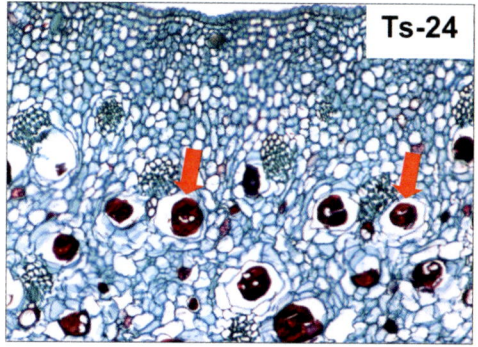

Ts-24

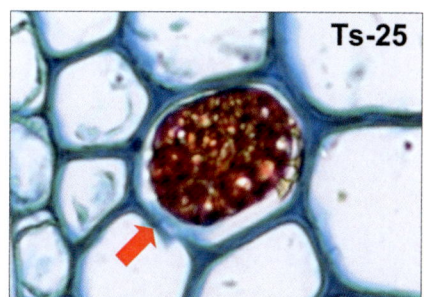

Ts-25

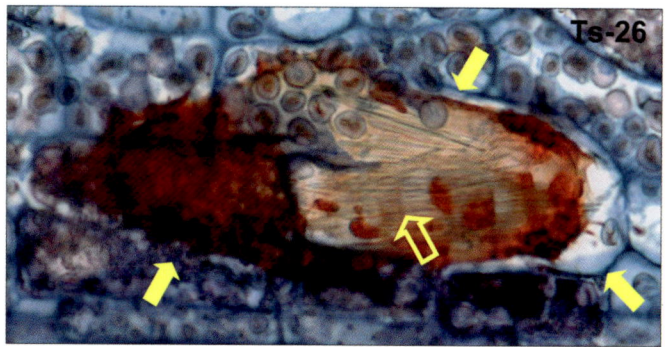

Ts-26

Epidermis

La epidermis es el tejido en contacto con el medio, presente en las partes de la planta con crecimiento primario. Es un tejido complejo que consta de las células epidérmicas propiamente dichas, las células oclusivas de los estomas y las células que conforman los tricomas o pelos epidérmicos. En su mayoría son células vivas con paredes primarias.

Ep-1 Epidermis foliar de *Quercus* sp. Las flechas señalan células oclusivas de un estoma. 20x.

Ep-2 Epidermis foliar de *Quercus* sp. Las flechas señalan estomas. 200x.

Abreviaturas: t tricoma, tg tricoma glandular, v vena.

La epidermis presenta además de células epidérmicas propiamente dichas, células oclusivas de los estomas y tricomas.

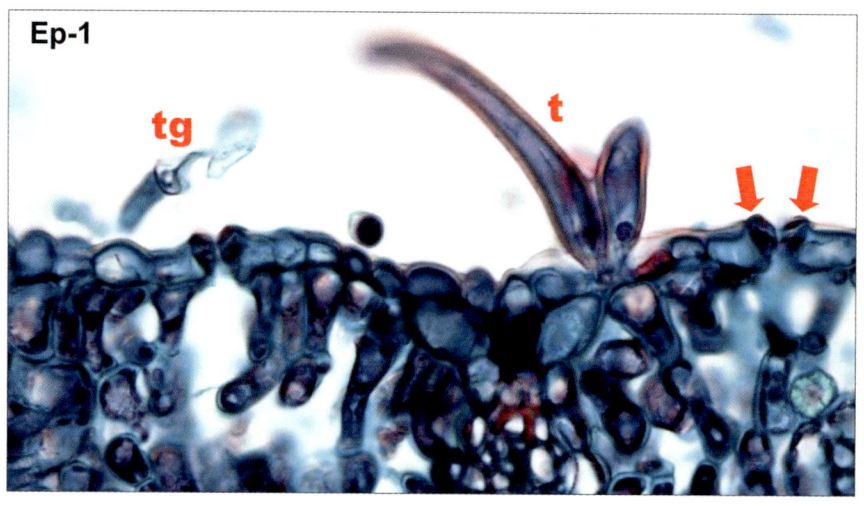

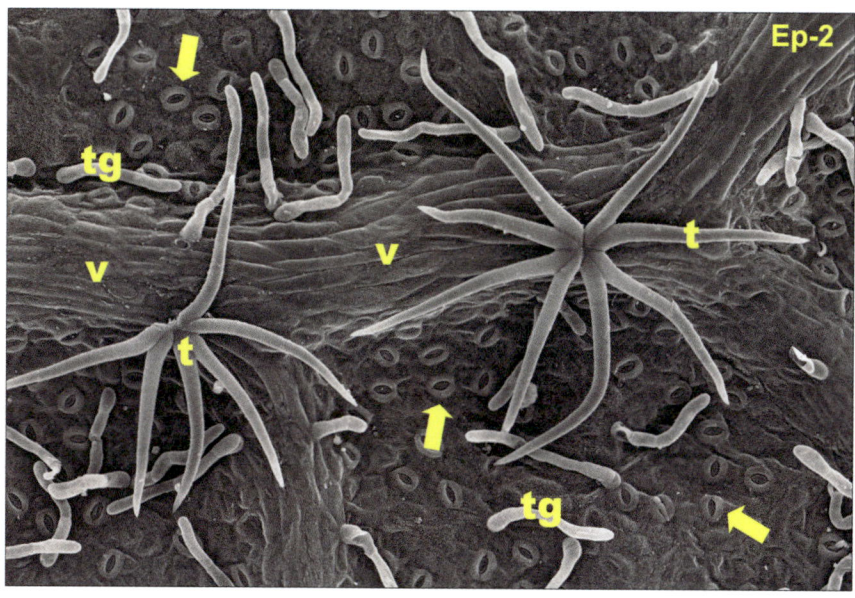

Ep-3 Epidermis uniseriada (flechas) en hoja de monocotiledónea. 60x.

Ep-4 Epidermis multiseriada (flechas) en hoja de *Nerium oleander*. 40x.

Ep-5 Epidermis del haz (superior) y del envés (inferior) distintas. La del haz con cutícula gruesa, sin estomas ni tricomas. Hoja de *Olea europaea*. Las flechas señalan tricomas. 40x.

Abreviaturas: c cutícula, pa parénquima aerífero, pc parénquima clorofílico en empalizada, v vena.

La cutícula que tiene un grosor variable es una capa por fuera de la pared exterior de las células epidérmicas. Está constituida por una sustancia de naturaleza lipídica llamada cutina.

En las hojas de las plantas mesófitas, la epidermis del haz y del envés suelen ser distintas, de igual manera que también suele ser distinto el mesófilo correspondiente al haz y al envés.

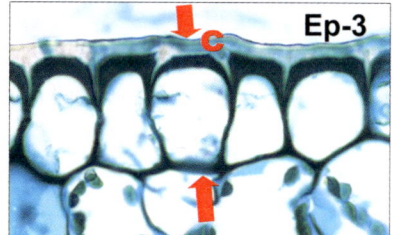

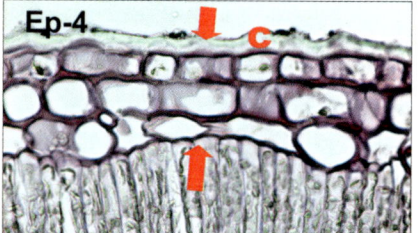

Ep-3

Ep-4

c

c

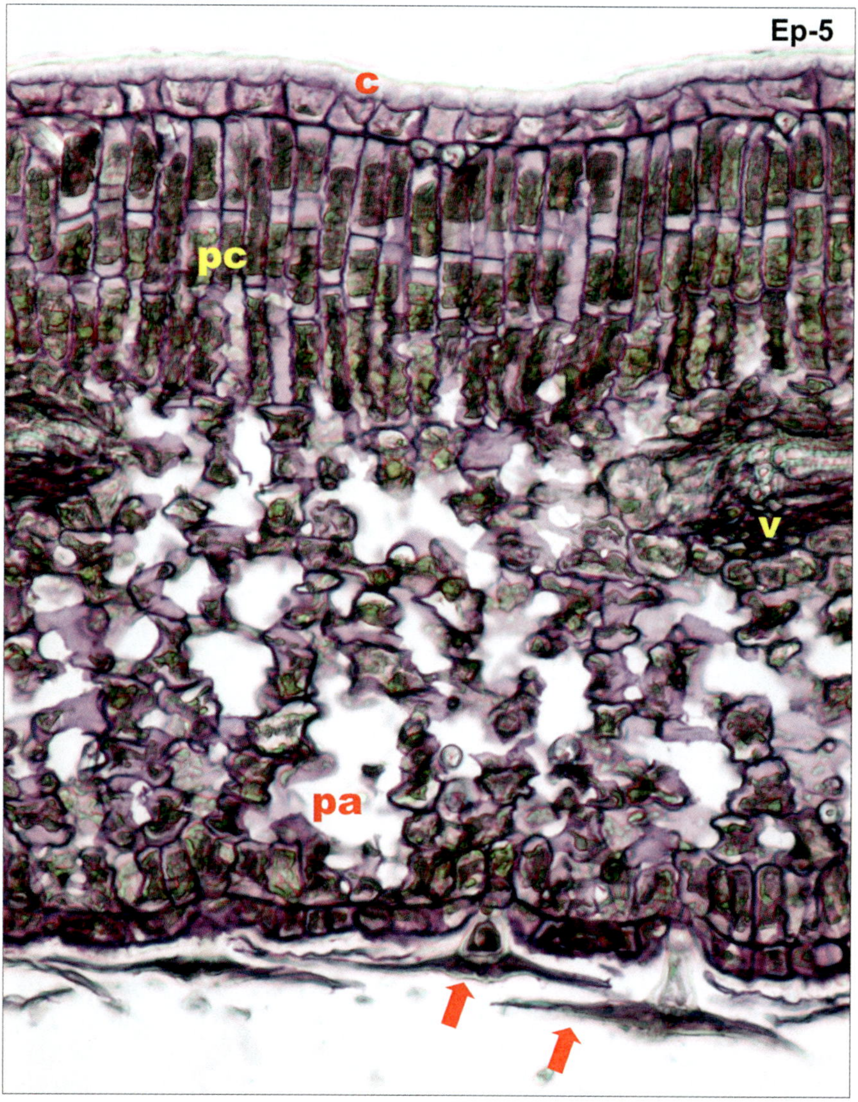

Ep-5

c

pc

v

pa

Ep-6 Epidermis uniseriada (flechas) con cutícula notable. Hoja de *Viscum album.* 20x.

Ep-7 Abundantes ceras epicuticulares en hoja de *Vitis vinifera.* 1000x.

Ep-8 Epidermis de raíz (flechas) de *Zea mays.* 60x.

La cutícula está relacionada con el control de la transpiración. En las plantas expuestas a altas temperaturas, la cutícula está especialmente desarrollada.

Ciertas plantas presentan en la cutícula ceras cristalizadas que se relacionan con la impermeabilización de la superficie y con la defensa ante factores bióticos o abióticos.

Las células epidérmicas de la raíz son en esencia similares al resto de las células epidérmicas, aunque generalmente presentan suberina en la cutícula en vez de cutina.

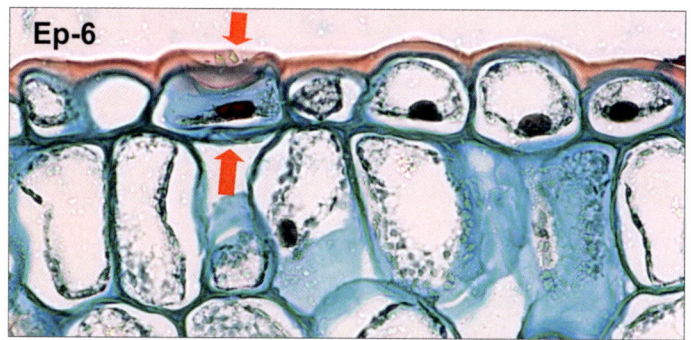

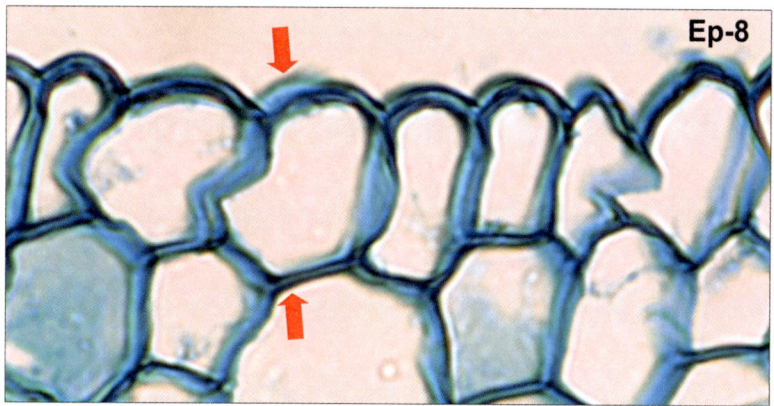

Ep-9 Cutícula (flechas) con inclusiones cristalinas. Hoja de *Ficus elastica*. 60x.

Ep-10 Cutícula con inclusiones cristalinas. Hoja de *Ficus elastica*. La imagen anterior con luz polarizada. 60x.

Ep-11 Células epidérmicas con cloroplastos (flechas). Hoja de *Ranunculus aquatilis*. 20x.

Ep-12 Células buliformes (triángulos) en hoja de *Zea mays*. 40x.

Frecuentemente las hojas de plantas hidrófitas no presentan parénquima clorofílico. Ante tal déficit de células fotosintetizadoras, las células epidérmicas presentan cloroplastos.

Ciertas plantas se defienden ante la exposición prolongada a la luz y a elevadas temperaturas, gracias a la presencia de células buliformes en su epidermis. En las condiciones indicadas, las células buliformes pierden agua, plegándose la hoja por los lugares en los que están esas células. El resultado es que la superficie foliar expuesta al sol se reduce notablemente.

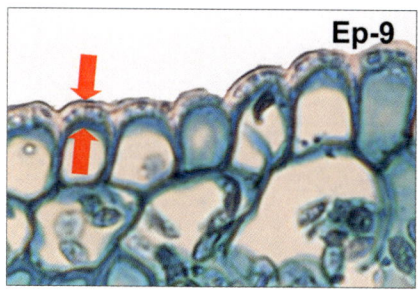

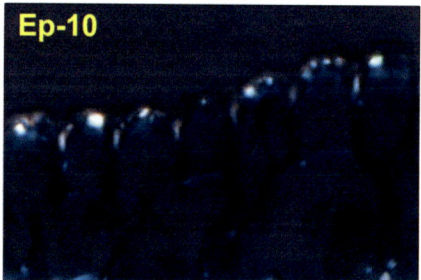

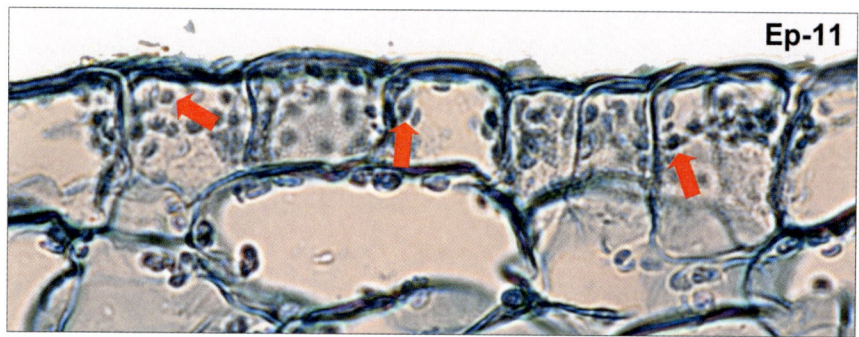

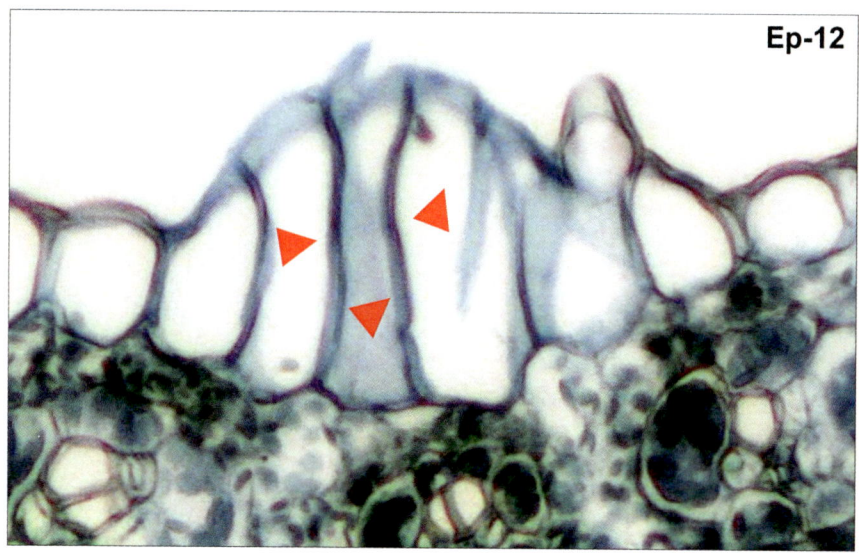

Ep-13 Células epidérmicas con papilas (flechas) en hoja de *Caltha palustris*. 60x.

Ep-14 Células epidérmicas con papilas (flecha) en tallo de *Narcissus poeticus*. La flecha hueca señala un estoma. 100x.

Ep-15 Células epidérmicas papiliformes en pétalo de *Rosa* sp. 500x.

Ep-16 Células epidérmicas lignificadas (flechas) en hoja de *Pinus pinaster*. La flecha abierta, señala el ostiolo del estoma. Obsérvese que las células oclusivas están por debajo de la línea de las células epidérmicas. 40x.

Células epidérmicas que depositan pared secundaria que posteriormente se lignifica, es característico de muchas coníferas.

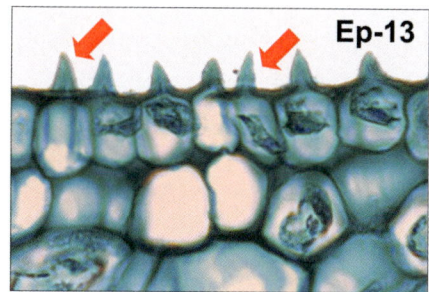

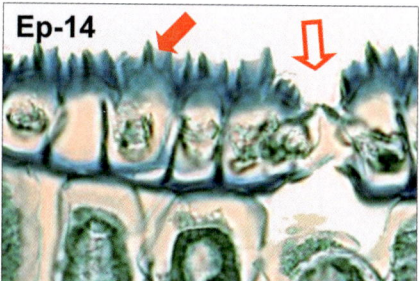

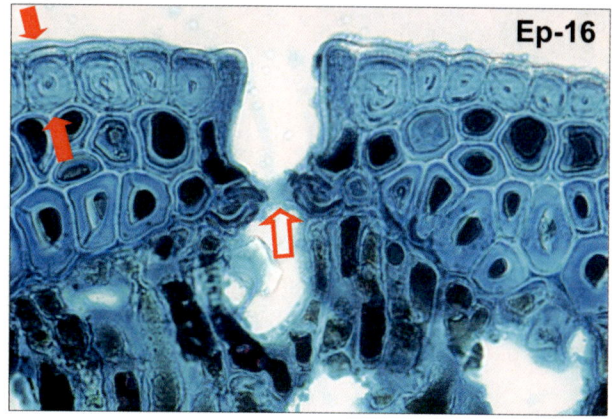

Ep-17 Célula con cistolito (flechas) en hoja de *Ficus elastica*. 10x.

Ep-18 Cistolito en hoja de *Ficus elastica*. Detalle de la anterior. La flecha señala el componente celulósico, la flecha abierta, el carbonato cálcico. 60x.

Ep-19 Cistolito en hoja de *Morus nigra*. 60x.

Ep-20 Cistolito en hoja de *Urtica dioica*. 60x.

Ep-21 Cistolito en hoja de *Ulmus minor*. Obsérvese que carece de percha. 60x.

Ep-22 Célula epidérmica con depósito de mucílagos. Hoja de *Morus nigra*. 60x.

Las inclusiones cristalinas de carbonato cálcico en las plantas constituyen los llamados cistolitos, llamándose —según algunos autores— litocistes las células que los contienen.

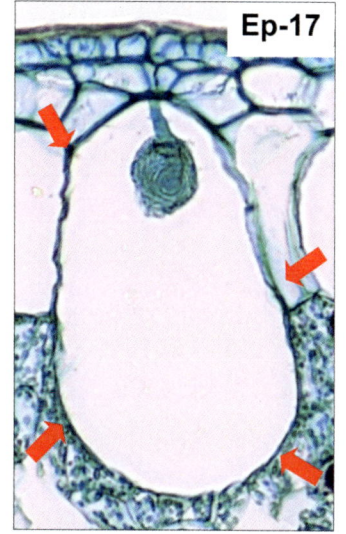

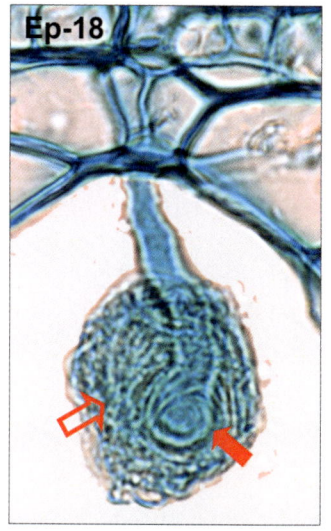

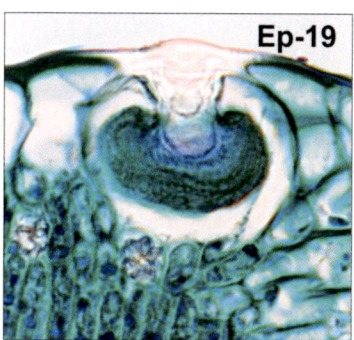

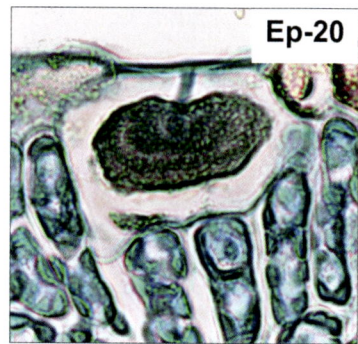

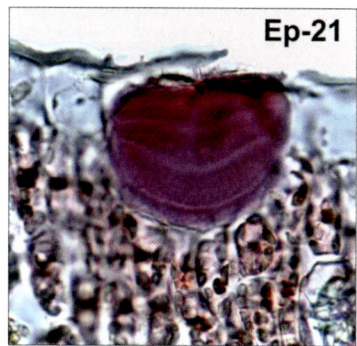

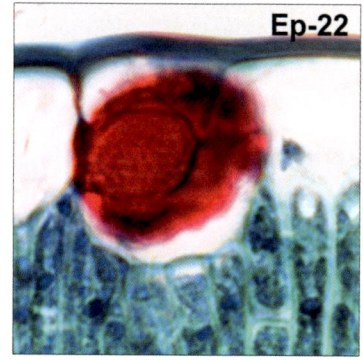

Ep-23 Estomas en hoja de *Allium* sp. Las flechas indican células oclusivas de los estomas. 40x.

Ep-24 Estomas en hoja de *Bryonia dioica*. Las flechas indican células oclusivas de los estomas. 40x.

Abreviatura: cs cámara subestomática.

Los componentes de los estomas son: las células oclusivas, el ostiolo (el espacio que dejan las células oclusivas entre sí) y la cámara subestomática, siempre húmeda porque a ella llega el xilema. Es además donde se inicia la corriente de succión que impulsa la conducción de la savia bruta a través del xilema. El imaginario Gulliver diminuto que viaja por el interior de las hojas, buscaría alguna cámara subestomáticas para bañarse en ella, y se secaría con el aire que circula por los meatos del parénquima aerífero.

Los estomas son auténticas aberturas en la epidermis, por las que se obliga a la planta a transpirar (a evaporar el agua de la cámara subestomática), habida cuenta de que no lo puede hacer a través del resto de la epidermis debido a la existencia de la cutícula.

Los cortes histológicos a veces nos muestran los tres componentes de los estomas, pero a menudo nos muestra solamente alguno de ellos.

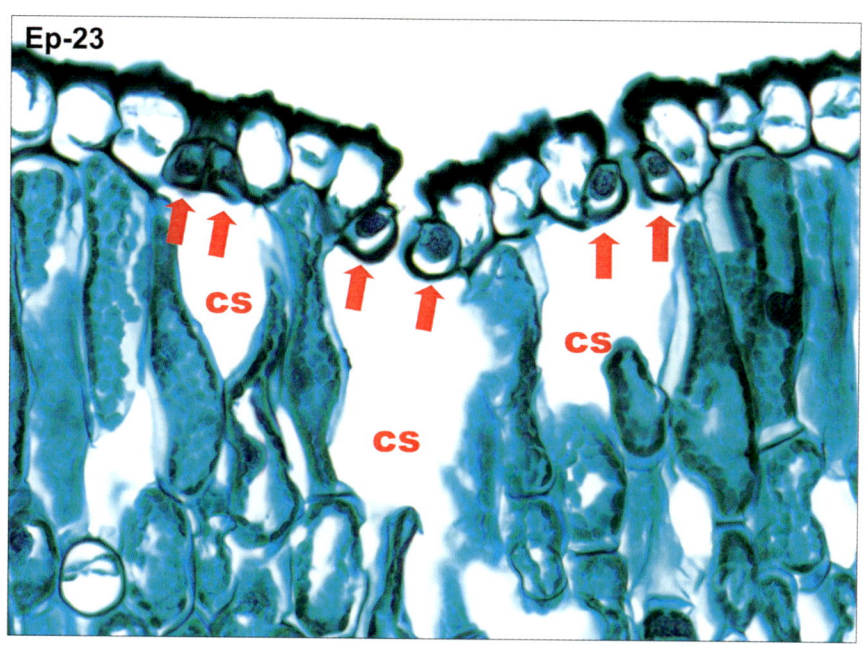

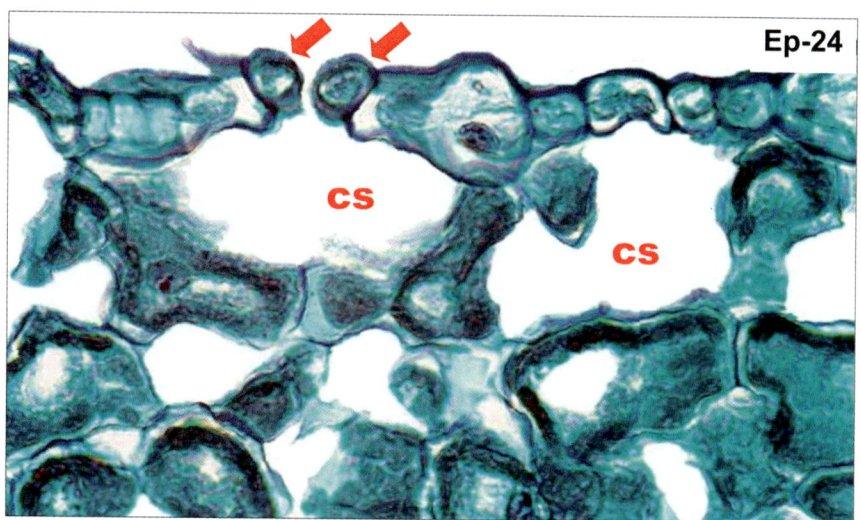

Ep-25 Estomas (flechas) en el envés foliar de *Ulmus minor*. Obsérvese por fuera de los estomas, la superficie lisa y sin ceras epicuticulares. 550x.

Ep-26 Estoma foliar de *Vitis vinifera*. La flecha señala el ostiolo. Obsérvese por fuera del estoma, la presencia de estrías cuticulares y ceras epicuticulares. 2000x.

Los estomas son extraordinariamente abundantes. Generalmente se abren al amanecer y se cierran en la oscuridad, regulándose la apertura y el cierre por la concentración intercelular de anhídrido carbónico, la luz, la humedad, la temperatura, etc.

En el estudio ultraestructural de los estomas, interviene el borde del ostiolo, la presencia o ausencia y morfología de estrías cuticulares y ceras epicuticulares.

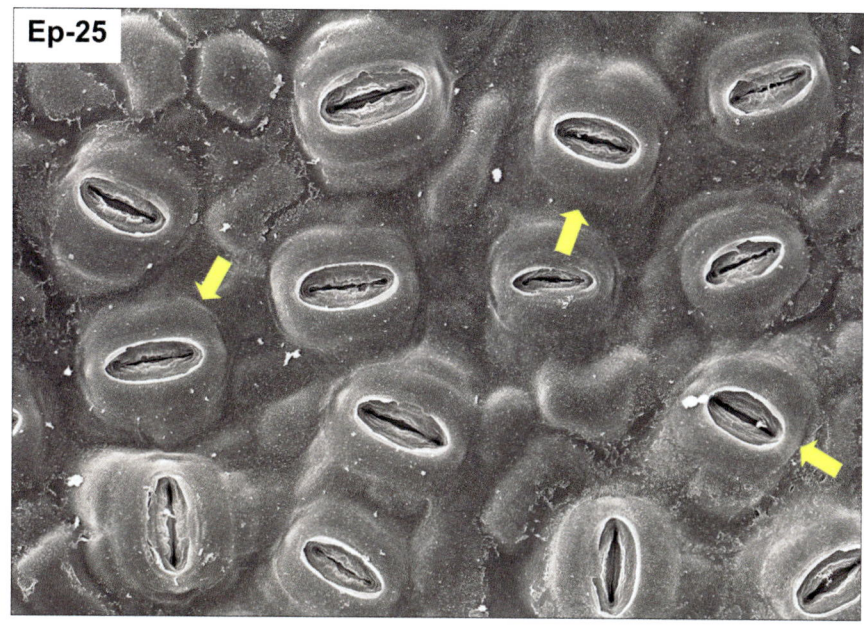

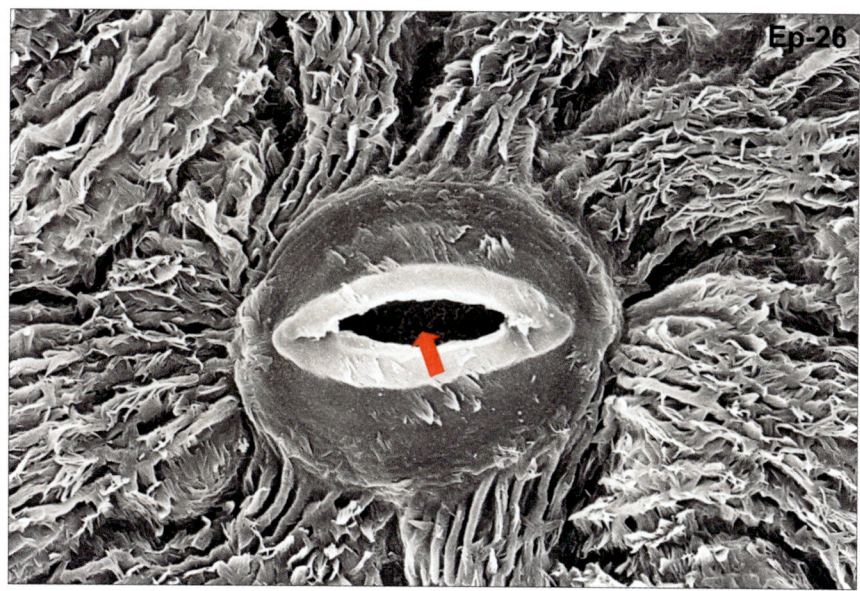

Ep-27 Estoma foliar de *Olea europaea.* 2500x.

Ep-28 Estoma foliar de *Pistacia terebinthus.* 2000x.

Ep-29 Estoma foliar de *Quercus* sp. 10000x.

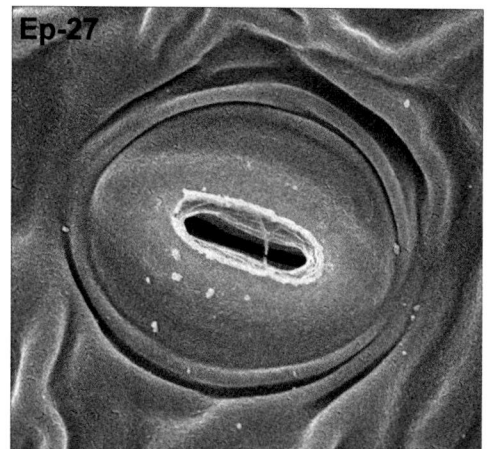

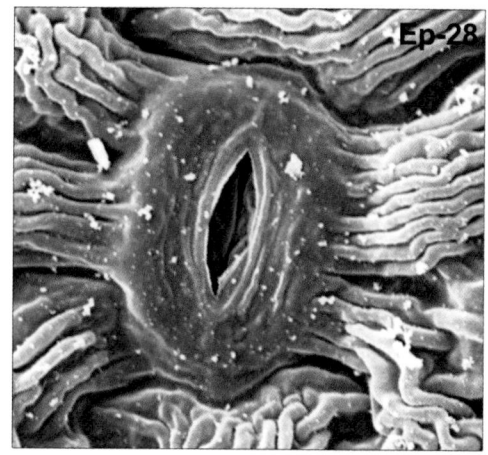

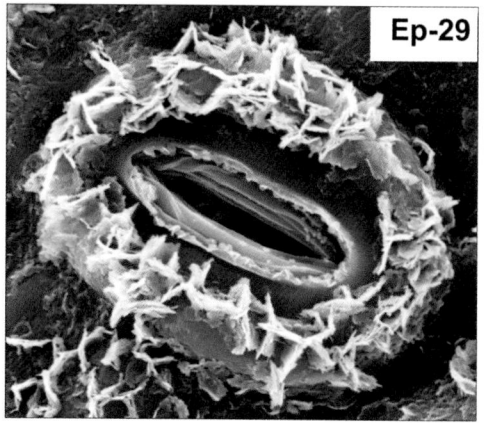

Ep-30 Epidermis anisocítica en hoja de *Sedum album*. La flecha señala un estoma. 20x.

Ep-31 Epidermis anomocítica en hoja de *Potentilla reptans*. La flecha señala un estoma. 20x.

Ep-32 Epidermis anomocítica en hoja de *Lilium* sp. La flecha señala un estoma. 40x.

Ep-33 Epidermis diacítica en hoja de *Dianthus caryophyllus*. La flecha señala un estoma.20x.

Ep-34 Epidermis de gramínea (*Dactylis glomerata*). La flecha señala un estoma. 20x.

La disposición que presentan las células epidérmicas respecto de los estomas y viceversa, es variable, hablándose de epidermis (o estomas) anisocítica, anomocítica o diacítica.

Las células oclusivas de los estomas de las gramíneas son normalmente distintas a las de otros grupos de plantas.

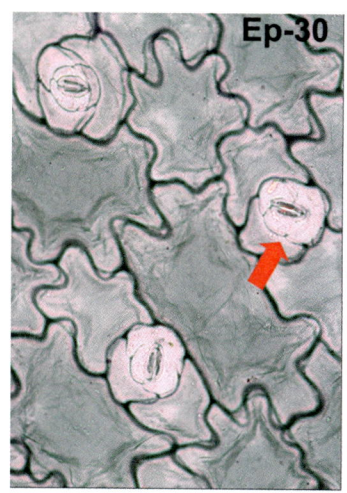

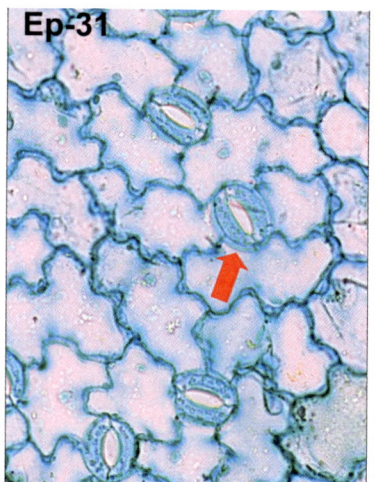

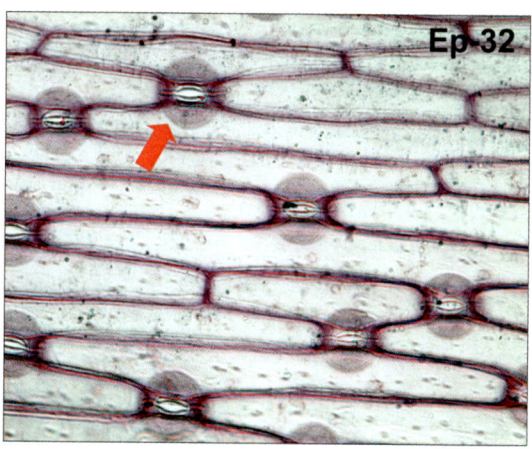

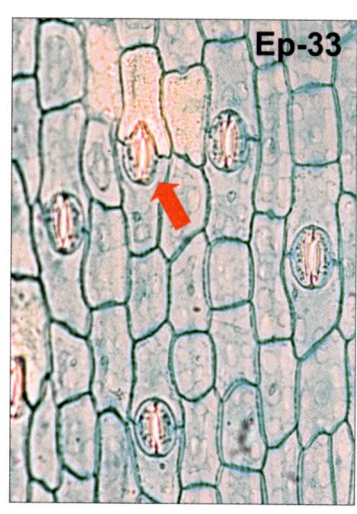

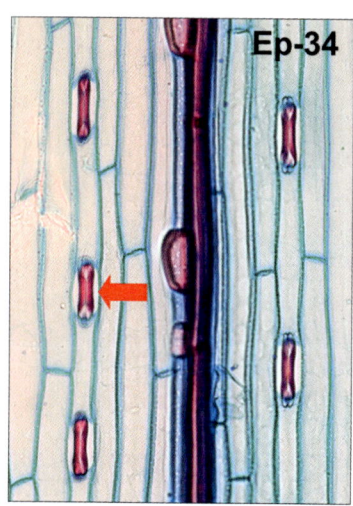

Ep-35 Estoma abierto en acícula de *Pinus pinaster*. 60x.

Ep-36 Estoma cerrado en acícula de *Pinus pinaster*. Obsérvese el vestíbulo estomático (triángulo). 60x.

Ep-37 Cloroplastos con almidón (teñido con Lugol) en estomas cerrados (flechas). Hoja de *Sedum album*. 60x.

Las gimnospermas presentan estomas hundidos, es decir, las células oclusivas están por debajo de la superficie epidérmica.

En el mecanismo de apertura y cierre de los estomas interviene el almidón localizado en los cloroplastos de las células oclusivas. Cuando el estoma cerrado se abre, el almidón de los cloroplastos de las células oclusivas se despolimeriza en un primer paso, y cuando se cierra se forma.

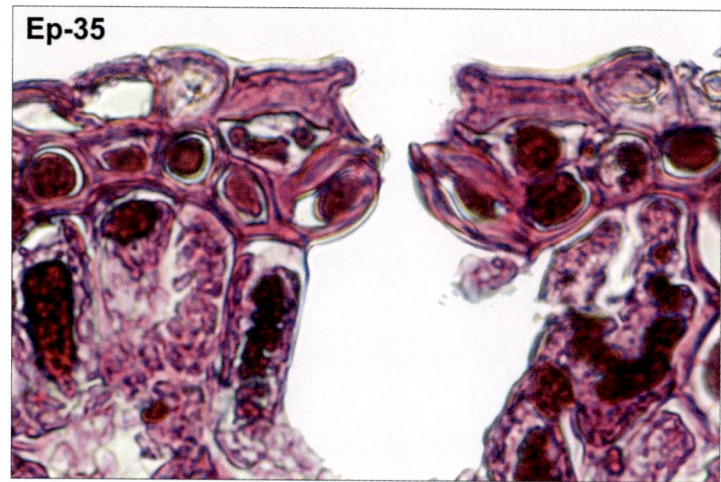

Ep-35

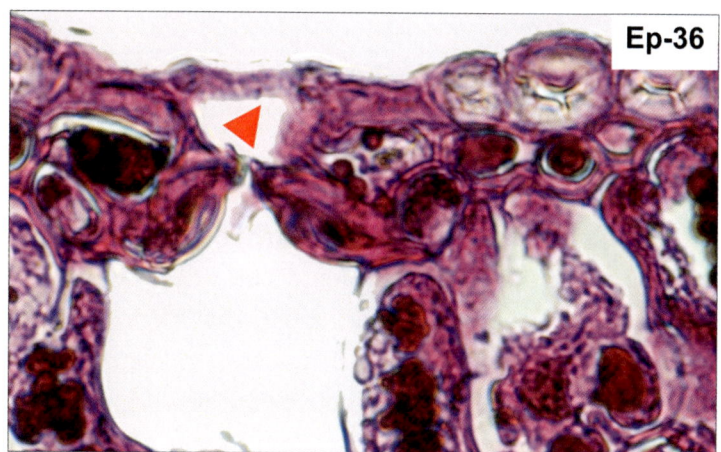

Ep-36

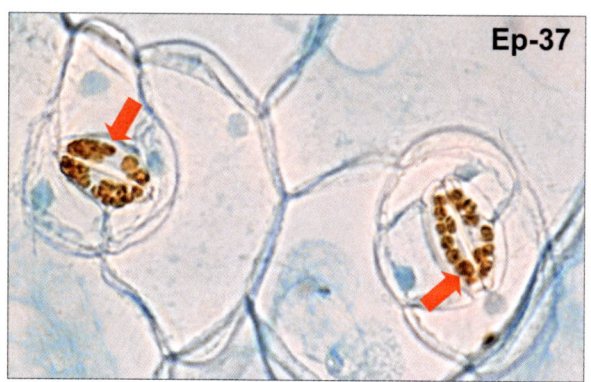

Ep-37

Ep-38 Estoma. Hoja de monocotiledónea. La flecha señala una célula oclusiva. Las flechas huecas, señalan expansiones cuticulares de las células oclusivas. 60x.

Ep-39 Estoma hundido. Hoja de *Ginkgo biloba*. La flecha señala una célula oclusiva. 40x.

Ep-40 Estoma elevado. Hoja de *Malva sylvestris*. La flecha señala una célula oclusiva. 40x.

Las células oclusivas de los estomas pueden presentarse a la misma altura que las células epidérmicas adyacentes, o bien estar sensiblemente más hacia el interior del órgano (hablándose en ese caso de estomas hundidos), o bien estar netamente hacia el exterior (hablándose en ese caso de estomas elevados).

Los estomas hundidos son característicos de gimnospermas (ver Ep-16 y Ep-35) y en general de plantas muy soleadas. Los estomas elevados, en general, son característicos de plantas acuáticas.

Las expansiones cuticulares de las células oclusivas (reborde cuticular según algunos autores), se observan en algunas plantas: cuando el estoma se cierra, dichas expansiones entran en contacto conformando una cámara (vestíbulo estomático) por fuera del ostiolo; en otras ocasiones, las expansiones se disponen paralelas entre sí, interviniendo entonces en la difusión de gases a través del estoma.

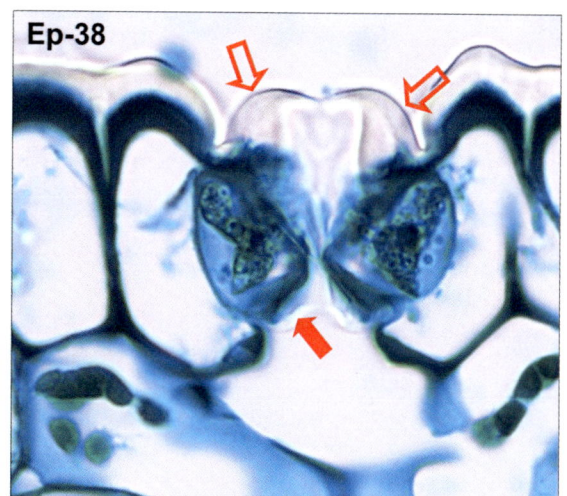

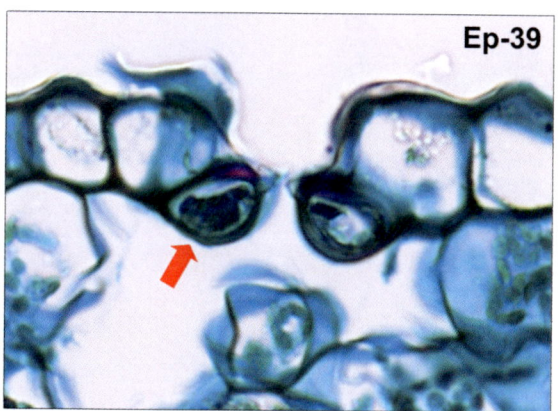

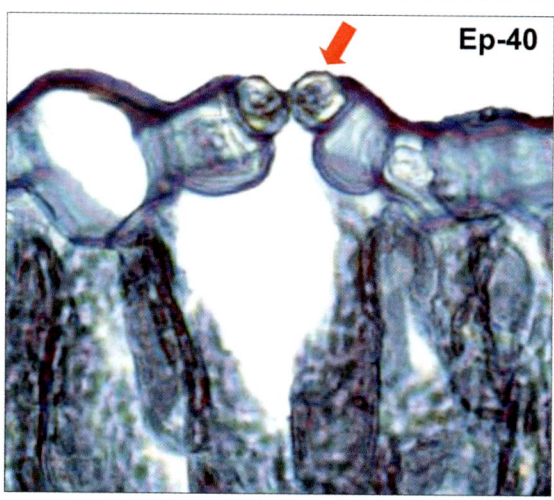

Ep-41 Cripta estomática de *Erica australis*. Las flechas indican estomas. 40x.

Ep-42 Cripta estomática de *Nerium oleander*. Las flechas indican estomas. 60x.

Las criptas estomáticas son invaginaciones de la epidermis del envés de hojas de ciertas dicotiledóneas xeromórficas (ver Ho-19, Ho-20 y Ho-21). En ellas se localizan —exclusivamente ahí— los estomas. Suelen estar recubiertas de tricomas facilitando el conjunto, el control de la transpiración.

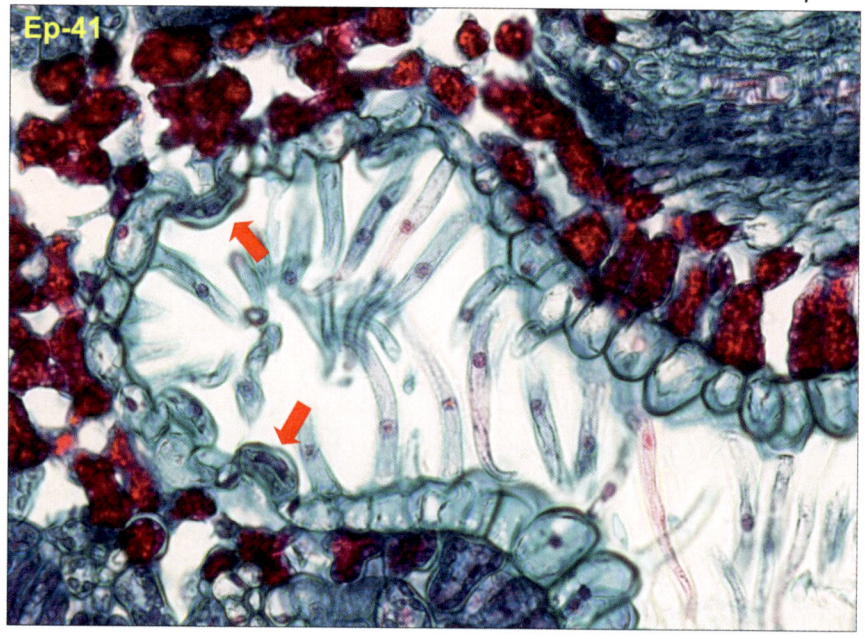

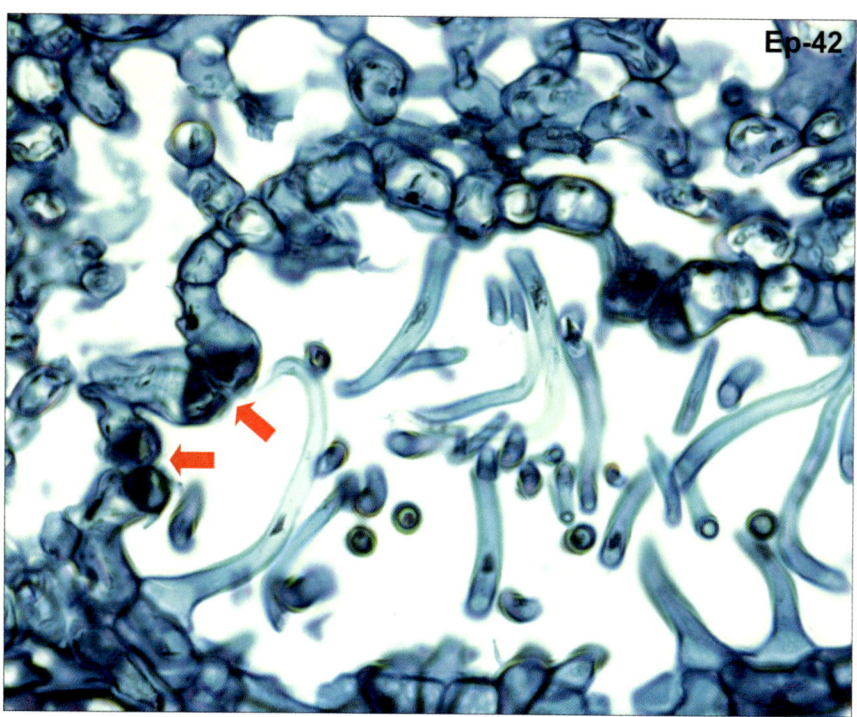

Ep-43 Tricoma glandular (flecha) y tricoma no glandular. Foliolo de *Pistacia terebinthus*. 500x.

Ep-44 Tricoma unicelular. Tallo de *Ranunculus* sp. 4x.

Ep-45 Tricoma pluricelular. Hoja de *Fragaria vesca*. 10x.

Ep-46 Tricoma pluricelular dendroide. Hoja de *Verbascum pulverulentum*. 20x.

La clasificación más elemental de los tricomas establece la existencia de: tricomas unicelulares, tricomas pluricelulares, tricomas glandulares y pelos absorbentes o radicales (de la raíz). Dado que la morfología es enormemente variada se emplean nombres más o menos descriptivos para identificarlos: peltados, escamiformes, cortos, largos, dendroides, ramificados, etc. Además, en ocasiones los tricomas pueden estar constituidos por células vivas o por células muertas, a veces están vacíos y en otras ocasiones presentan inclusiones.

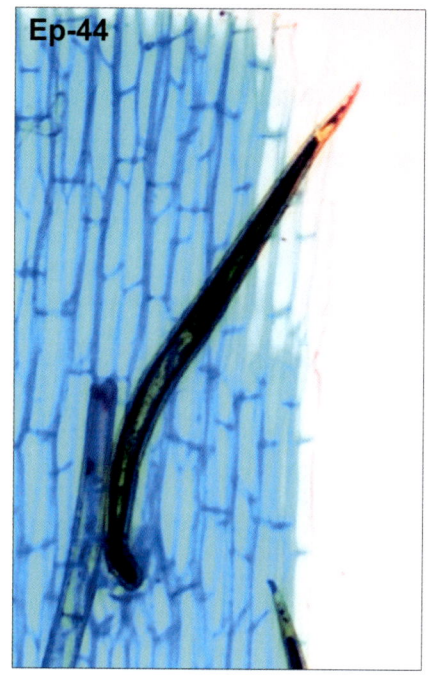

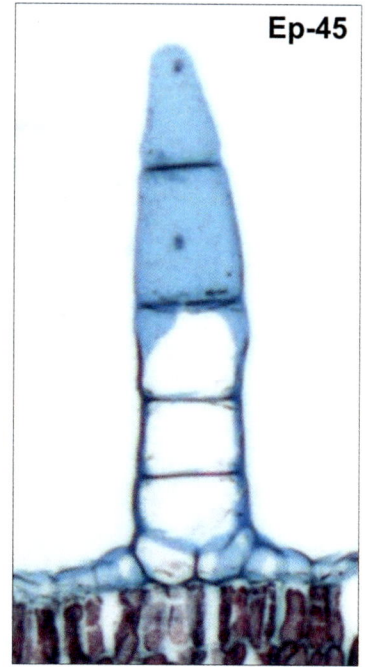

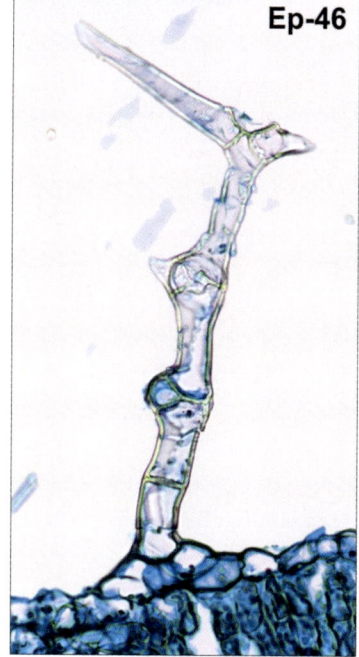

Ep-47 Tricomas unicelulares en rama de *Ulmus minor*. 200x.

Ep-48 Tricomas pluricelulares. Hoja de *Quercus* sp. 270x.

Ep-47

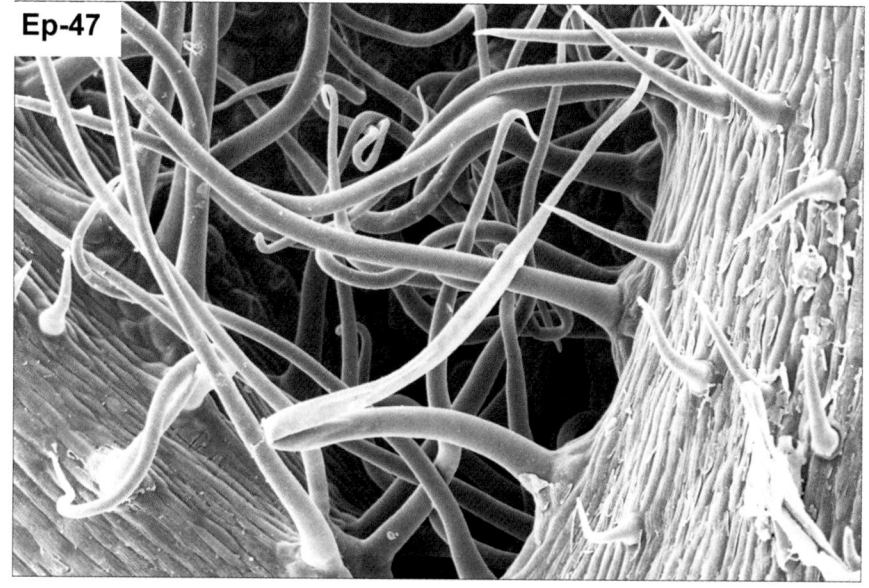

Ep-48

Ep-49 Tricoma pluricelular glandular. Fruto de *Erodium cicutarium*. 20x.

Ep-50 Tricoma pluricelular glandular. Pedúnculo floral de *Rosa* sp. 10x.

Los tricomas pluricelulares glandulares presentan en la base una o varias células sustentantes o colectoras y en la parte apical una o varias células terminales secretoras. La secreción se sintetiza en las células sustentantes pasando a través de plasmodesmos a las apicales. Allí generalmente se almacena entre la pared y la cutícula, hasta que un leve rozamiento o el calor rompe la cutícula y el contenido se vierte.

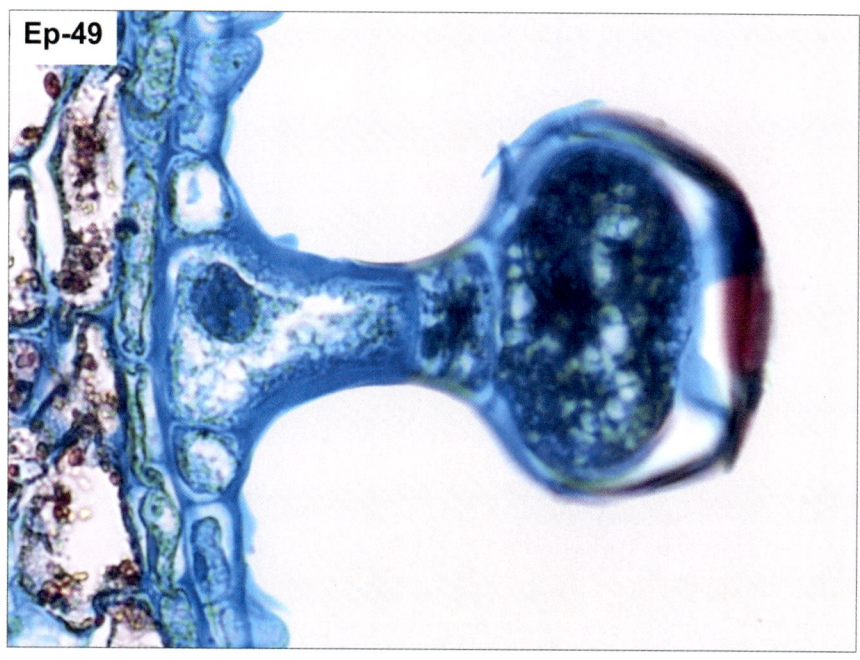

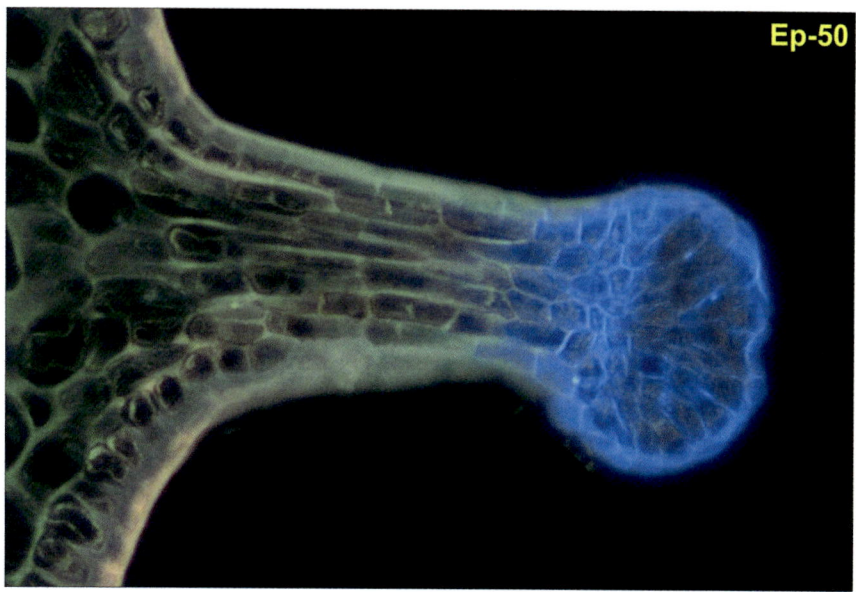

Ep-51 Tricoma pluricelular glandular. Hoja de *Cistus ladanifer.* 60x.

Ep-52 Tricoma pluricelular glandular secretor de enzimas. Hoja de *Dionaea muscipula* (planta insectívora). 60x.

Ep-53 Tricomas glandulares en foliolo joven de *Pistacia terebinthus.* 350x.

Es frecuente que en hojas inmaduras se observen tricomas que posteriormente se pierden conforme la hoja se expande.

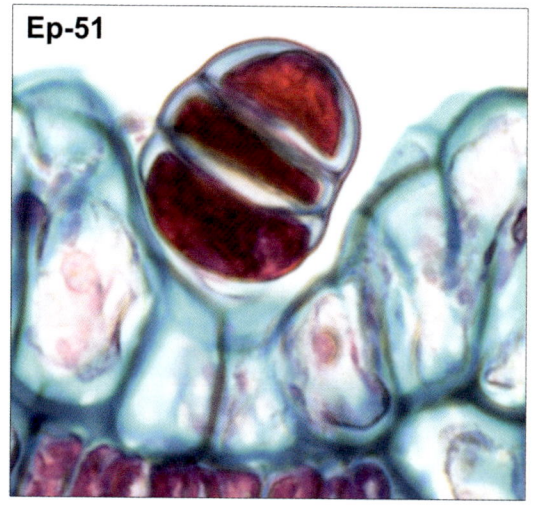

Ep-51

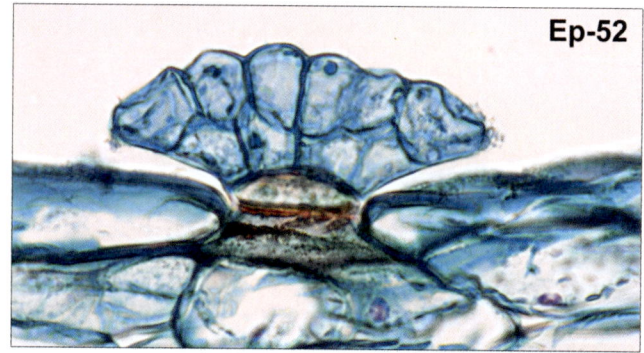

Ep-52

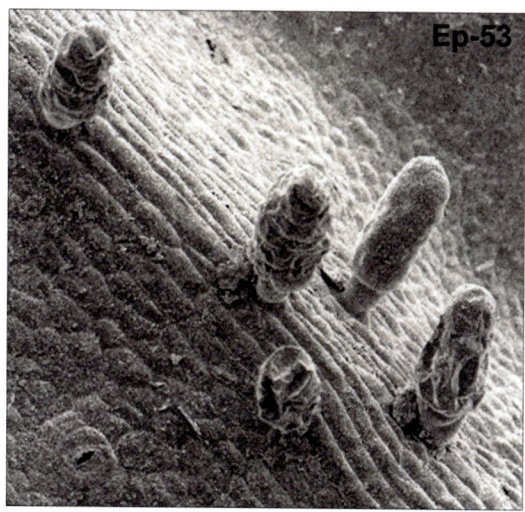

Ep-53

Ep-54 Tricoma urticante en hoja de *Urtica dioica*. La flecha hueca señala un cistolito. 20x.

Ep-55 Pelos absorbentes. Rizoma de *Equisetum telmateia*. 10x.

Ep-56 Formación de pelos absorbentes. Montaje de seis imágenes. Semilla de *Helianthus annuus*. Las flechas indican de izquierda a derecha, epidermis sin tricoblastos, tricoblasto iniciando la formación del pelo, fases posteriores en la formación del pelo. 100x.

Los pelos absorbentes se originan como proyecciones de ciertas células epidérmicas de la raíz (los tricoblastos), que emiten una prolongación que se aleja de la epidermis. Son pelos generalmente unicelulares con una pared celular delgada. Apicalmente se localiza el núcleo y los orgánulos, estando ocupado el resto del citoplasma por una gran vacuola.

Los pelos absorbentes de la raíz son pelos efímeros que cuando mueren se incorporan al mucigel, el cual constituye un lecho por el que avanza la raíz en su elongación.

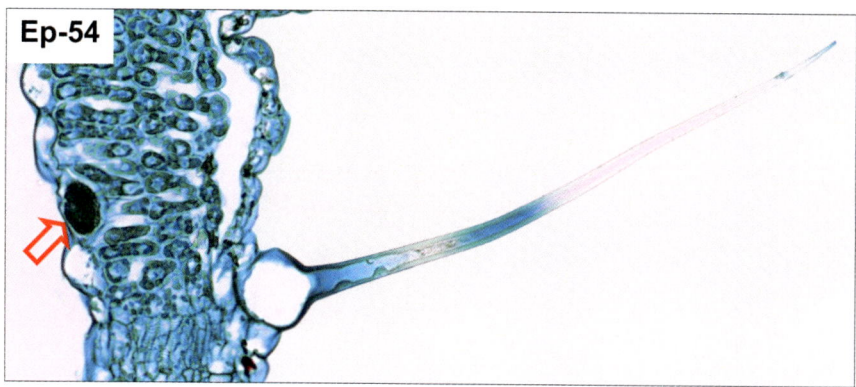

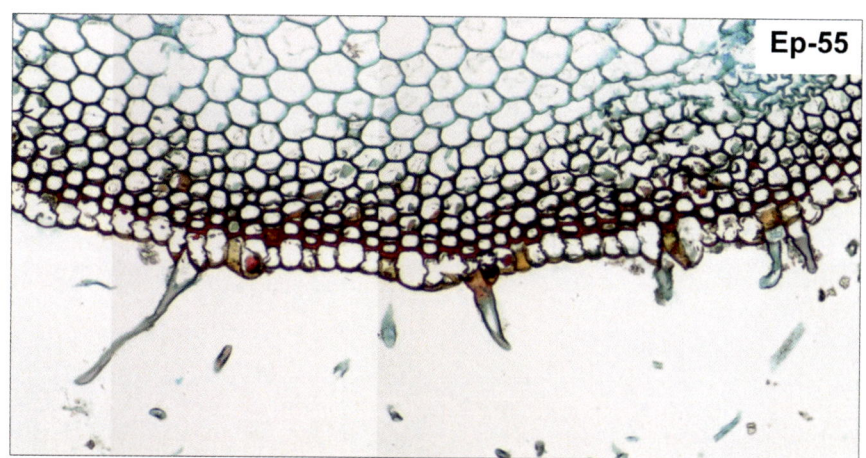

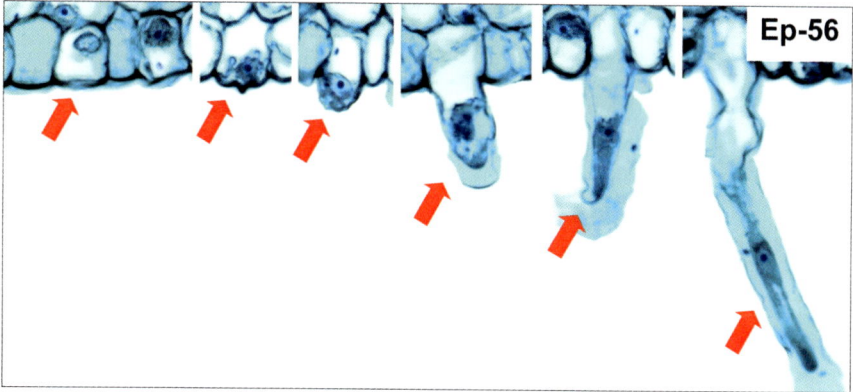

Ep-57 Tricoma foliar de *Olea europaea*. 600x.

Ep-58 Tricoma foliar de *Olea europaea*. La flecha señala el pie del tricoma. 600x.

Ep-59 Tricomas en el envés foliar de *Olea europaea*. Las flechas señalan pies de tricomas. Obsérvese cómo los tricomas se disponen unos solapados a otros, no dejando la epidermis al descubierto. 20x.

Ep-60 Conjunto de tricomas de *Olea europaea*. Como en la anterior, los tricomas no dejan la epidermis al descubierto. 600x.

Abreviatura: pa parénquima aerífero.

La abundancia de tricomas en determinadas variedades de olivos, determina que la llamada capa estacionaria (capa entre la superficie epidérmica y la superficie exterior de los tricomas) adquiera importancia fisiológica para evitar pérdidas indeseadas de agua. Ocurre algo similar en las hojas de determinadas variedades de vid.

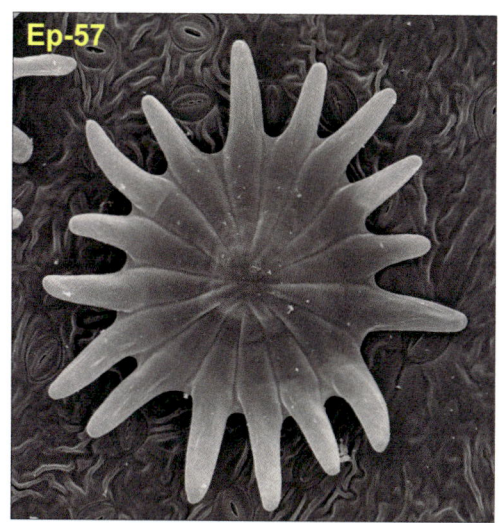

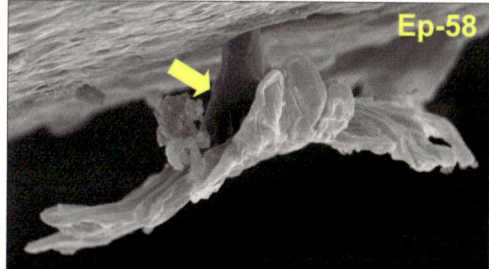

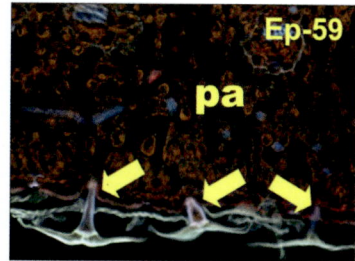

Ep-61 Tricoma erguido (flecha) y tricoma postrado (flecha hueca) en hoja de *Vitis vinifera*. 20x.

Ep-62 Tricomas erguidos (flechas) y tricomas postrados (flechas huecas) en hoja de *Vitis vinifera*. Obsérvese como los tricomas postrados se apoyan en los tricomas erguidos. 250x.

Ep-63 Superficie foliar de *Vitis vinifera*. 150x.

Los tricomas en forma de cinta son una sinapomorfía en la familia Vitaceae, siendo la longitud media de dichos tricomas postrados unas diez veces más que la de los tricomas erectos.

La pubescencia en determinadas variedades de vid —como en determinadas variedades de olivo— determina que la capa estacionaria tenga un papel relevante en la transpiración foliar.

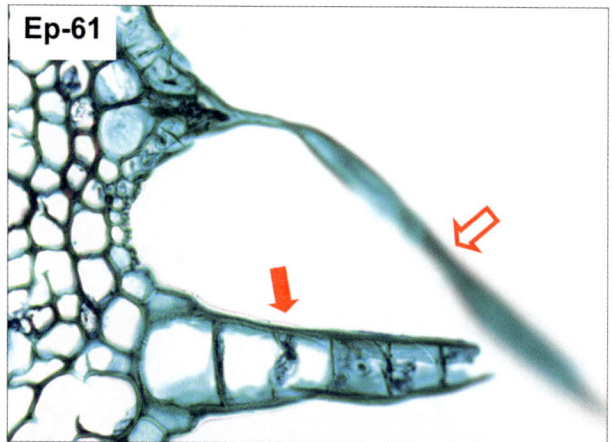

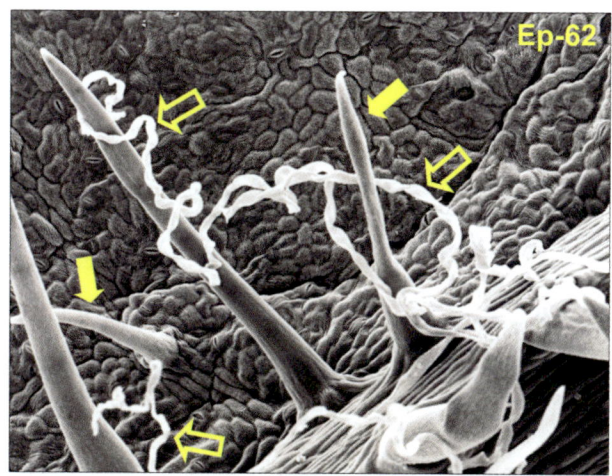

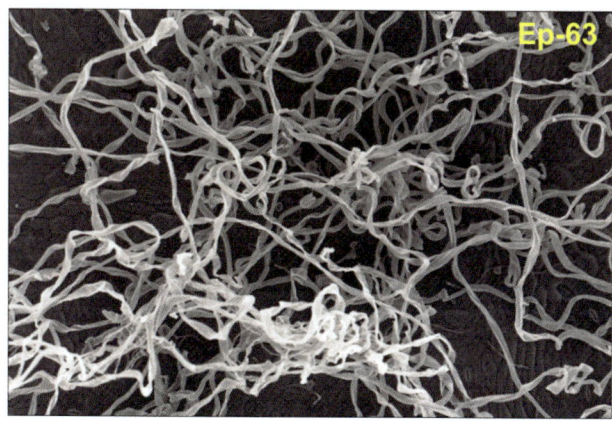

Peridermis

La peridermis es un tejido complejo que consta de células con paredes primarias; unas vivas (meristemáticas y parenquimáticas) y otras muertas, que presentan el lumen ocupado por aire y que se pueden emplear comercialmente (el corcho). Es el tejido en contacto con el medio en aquellas estructuras con crecimiento secundario.

Pe-1 Peridermis en formación en tallo de *Quercus suber*. La flecha señala un tricoma. 20x.

Pe-2 Peridermis en formación en tallo de *Morus nigra*. La flecha señala un tricoma. La flecha abierta señala una lenticela. Obsérvese la cutícula de las células epidérmicas. 20x.

Abreviaturas: C córtex, fd felodermis, fe felógeno, s súber.

En los primeros estadios del crecimiento secundario, conviven la epidermis (propia del crecimiento primario) con la peridermis en formación; así, es frecuente identificar las partes de la peridermis por un lado, y por otro y externamente a ellas, epidermis o restos de la misma, particularmente, tricomas.

La función impermeabilizante que en la epidermis tiene la cutícula, en la peridermis la desempeña el súber o corcho, siendo en consecuencia el responsable de que en las partes de la planta con crecimiento secundario no se produzca pérdida de agua por transpiración. Que el súber es un eficiente aislante lo demuestra el uso industrial que de él se hace.

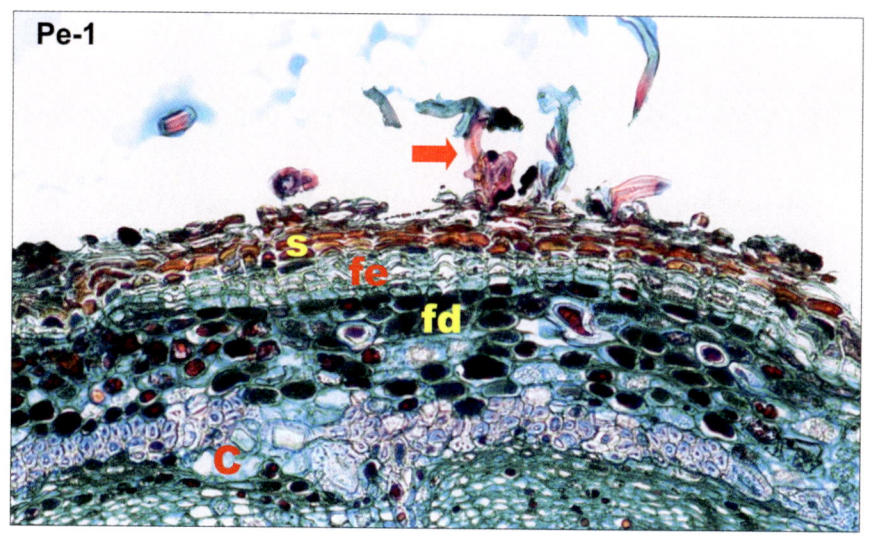

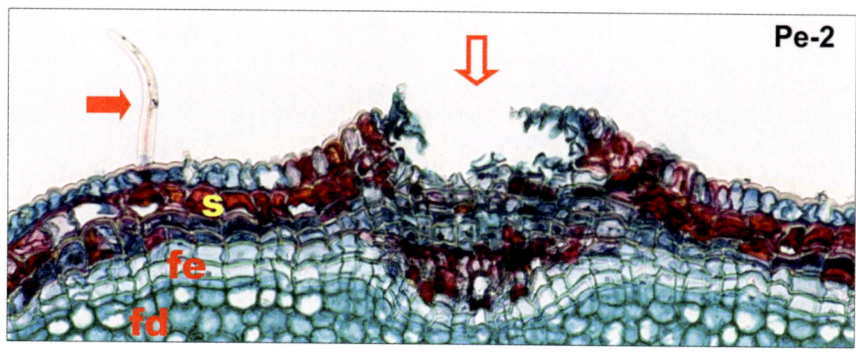

Pe-3 Peridermis en tallo de *Tilia platyphyllos*. Obsérvese cómo las células del súber (flechas) son anisótropas. En el córtex las drusas son abundantes. 4x.

Pe-4 Células suberificadas (flechas) en la zona de abscisión en hoja de *Aesculus hippocastanum*. 4x.

Pe-5 Células suberificadas (flechas) en placenta de *Malus domestica*. 20x.

Pe-6 Corcho obtenido tras maceración de tallo de *Malus domestica*. 60x.

Abreviaturas: C córtex, H tejido vascular, l lenticela, M médula.

La suberificación de las células no ocurre exclusivamente asociada a la peridermis, también se produce en lugares en los que es preciso aislar o proteger determinadas zonas. Así, por ejemplo, en las cicatrices que quedan después de la abscisión foliar las células se suberifican, y en la placenta, determinadas células próximas al haz conductor se suberifican, como mecanismo protector de una región enormemente valiosa para la planta.

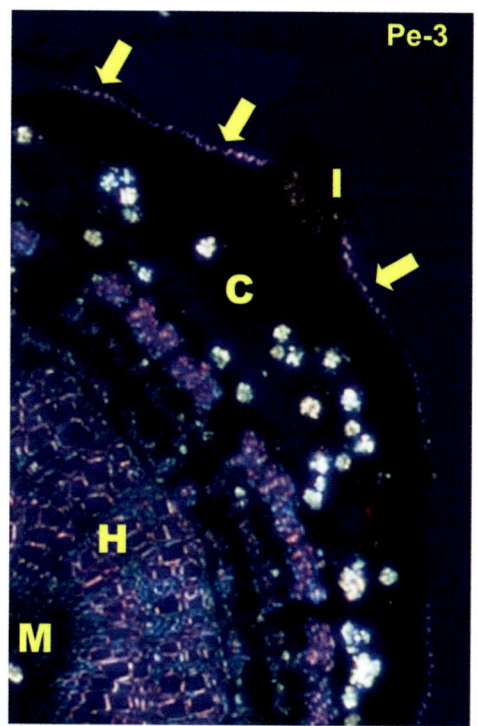

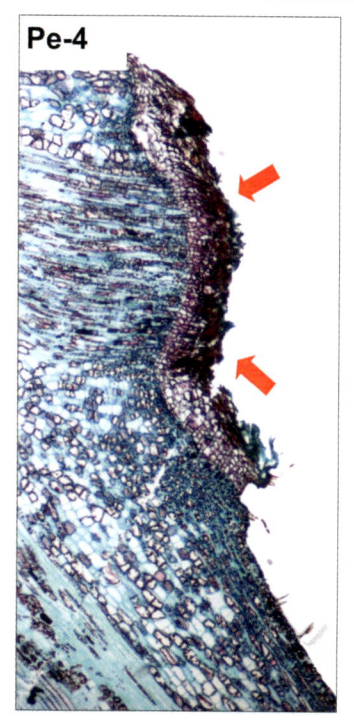

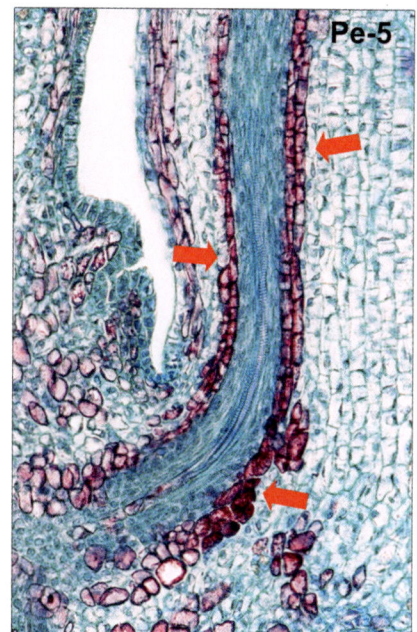

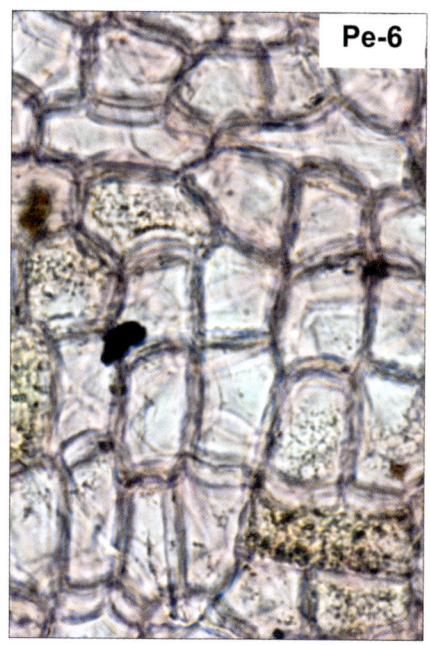

Pe-7 Lenticelas (flechas) en tallo de *Quercus suber*. 20x.

Abreviaturas: f2 floema secundario, Fi fibras de esclerénquima, tn células con inclusiones de tainos.

Las lenticelas equivalen funcionalmente a los estomas de la epidermis en cuanto que permiten el intercambio gaseoso del interior de la planta con el exterior y viceversa. Son aberturas que se comunican con el córtex en las épocas favorables. En las épocas desfavorables el felógeno da lugar hacia fuera a una capa de súber que mantiene cerrada la comunicación, la cual se volverá a abrir de nuevo en la primavera siguiente con la producción de células no suberificadas.

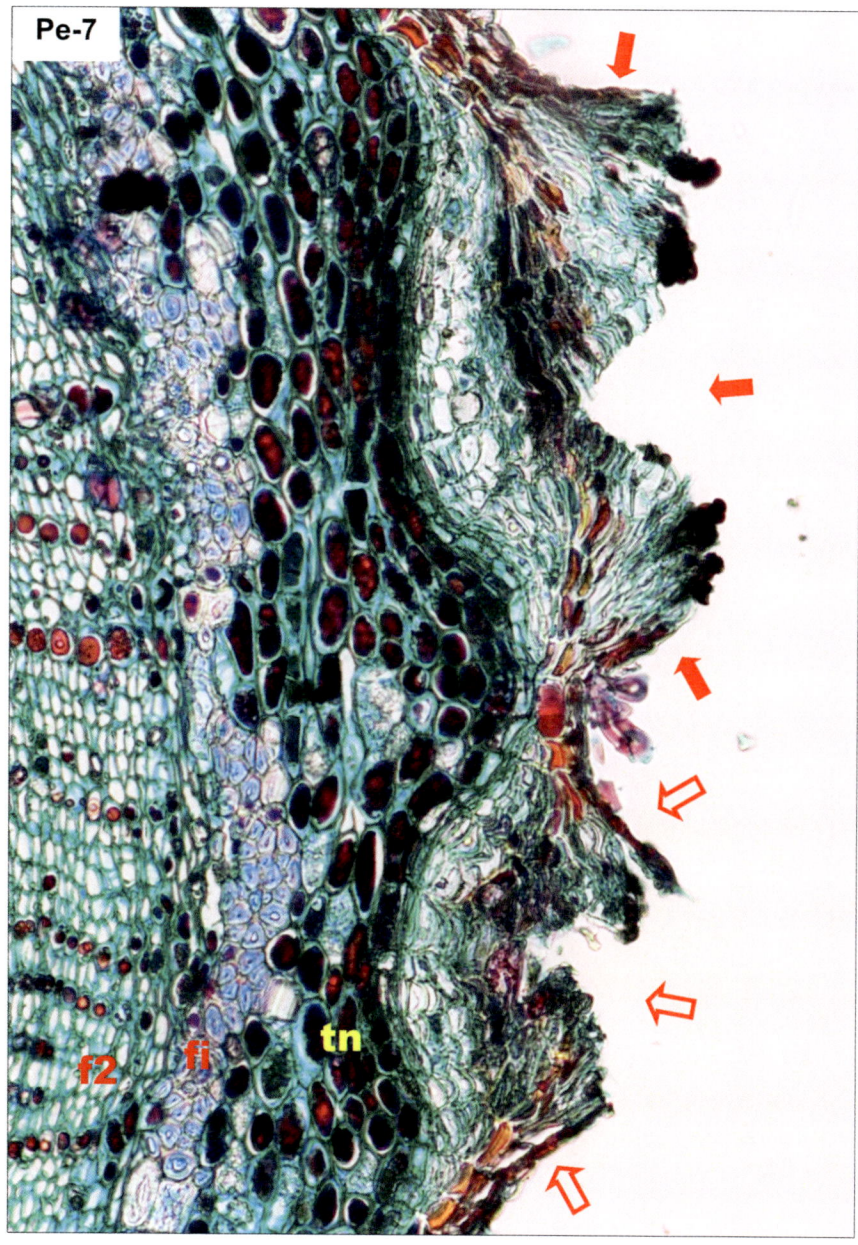

Pe-7

f2 fi tn

ORGANOGRAFÍA DE LAS PLANTAS

Raíz

La raíz es un órgano subterráneo que ancla la planta al sustrato. Es un órgano habitualmente acumulador de sustancias de reserva y es el lugar en el que se capta el agua que recorrerá todo el cuerpo de la planta.

Ra-1 Raíz de *Ranunculus bulbosus*. Raíz con crecimiento primario. Raíz suculenta: obsérvese cómo en el córtex hay abundantes amiloplastos (anisótropos) en las células parenquimáticas. 4x.

Ra-2 Raíz de *Vitis vinifera*. Raíz con crecimiento secundario. En el córtex y en los radios xilemáticos las estructuras anisótropas son amiloplastos en el interior de células parenquimáticas. 4x.

Abreviaturas: C córtex, H tejido vascular, M médula, rx radio xilemático.

En sección transversal de la raíz se diferencia (de fuera a dentro), el tejido dérmico (epidermis o peridermis), el córtex constituido por tejido fundamental (sobre todo parénquima), el sistema vascular y en ocasiones la médula también de tejido fundamental.

La raíz es un órgano eminentemente almacenador de materiales de reserva, para lo cual suele presentar un córtex particularmente desarrollado.

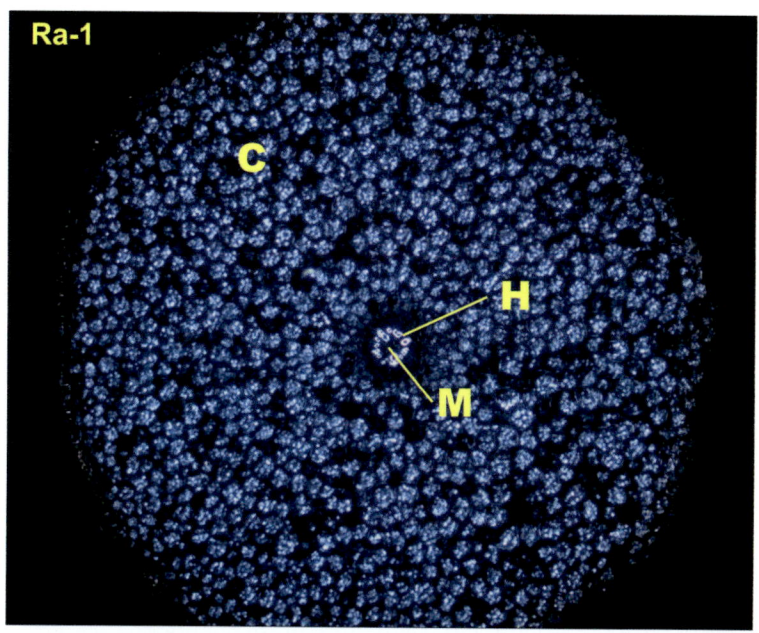

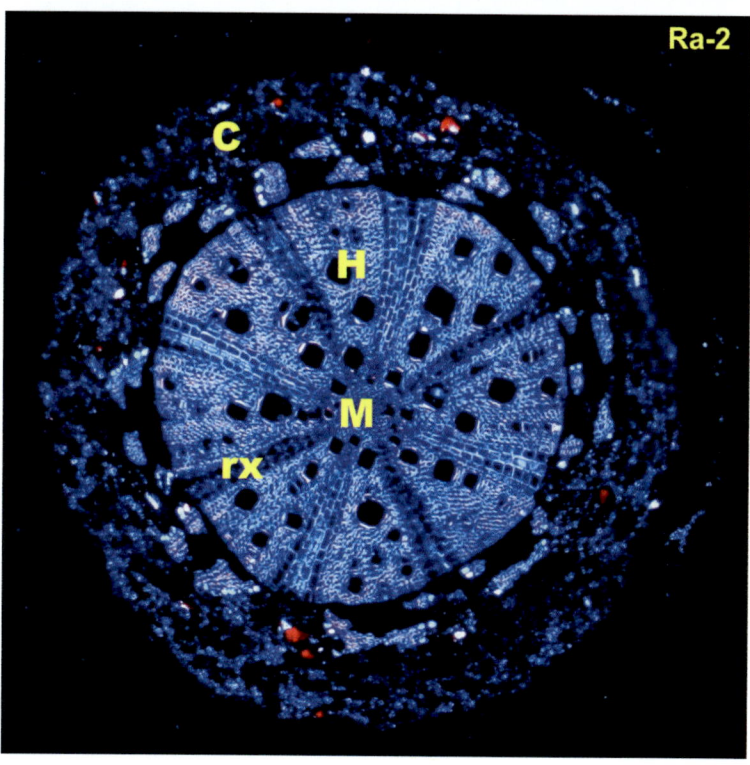

Ra-3 Raíz de *Helianthus annuus* en formación. Las flechas indican pelos absorbentes. 10x.

Ra-4 Raíz de *Zea mays*. Caliptra (triángulos). 10x.

Ra-5 Raíz de *Allium cepa*. Zona meristemática. Las flechas señalan el mucigel. 10x.

Ra-6 Raíz de *Castanea sativa*. Las flechas señalan el mucigel. 4x.

Ra-7 Raíz de *Quercus ilex*. La flecha abierta señala una raíz secundaria en el mucigel. 10x.

Abreviaturas: C córtex, H tejido vascular, M médula, p peridermis.

La caliptra protege al meristemo, es la responsable del geotropismo positivo de la raíz y facilita la penetración en el suelo. Consta de células parenquimáticas vivas que se renuevan: las más externas mueren, se separan unas de otras y se desprenden, siendo reemplazadas por nuevas células producidas por el meristemo.

El mucigel, en la porción más externa de la raíz, está formado por los restos de los pelos absorbentes que han dejado de ser funcionales, y cierta secreción celular que en conjunto, facilita la penetración de la raíz en el suelo. Además, cuando la raíz presenta crecimiento secundario, todos los tejidos primarios que están por fuera del periciclo mueren, manteniéndose un tiempo unidos a la raíz hasta que el incremento del crecimiento en grosor determina que se desprenda por completo. Esas células muertas también se pueden considerar mucigel, a través del cual pueden deslizarse con facilidad raíces secundarias.

El mucigel juega un papel fundamental en las relaciones suelo-planta ya que además de favorecer la penetración, constituye el sustrato en el que se asientan microorganismos.

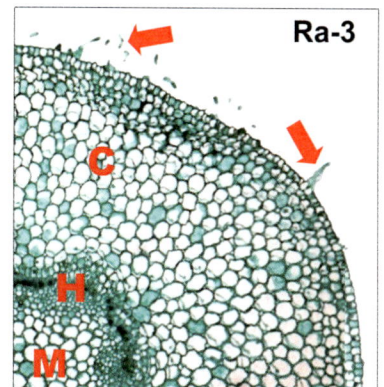

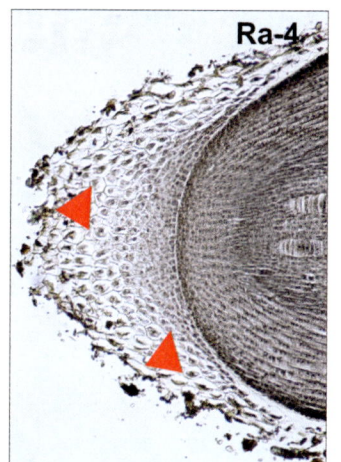

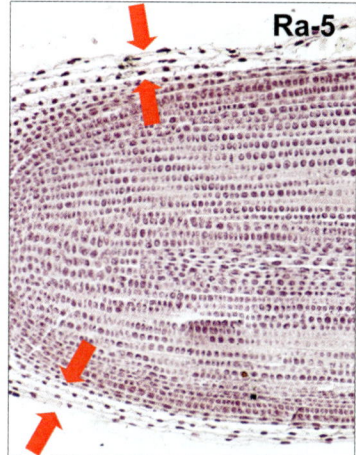

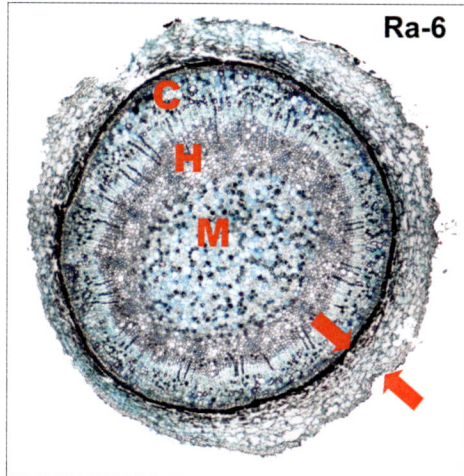

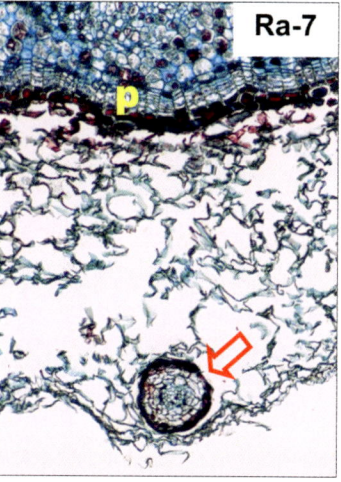

Ra-8 Raíz de *Monstera deliciosa.* Haz vascular radial. 40x.

Ra-9 Raíz de *Ranunculus bulbosus.* 10x.

Ra-10 Raíz de *Zea mays.* 10x.

Abreviaturas: en endodermis, f floema, pe periciclo, x xilema.

Existe una clasificación de las raíces atendiendo al número de cordones xilemáticos: raíces diarcas, raíces triarcas, raíces tetrarcas y raíces poliarcas, según que tengan dos, tres, cuatro o muchos cordones xilemáticos. En general, el número de cordones es bajo en gimnospermas y dicotiledóneas, siendo normalmente poliarcas las raíces de las monocotiledóneas.

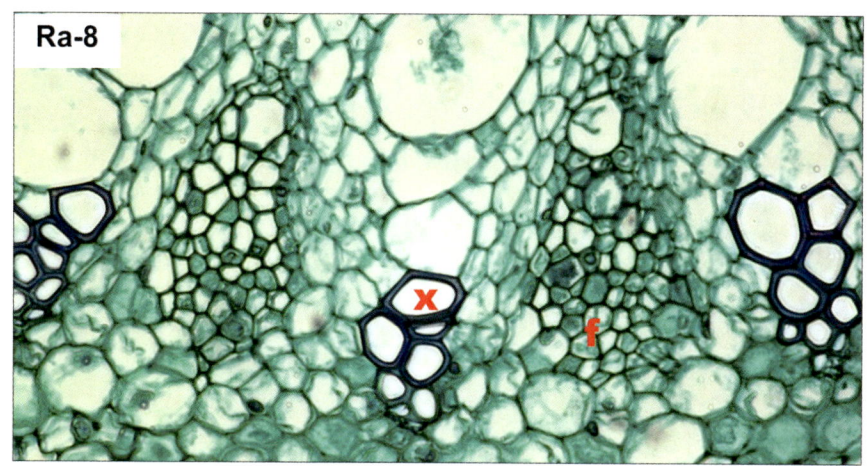

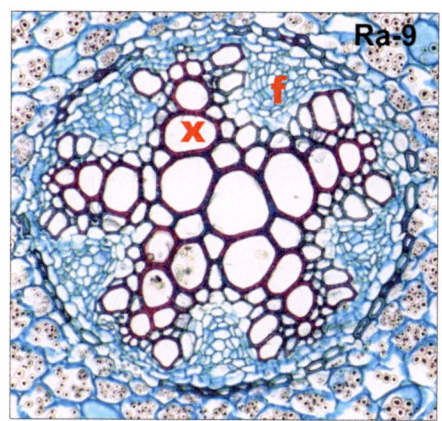

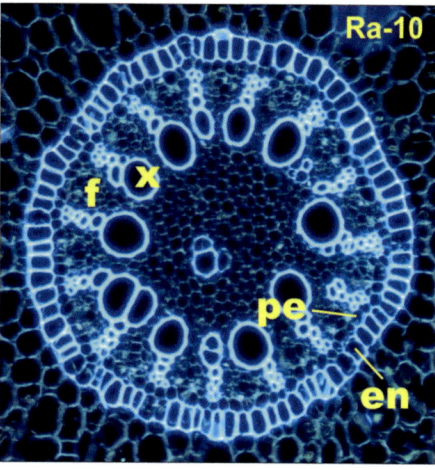

Ra-11 Raíz de *Iris pseudacorus*. Las flechas señalan células de paso de la endodermis con banda de Caspary. 10x.

Ra-12 Raíz de *Iris pseudacorus*. Banda de Caspary. Detalle de la anterior. 60x.

Ra-13 Raíz de *Zea mays*. Las flechas señalan la endodermis, las flechas abiertas, la exodermis. 4x.

Ra-14 Raíz de *Iris pseudocorus*. Exodermis (flechas). 20x.

Abreviaturas: C córtex, en endodermis, f floema, H tejido vascular, M médula, pe periciclo, x xilema.

La presencia en el córtex de la raíz de endodermis y periciclo es algo que diferencia a raíces de tallos, porque en el córtex de estos no hay ni endodermis ni periciclo.

El periciclo, que se localiza inmediatamente debajo de la endodermis y por encima de los tejidos vasculares, es un tejido que en la mayoría de las plantas adquiere un protagonismo fundamental: origina las raíces secundarias, origina parte del cambium vascular, da lugar al córtex de la raíz con crecimiento secundario y origina el felógeno.

La endodermis con banda de Caspary está formada por células cuya pared se caracteriza por presentar un engrosamiento parcial por depósito de suberina y lignina, que forma una banda alrededor de los haces vasculares. Son engrosamientos de las paredes laterales y la que está orientada hacia los tejidos vasculares. La banda de Caspary obliga al agua y los materiales disueltos en ella, a pasar al interior de los haces vasculares a través de las células de paso (células sin engrosamientos).

La exodermis —que no la presentan todas las plantas— tiene una morfología y función similar a la endodermis, representando como aquella un filtro en la absorción gracias a la banda de Caspary.

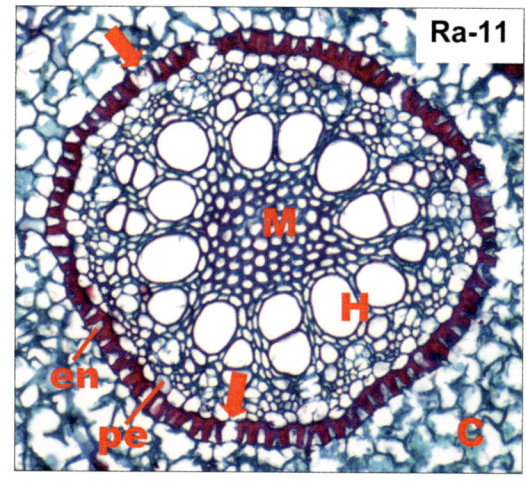

Ra-11

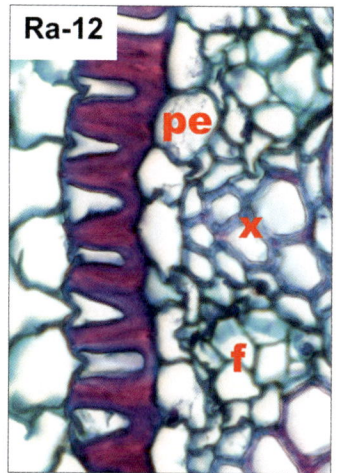

Ra-12

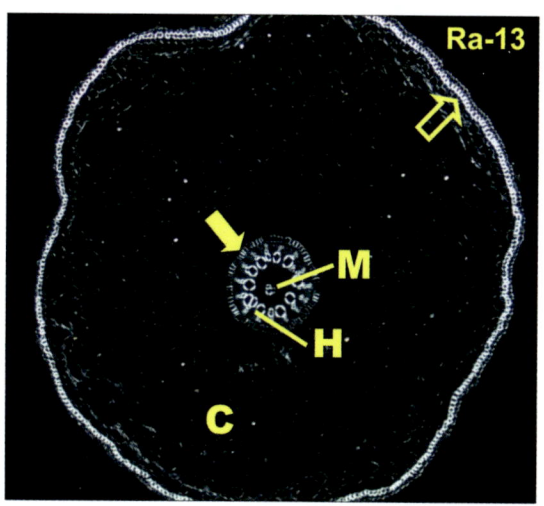

Ra-13

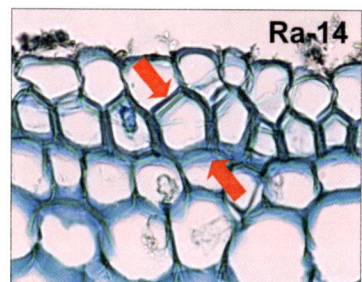

Ra-14

243

Ra-15 Raíz de *Scirpus lacustris*. Raíz de primer orden (flechas). 10x.

Ra-16 Raíz de *Scirpus lacustris*. Detalle de la anterior. 20x.

Ra-17 Raíz de *Castanea sativa*. Raíz de tercer orden (flechas). 10x

Las raíces secundarias se originan normalmente del periciclo de la raíz madre conformando un ángulo recto con aquella, a diferencia de lo que ocurre con las ramificaciones del tallo (ver Ta-23).

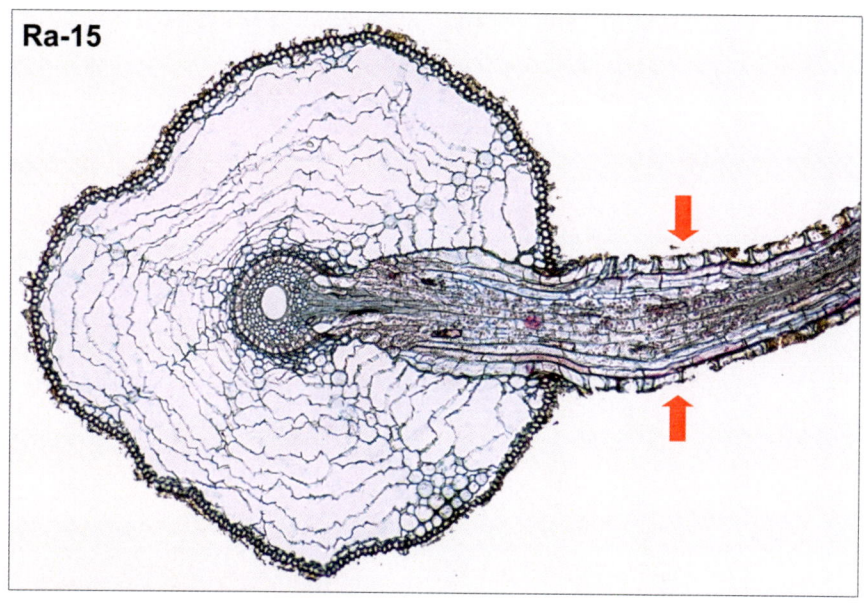

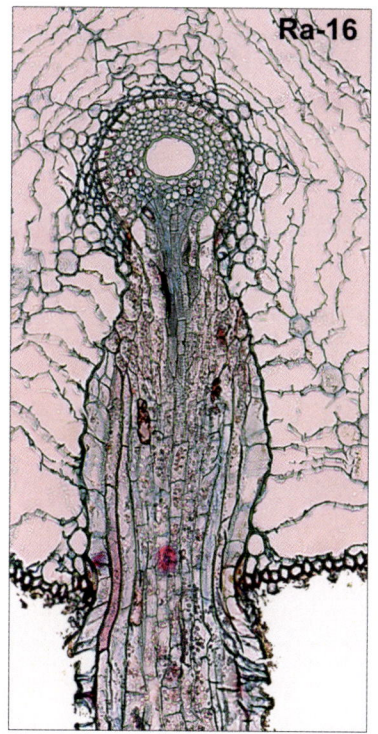

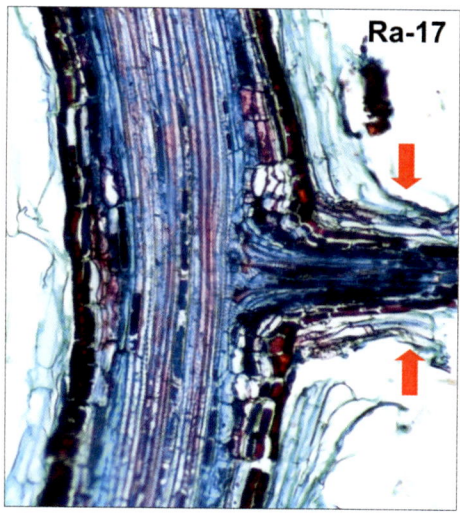

Ra-18 Tallo de *Iris pseudocorus.* Raíz adventicia (flecha). 4x.

Ra-19 Tallo de *Iris pseudocorus.* Detalle de la anterior. 10x.

Ra-20 Raíces adventícias (triángulos) en bulbo de *Allium sativum.* 4x.

Las raíces adventícias son por definición las que se forman de tejidos maduros de la raíz o de otras partes de la planta.

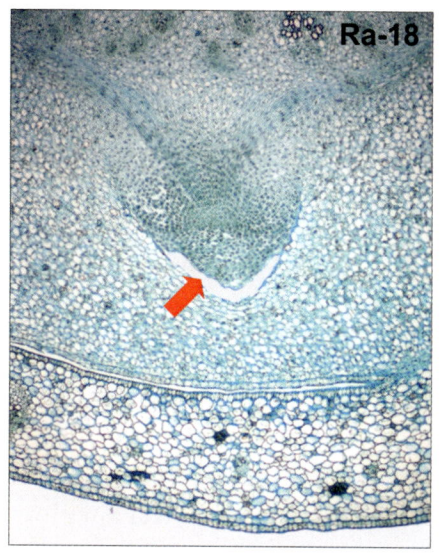
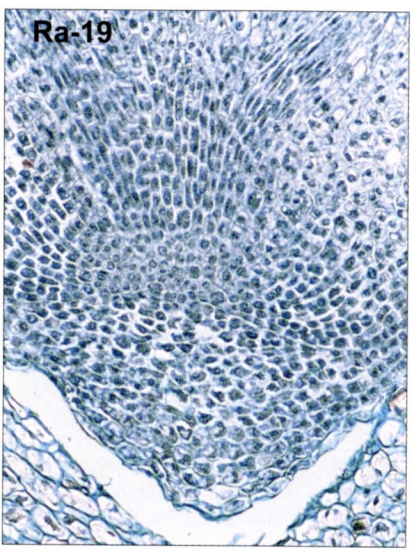

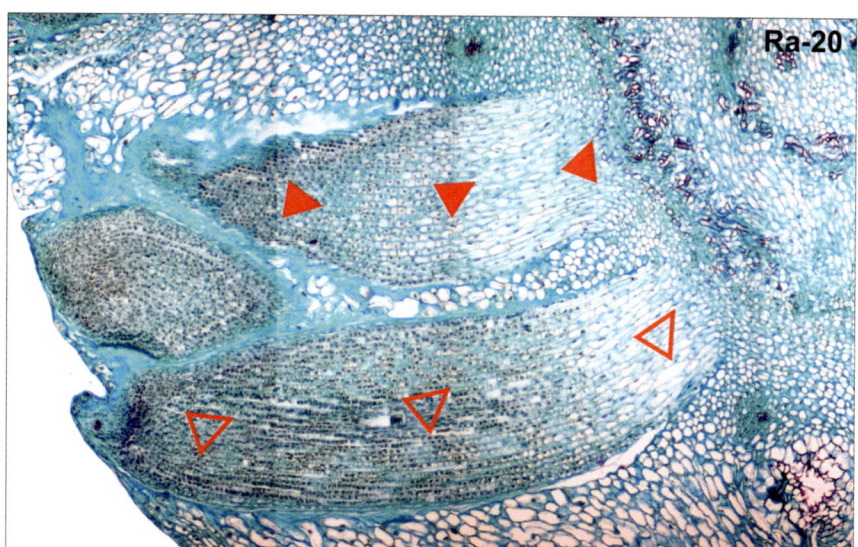

Ra-21 Raíz de *Quercus ilex*. Raíz iniciando el crecimiento secundario. Los triángulos indican el córtex primario antes de desprenderse (mucigel). 4x.

Ra-22 Raíz de *Quercus ilex*. Detalle de la anterior. Las flechas indican el floema primario aplastado. 20x.

Ra-23 Raíz de *Quercus ilex*. Detalle de la anterior. La flecha indica el floema primario aplastado. Obsérvese amiloplastos (flecha hueca) en las células parenquimáticas del córtex. 40x.

Abreviaturas: C córtex, C1 córtex primario, p peridermis, x xilema.

En la raíz, el paso de crecimiento primario a crecimiento secundario es un proceso más traumático que en el tallo (se pierde todo el córtex primario) y al mismo tiempo de mayor generación celular que en aquel (el haz vascular radial se convierte en haz colateral abierto). Finalmente, la raíz con crecimiento secundario se diferencia mal del tallo en crecimiento secundario.

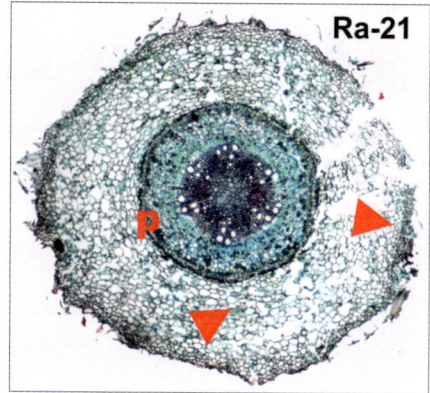

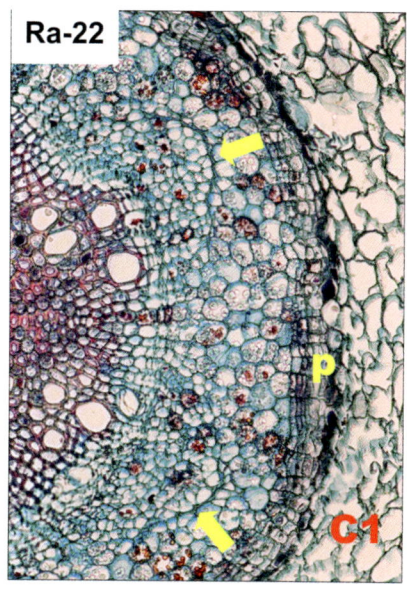

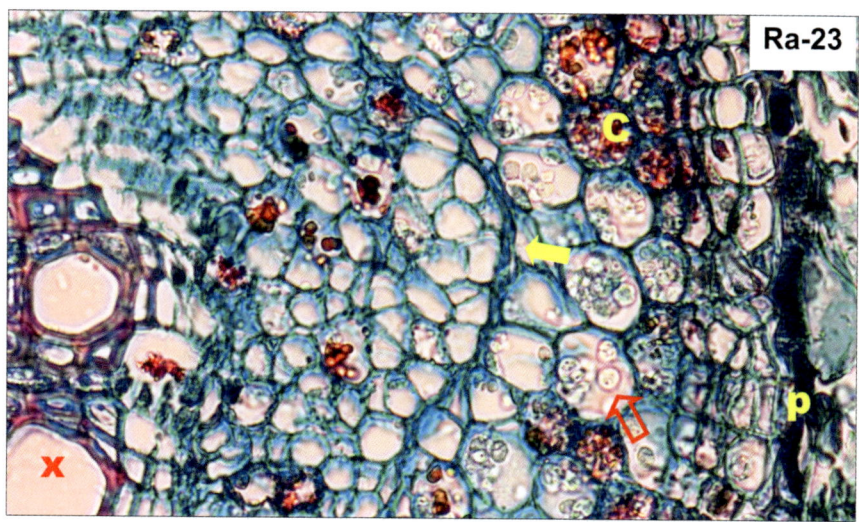

Ra-24 Raíz de *Acacia dealbata*. 4x.

Ra-25 Raíz de *Acacia dealbata*. Detalle de la anterior. Obsérvese fibras floemáticas (flechas) en el córtex. 40x.

Ra-26 Raíz de *Vitis vinifera*. 4x.

Ra-27 Raíz de *Vitis vinifera*. Detalle de la anterior. Obsérvense amiloplastos en el córtex y en los radios xilemáticos. 40x

Abreviaturas: C córtex, H tejido vascular, M médula, rx radio xilemático.

La raíz con crecimiento secundario se diferencia mal del tallo con crecimiento secundario.

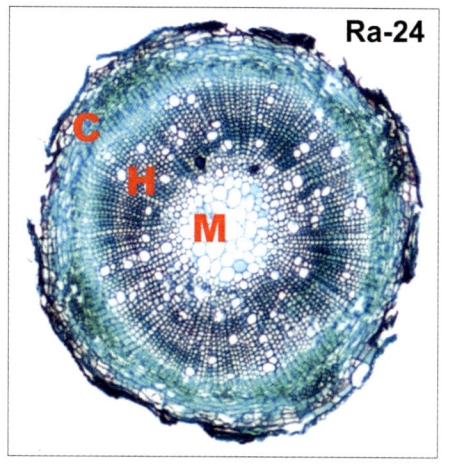

Ra-24

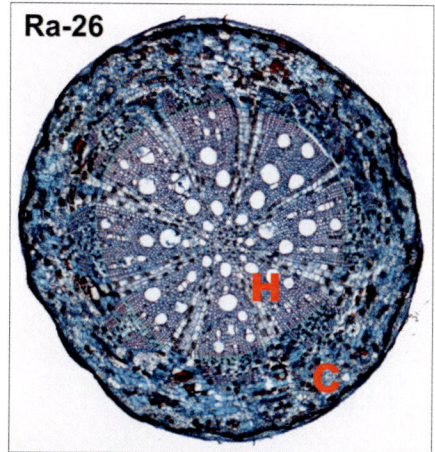

Ra-26

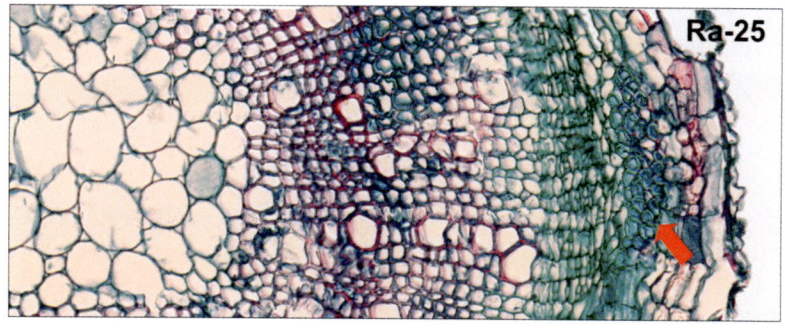

Ra-25

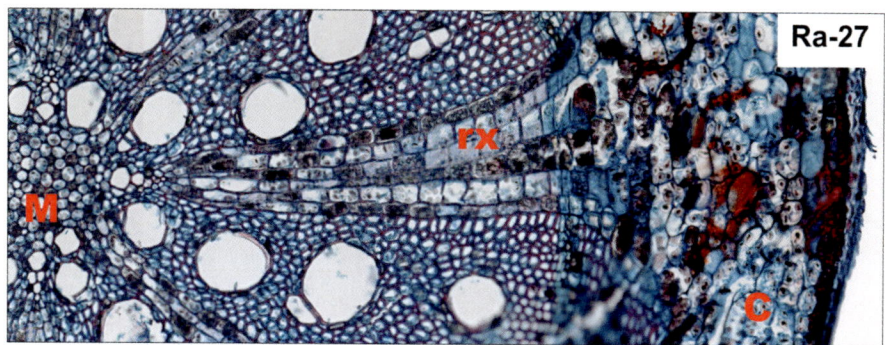

Ra-27

251

Ra-28 Raíz suculenta con haces vasculares supernumerarios (flechas). Raíz de *Beta vulgaris*. 10x.

Ra-29 Rizoma de *Iris pseudacorus*. 10x.

Ra-30 Tubérculo de *Solanum tuberosum*. 10x.

Abreviatura: s células suberificadas.

Las plantas disponen de reservas de nutrientes, en general, en el parénquima asociado al xilema y más frecuentemente en el parénquima asociado al floema, de tallos con crecimiento secundario y sobre todo de raíces con crecimiento secundario. Una adaptación a esa función es lo que ocurre en ciertas plantas que en la raíz generan un cambium supernumerario que a su vez origina haces vasculares por fuera del cilindro central y sobre todo gran cantidad de parénquima almacenador.

También bajo tierra se desarrollan los rizomas y tubérculos que no son raíces sino tallos más o menos modificados y que histológicamente son similares entre sí. En ambos casos suelen presentar hacia el exterior varias capas de células suberificadas.

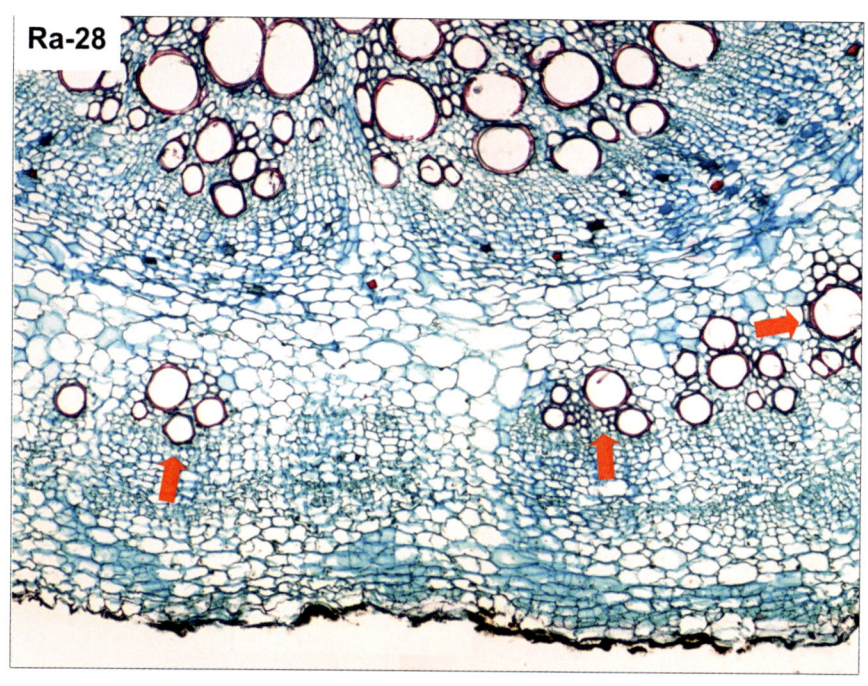

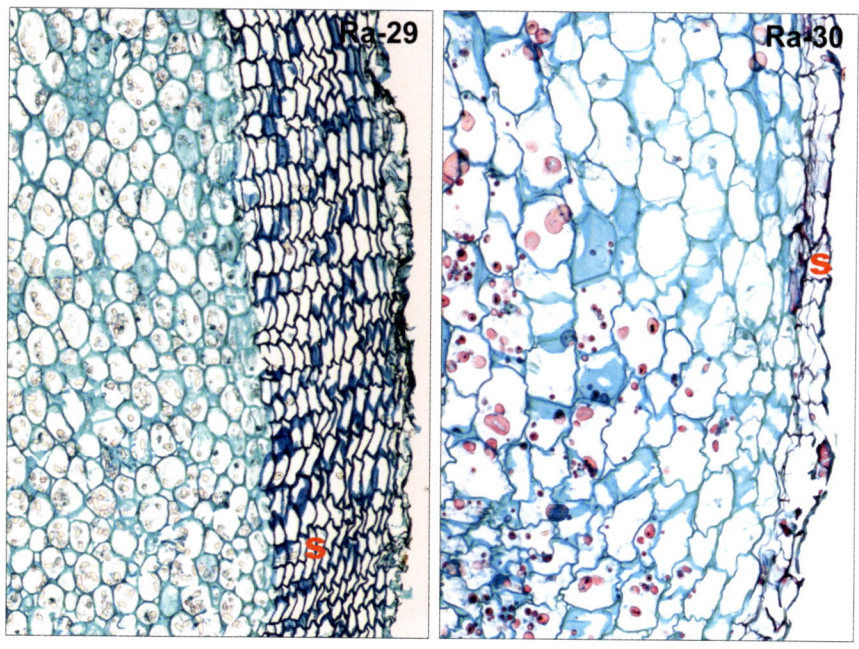

Ra-31 Endomicorrizas (flechas). Raíz de *Ophrys tenthredinifera*. 10x.

Ra-32 Raíz de *Ophrys tenthredinifera*. Detalle de la anterior. La flecha señala hifas vivas del hongo. 60x.

Ra-33 Endomicorrizas (flechas). Raíz de *Ophrys tenthredinifera*. 4x.

Ra-34 Raíz de *Ophrys tenthredinifera*. Detalle de la anterior. La flecha señala hifas lisadas. 40x.

Abreviatura: H tejido vascular.

Las micorrizas son una simbiosis mutualista entre hongos y plantas, concretamente entre hifas de hongos y células epidérmicas o corticales de las plantas. En el caso de las orquídeas el hongo atraviesa dos fases distintas: una en la que está activo y otra en la que es lisado y digerido por la planta.

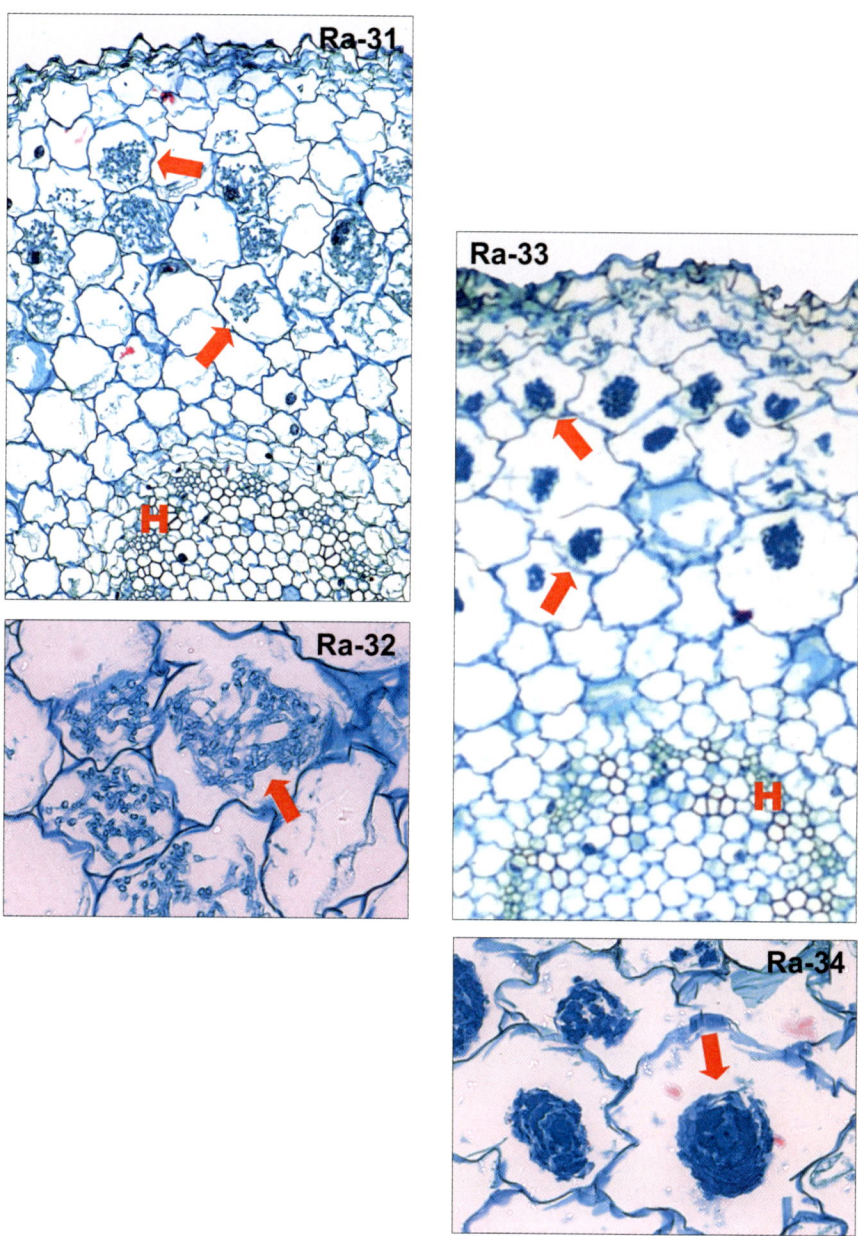

Ra-35 Ectomicorrizas (flechas). Raíz de *Pinus pinaster.* 10x.

Ra-36 Ectomicorrizas (flechas). Raíz de *Pinus pinaster.* Detalle de la anterior. 40x.

Ra-37 Nódulos (flechas). Raíz de *Cytisus scoparius.* 4x.

Ra-38 Raíz de *Cytisus scoparius.* Detalle de la anterior. La flecha indica células con bacterias. 10x.

Ra-39 Nódulo de *Cytisus scoparius.* Detalle de la anterior. La flecha señala una célula que contienen bacterias. 60x.

Abreviatura: R raíz, x xilema.

Las ectomicorrizas son también (como las endomicorrizas) asociaciones simbióticas mutualistas entre hongo y planta, concretamente entre las hifas del hongo y los espacios intercelulares de la raíz.

Los nódulos son asociaciones simbióticas de la raíz con bacterias nitrificantes. Las bacterias entran por los pelos radicales llegan al córtex y se instalan en células parenquimáticas. El conjunto se multiplica, estableciéndose finalmente la comunicación entre los haces vasculares y el nódulo.

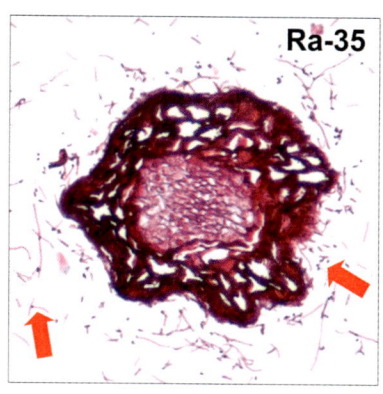

Ra-35

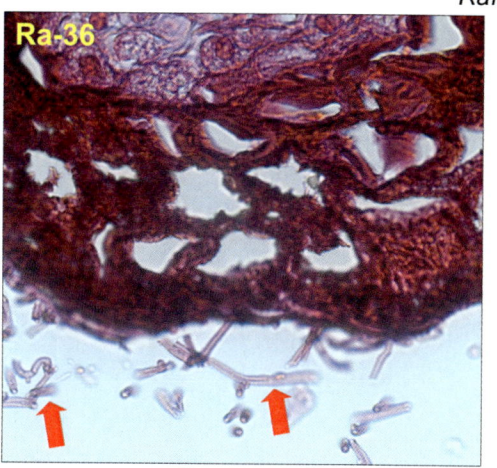

Ra-36

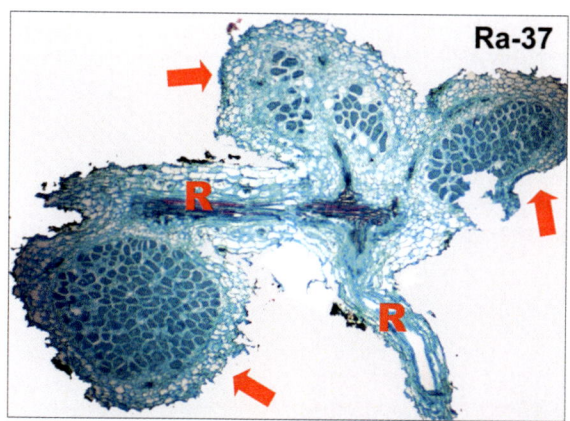

Ra-37

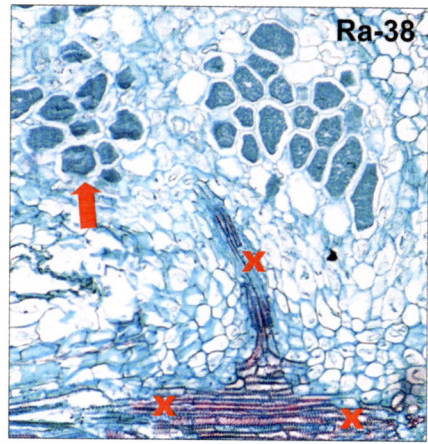

Ra-38

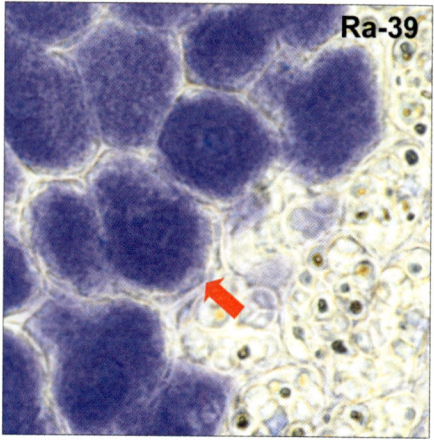

Ra-39

Ra-40 Haustorios de planta parásita (flechas). *Cuscuta epithymum.* 4x.

Ra-41 Haustorio de *Cuscuta epithymum.* Detalle de la anterior. Las flechas señalan haces conductores del haustorio. 20x.

Ra-42 Haustorio de *Viscum album.* Las flechas indican los haces conductores del haustorio. 10x.

Abreviatura: T tallo.

Los haustorios son raíces modificadas que se forman en respuesta al contacto de la planta parásita con el huésped.

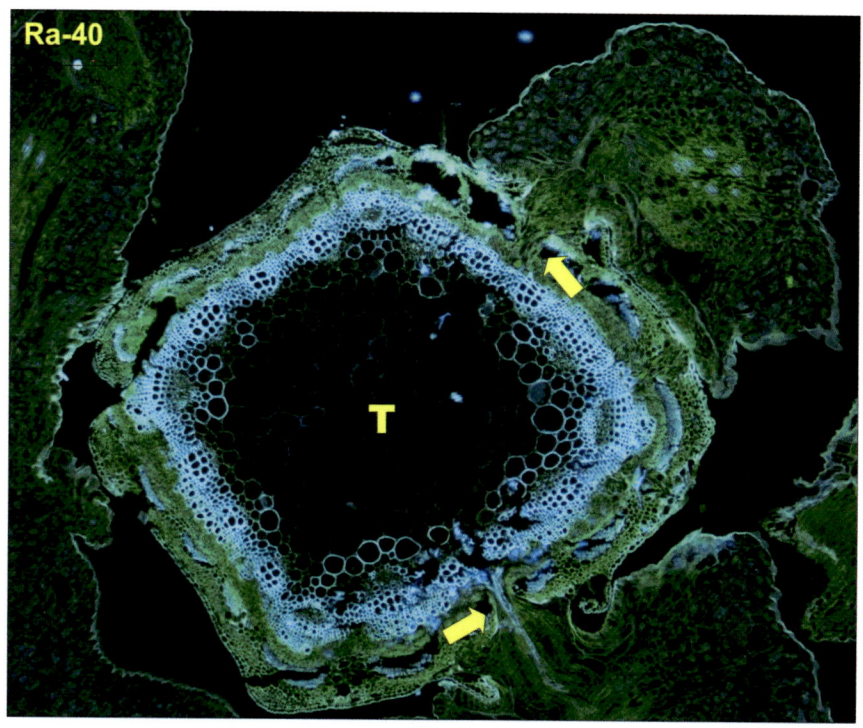

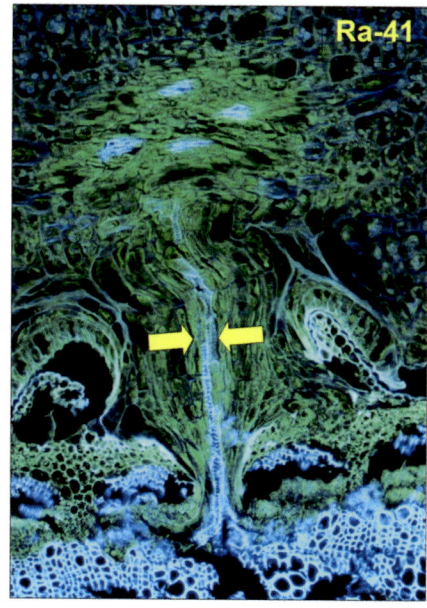

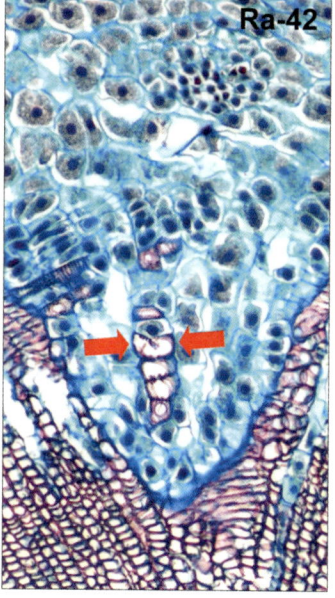

Tallo

El tallo es la parte aérea de las plantas que sirve de soporte de las hojas, las ramas y las flores.

Tallo de dicotiledónea:

Ta-1 Tallo de *Eryngium bourgatii*. Los haces vasculares forman un anillo continuo alrededor de la médula (flechas). 4x.

Ta-2 Tallo de *Medicago sativa*. Los haces vasculares forman un anillo discontinuo alrededor de la médula (flechas). 4x.

Ta-3 Tallo de *Arabidopsis thaliana*. Los haces vasculares forman un anillo discontinuo alrededor de la médula (flechas). 10x.

Abreviaturas: C córtex, H tejido vascular, L costilla, M médula.

Los tallos de dicotiledóneas se caracterizan por presentar en las secciones transversales, los haces vasculares formando un anillo —continuo o discontinuo— alrededor de la médula, siendo el floema exterior al xilema.

Las costillas son refuerzos mecánicos, histológicamente constituidos por células del colénquima.

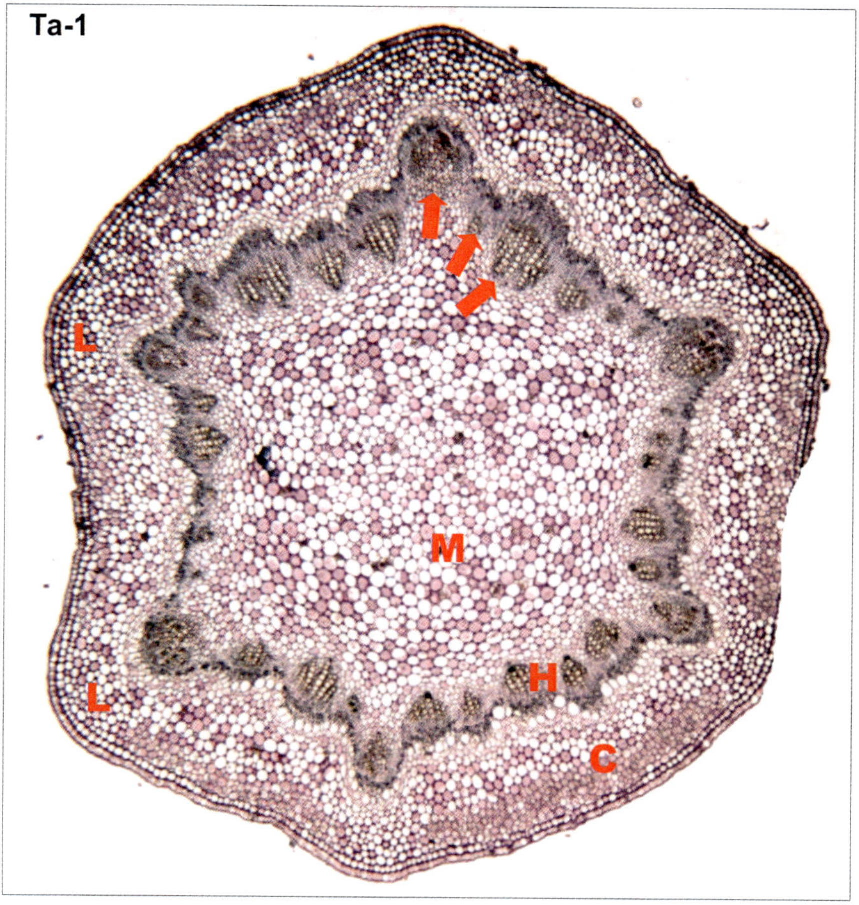

Ta-1

L

L

M

H

C

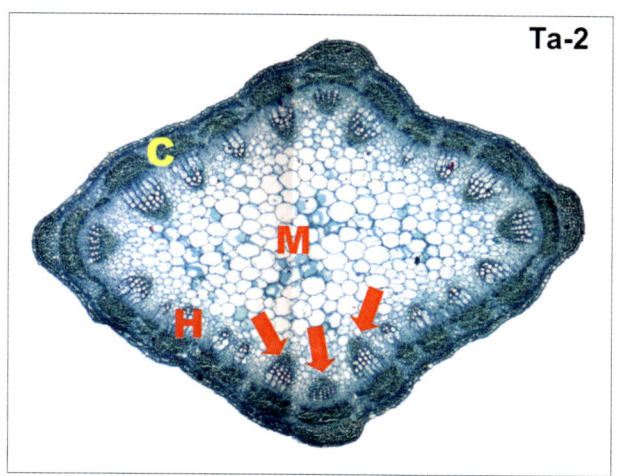

Ta-2

C

M

H

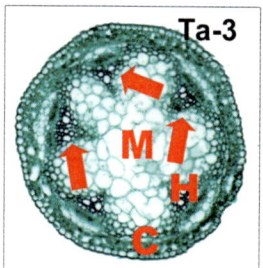

Ta-3

M

H

C

263

Tallo de dicotiledónea:

Ta-4 Tallo de *Eryngium bourgatii*. Detalle de la primera anterior. Obsérvese epidermis uniseriada con un estoma (flecha hueca), colénquima laminar subepidérmicamente, parénquima clorofílico lagunar, parénquima de reserva, haz vascular colateral abierto (con procambium) y médula con parénquima de reserva. 20x.

Ta-5 Tallo de *Dianthus caryophyllus*. Las flechas señalan una capa de fibras de esclerénquima. La flecha hueca señala un estoma. 20x.

Abreviaturas: c colénquima laminar, e epidermis uniseriada, f floema, m procambium, pc parénquima clorofílico lagunar, pr parénquima de reserva, x xilema.

El córtex, siempre constituido por tejido fundamental, suele presentar parénquima clorofílico, lo que proporciona el color verde de peciolos, ramas y tallos jóvenes. Es frecuente la presencia de tejidos de sostén.

La delimitación entre el córtex y los tejidos vasculares es menos clara que en la raíz, porque no existe endodermis ni periciclo.

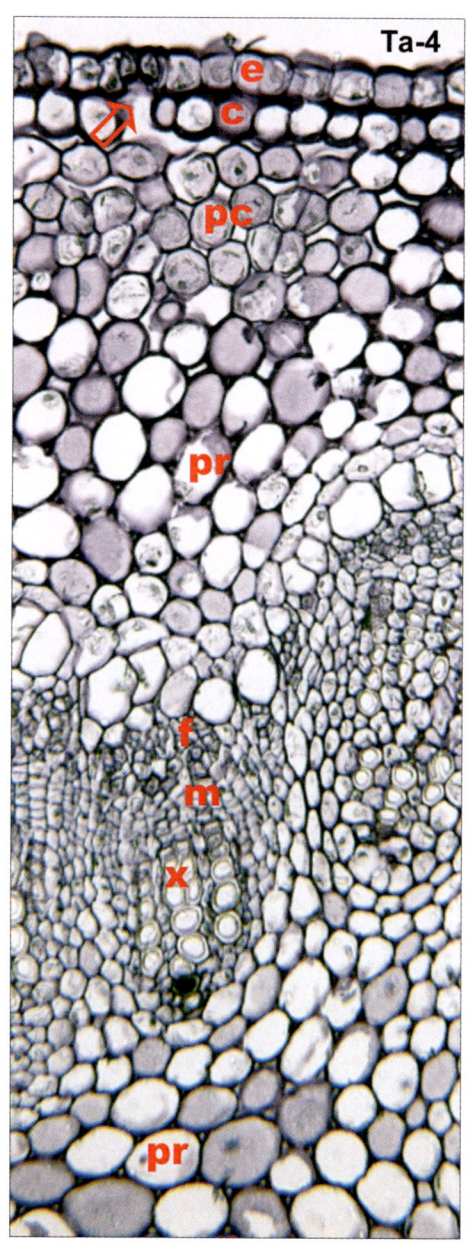

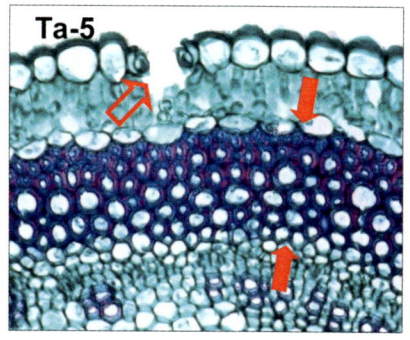

Tallo de monocotiledónea:

Ta-6 Peciolo de *Narcisus asturiensis*. El tejido vascular consta de pequeños haces vasculares (flechas) distribuidos de forma dispersa. 4x.

Ta-7 Tallo de *Allium* sp. 4x.

Ta-8 Tallo de *Allium* sp. La imagen anterior con luz polarizada. Las estructuras anisótropas son las células xilemáticas. 4x.

Ta-9 Tallo de *Cyperus papyrus*. Tallo de monocotiledónea, hidrófita y planta C4. 4x.

Los tallos de monocotiledóneas presentan muchos haces vasculares de distintos tamaños, dispuestos más o menos desordenadamente en el córtex o formando circunferencias.

Los tallos de las hidrófitas presentan abundante parénquima aerífero, lo cual facilita la aireación de la planta.

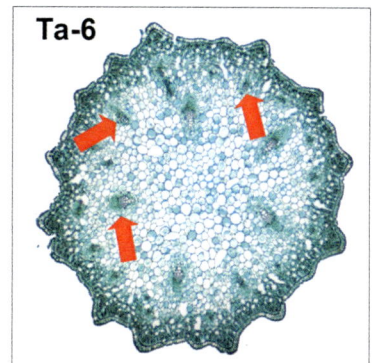

Ta-6

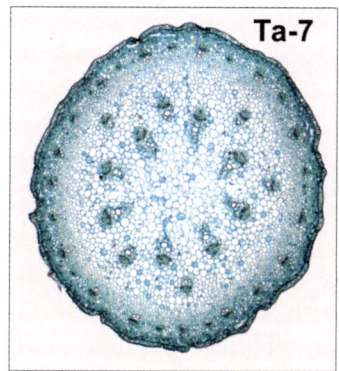

Ta-7

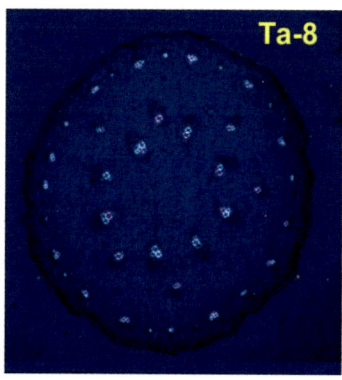

Ta-8

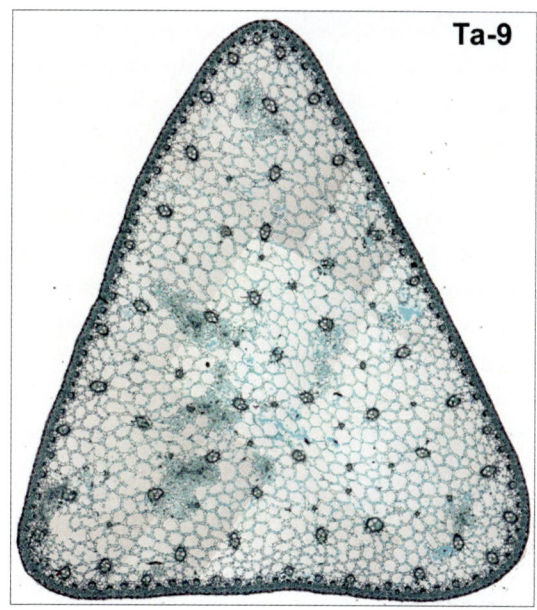

Ta-9

Tallo de monocotiledónea:

Ta-10 Peciolo de *Narcisus asturiensis*. Detalle de la primera anterior. Obsérvese epidermis uniseriada con un estoma (flecha hueca), parénquima clorofílico lagunar, varios haces vasculares colaterales cerrados de distintos tamaños (flechas) y parénquima de reserva. 20x.

Ta-11 Tallo de *Cyperus papyrus*. Detalle de la tercera anterior. Obsérvese el parénquima aerífero. 4x.

Ta-12 Tallo de *Cyperus papyrus*. Detalle de la anterior. Las flechas indican células de la vaina rodeando haces vasculares, como corresponde a una planta C4. Las flechas huecas señalan paquetes de fibras dispuestos subepidérmicamente. 60x.

Abreviaturas: e epidermis uniseriada, pc parénquima clorofílico lagunar, pr parénquima de reserva.

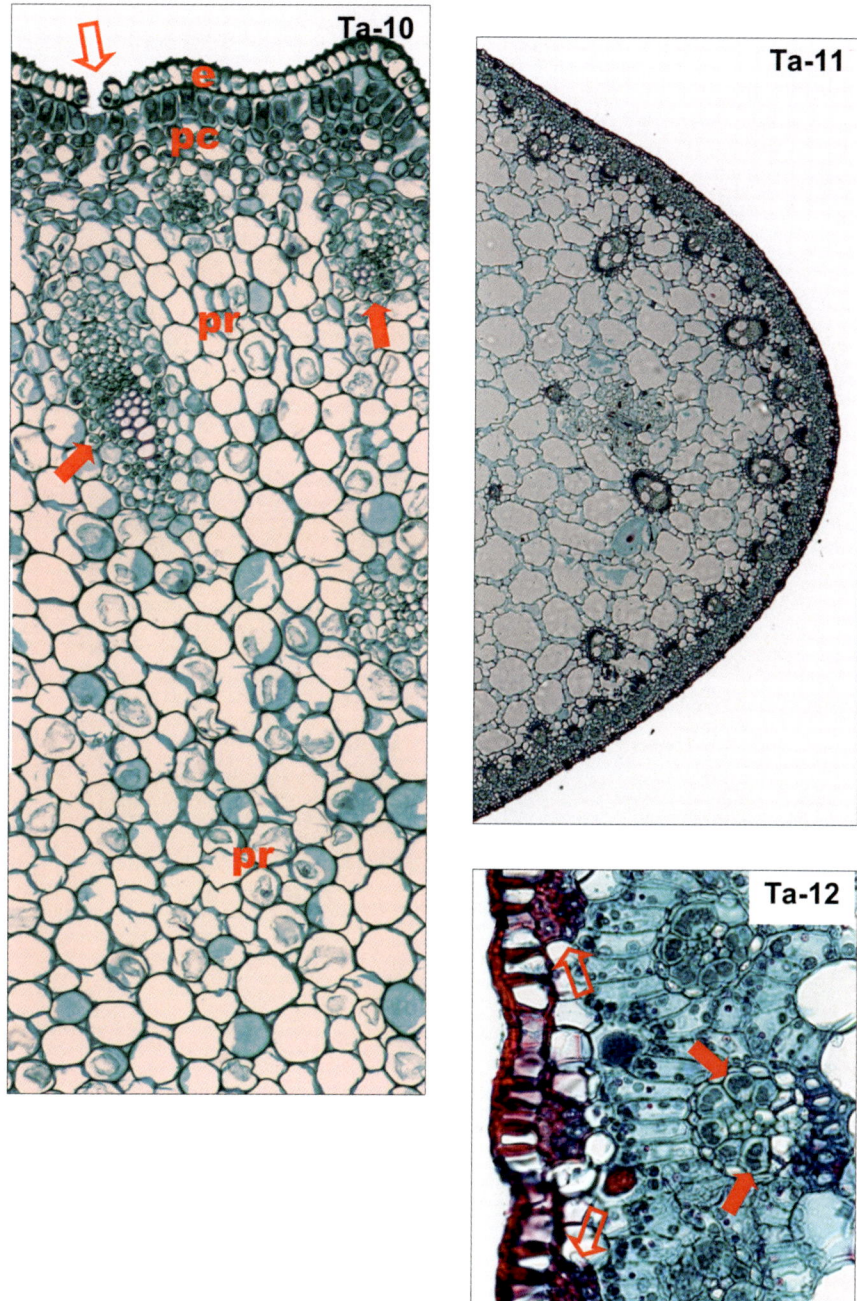

Tallo de gimnosperma

Ta-13 Tallo de *Pinus radiata*. Las flechas señalan conductos resiníferos. 4x

Ta-14 Tallo de *Pinus radiata*. Detalle de la anterior. Células del
xilema. 60x.

Abreviaturas: C córtex, H tejido vascular, M médula.

Los tallos de gimnospermas presentan generalmente conductos resiníferos y el xilema integrado solamente por traqueidas.

Ta-13

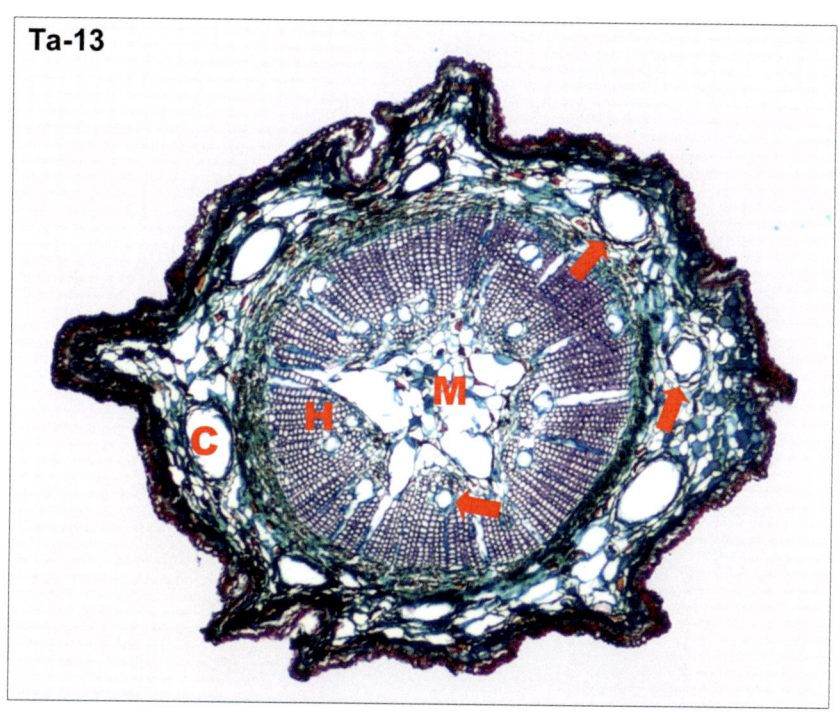

Ta-14

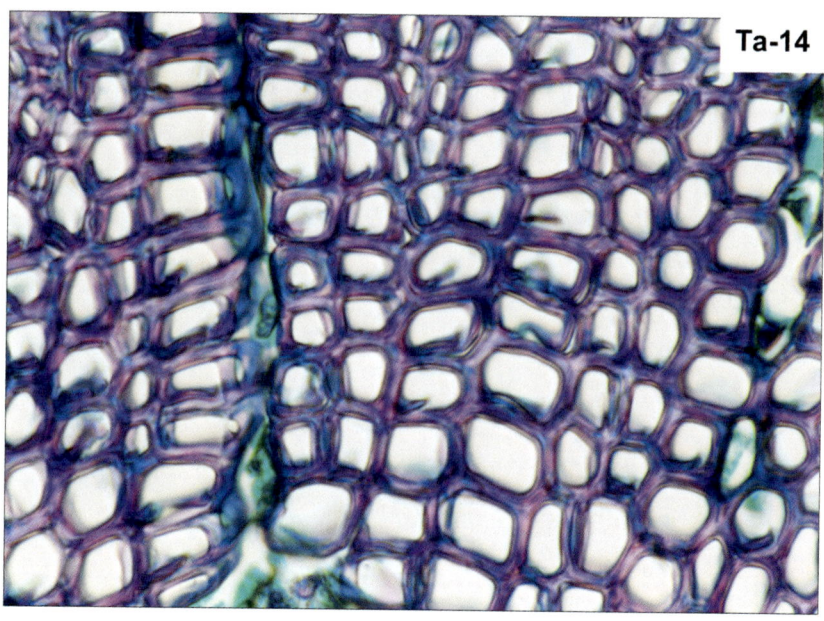

Ta-15 Tallo de hidrófita. Tallo de *Mentha aquatica*. 10x.

Ta-16 Tallo de xerófita. Tallo de *Cactus* sp. 4x

Abreviaturas: C córtex, H tejido vascular, M médula.

En el tallo de las plantas hidrófitas, el parénquima aerífero es conspicuo.

En el tallo de las plantas xerófitas, el córtex está muy desarrollado suponiendo un sistema de protección de la planta ante la posible desecación de los haces vasculares, y un lugar de reserva de agua en el abundante parénquima acuífero.

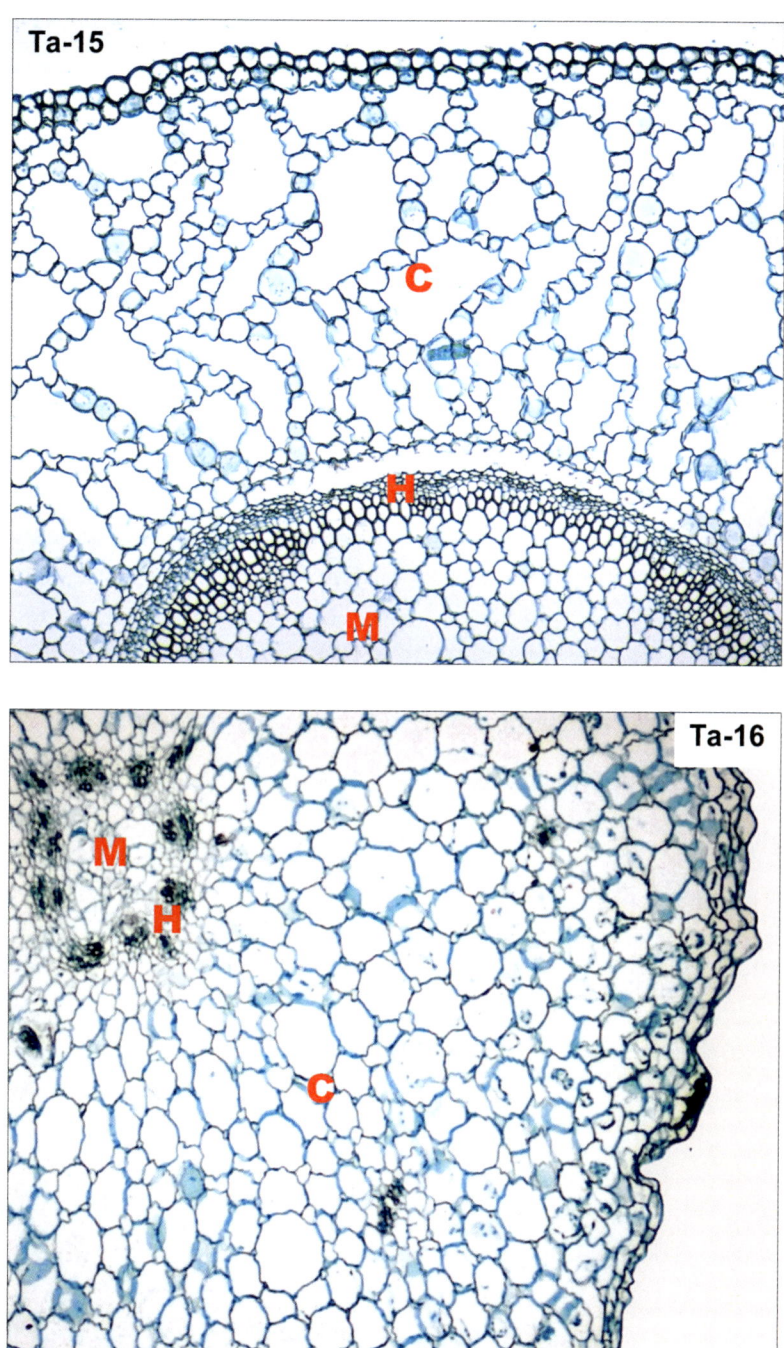

Tallo con crecimiento secundario

Ta-17 Tallo de *Quercus suber*. Las expansiones periféricas son restos de tricomas. La flecha señala una lenticela. 4x.

Ta-18 Tallo de *Tilia platyphyllos*. Obsérvense dos anillos de crecimiento (flechas huecas). La flecha señala una lenticela. 4x.

Ta-19 Tallo de *Tilia platyphyllos*. La imagen anterior con luz polarizada. Las estructuras más brillantes de la médula y el córtex, son drusas. 4x.

Ta-20 Tallo de *Morus nigra*. La flecha señala una lenticela. 4x.

Abreviaturas: C córtex, H tejido vascular, M médula.

Los tallos con crecimiento secundario se diferencian mal de las raíces con crecimiento secundario. Sin embargo, en las fases más tempranas del crecimiento en grosor, los tallos presentan restos de epidermis en la que aún pueden persistir tricomas.

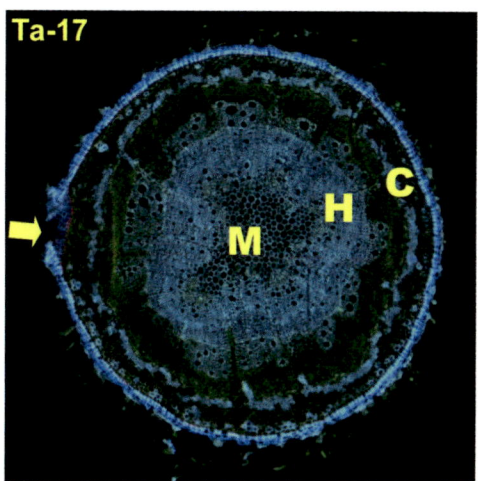

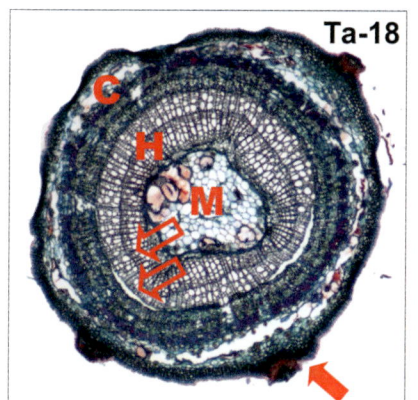

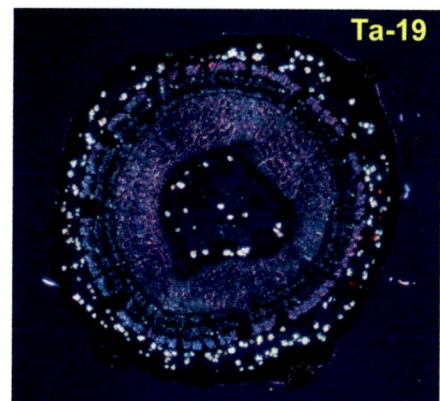

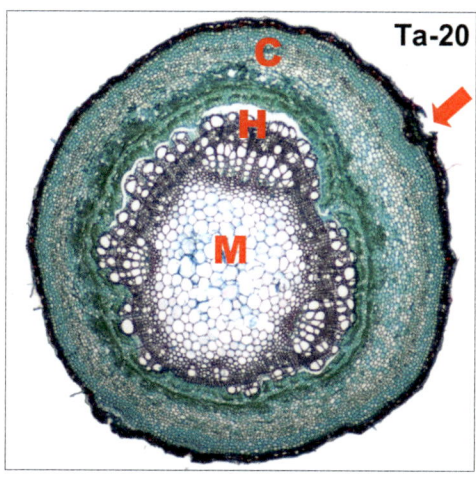

Ta-21 Zarcillo de *Bryonia cretica*. 4x.

Ta-22 Zarcillo de *Bryonia cretica*. 4x.

Abreviaturas: c colénquima, e esclerénquima.

Los zarcillos mostrados, son tallos modificados. En un principio, cuando «tantean» el objeto al que abrazarse, presentan como tejido de sostén colénquima en disposición subepidérmica. Posteriormente, cuando ya están firmemente sujetos a un sustrato, presentan un anillo de esclerénquima alejado de la epidermis. Este cambio de colénquima por esclerénquima confirma que el primero es el tejido de sostén de los órganos cuando están creciendo, es un tejido plástico (adaptable, deformable), mientras que el esclerénquima es el tejido de sostén de los órganos maduros, un tejido elástico (no deformable) y más eficiente en el sostén.

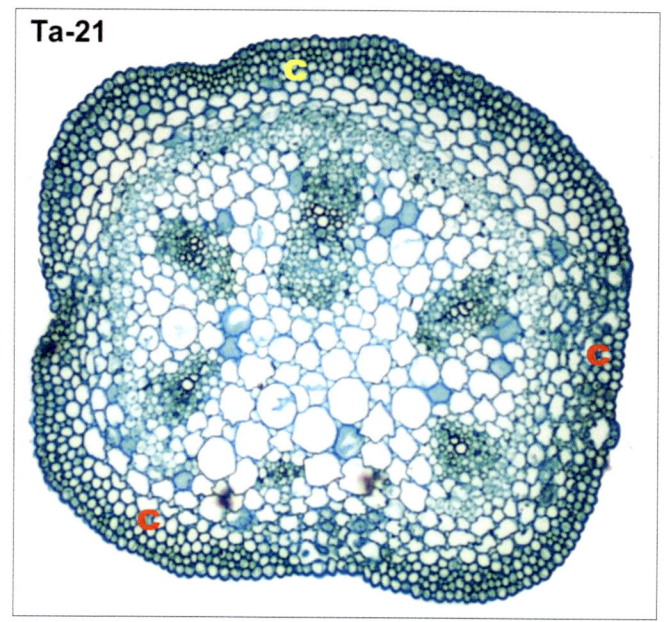

Ta-21

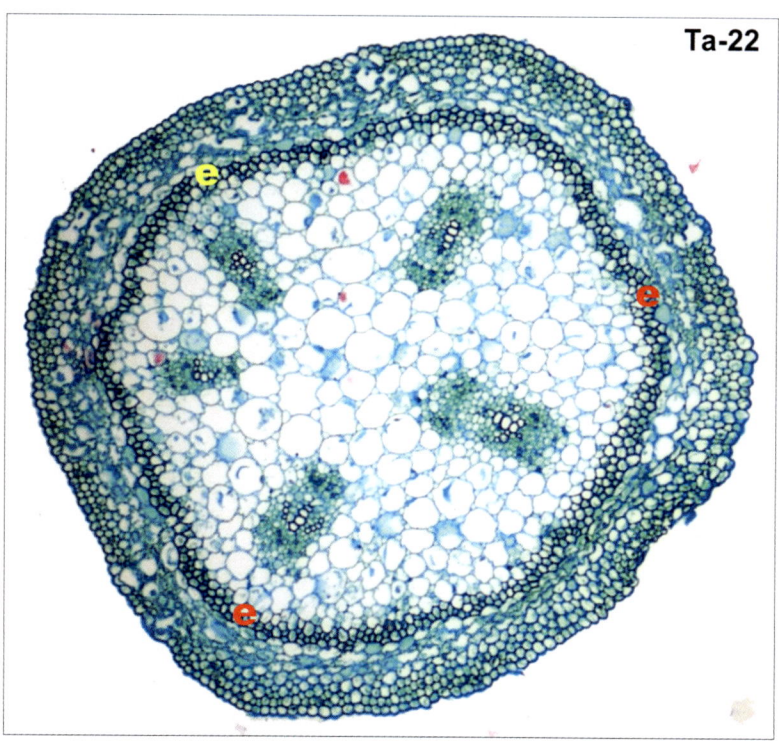

Ta-22

Ta-23 Ramificación. Tallo de *Euphorbia peplus*. 4x.

Ta-24 Bulbo de *Allium sativum*. 4x.

Ta-25 Injerto de *Lycopersicum esculentum*. El triángulo corresponde al tallo de una planta y el cuadrado al de la otra planta. Las flechas señalan callos. 4x.

Abreviaturas: H hoja, M médula, T tallo, z traza.

La ramificación en los tallos se diferencia claramente de la de las raíces tanto morfológicamente como por su origen. En aquellas, las raíces de segundo orden surgen de la actividad de un tejido del córtex (el periciclo), en estas surgen de la actividad de meristemos superficiales (las yemas axilares).

Los bulbos son estructuras acumuladoras de materiales de reserva. Presentan un tallo acortado, rodeado de hojas con abundante parénquima de reserva.

Con un injerto se pretende unir fisiológicamente dos plantas, en este caso, dos tallos de la misma especie, pero de individuos distintos. Se pone en juego la capacidad de desdiferenciación de las células con paredes primarias, para formar conjunto de células meristemáticas: los callos. Formados los callos en las dos plantas que se pretenden unir, algunas células se diferencian en xilema y floema a continuación del xilema y del floema de cada planta, hasta unirse ambos tallos a través de los haces conductores neoformados.

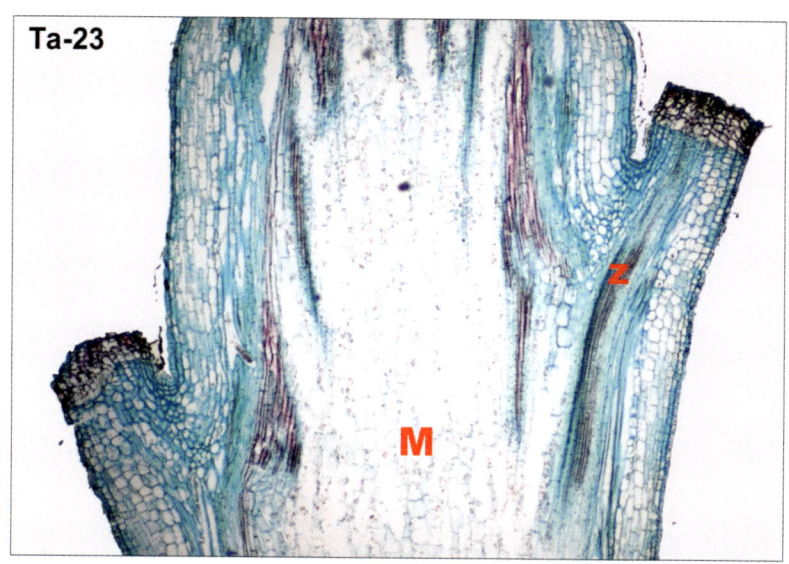

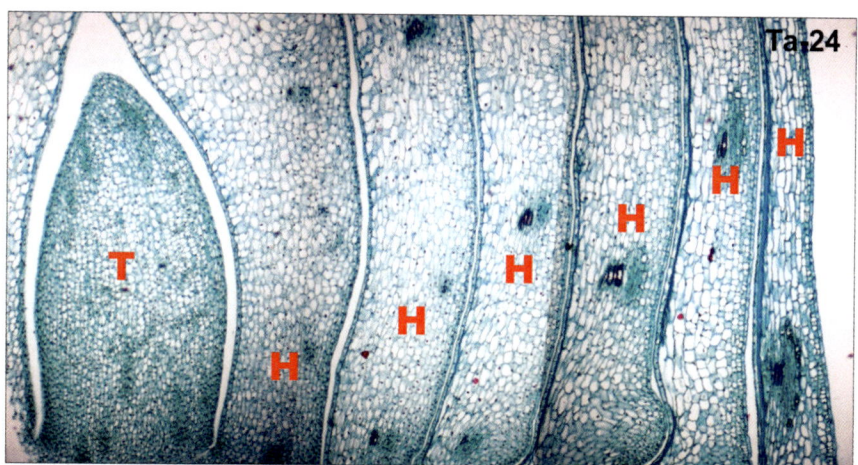

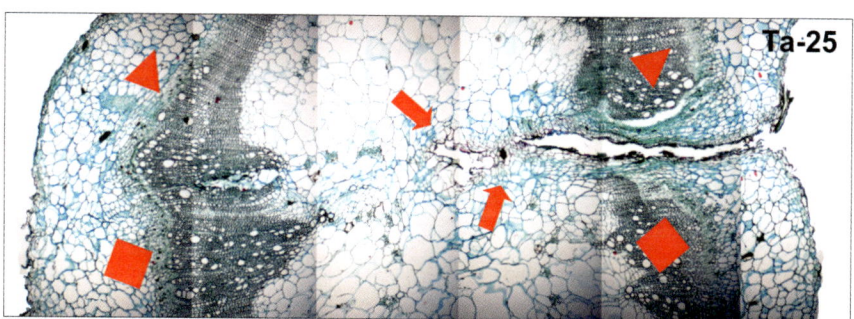

Hoja

La hoja es el órgano fotosintetizador y transpirador por antonomasia. No presenta crecimiento secundario.

Hoja de dicotiledónea

Ho-1 Venación de *Pistacia terebinthus*. 4x.
Ho-2 Primordio foliar de *Pistacia terebinthus*. 20x.
Ho-3 Foliolo maduro de *Pistacia terebinthus*. 40x.
Ho-4 Hoja de *Plantago lanceolata*. 10x.
Abreviaturas: L lámina, N nervio central, D porción distal.

En la mayoría de las hojas de las dicotiledóneas, existe un nervio central y una serie de nervios laterales —nervios de segundo orden—, formándose una red vascular en la cual el diámetro de los nervios va disminuyendo conforme se ramifican los mismos, ofreciendo finalmente una nerviación reticulada.

Las hojas proceden de primordios localizados en el ápice del tallo que rápidamente se desarrollan y abrazan el meristemo apical, protegiéndolo.

En las hojas de las dicotiledóneas, desde el punto de vista histológico se deben considerar: las dos epidermis (la del haz y la del envés), el nervio central, la lámina foliar, los nervios de segundo orden y la porción distal.

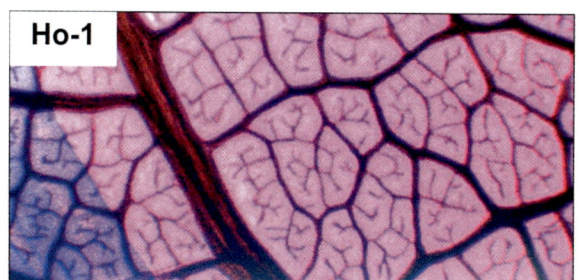

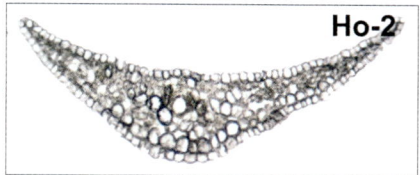

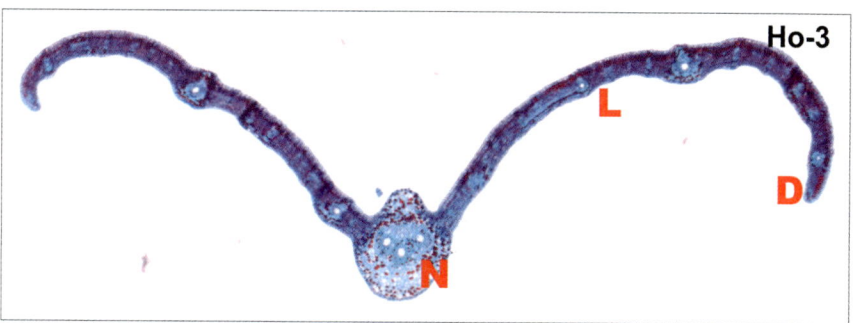

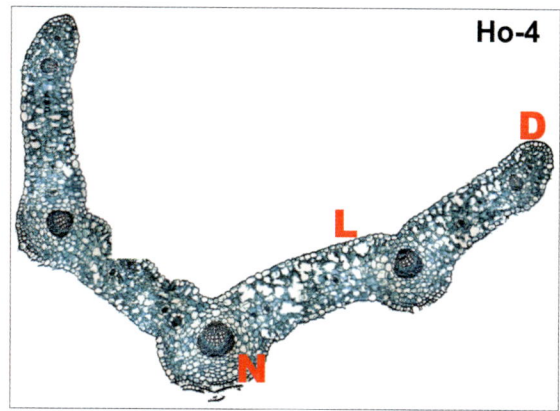

Hoja de dicotiledónea

Ho-5 Nervio central. Hoja de *Castanea sativa*. 10x.

Ho-6 Nervio central en la zona apical de la hoja. Hoja de *Vitis vinifera*. 10x.

Ho-7 Nervio central en la zona basal de la hoja. Hoja de *Vitis vinifera*. 10x.

Ho-8 Hoja de *Eucalyptus globulus*. Detalle del nervio central. 40x.

Abreviaturas: c cutícula, co colénquima, f floema, fi fibras, L lámina, t tricoma, x xilema.

El nervio central puede presentar un solo cordón de xilema y floema, o muchos cordones.

En las hojas, el nervio central más próximo al peciolo suele presentar más elementos vasculares, que el nervio central de la zona más próxima al ápice foliar. Aunque en muchos casos las células del xilema de los haces vasculares son suficientes para mantener el porte de la hoja, es frecuente que los nervios se acompañen de tejidos de sostén.

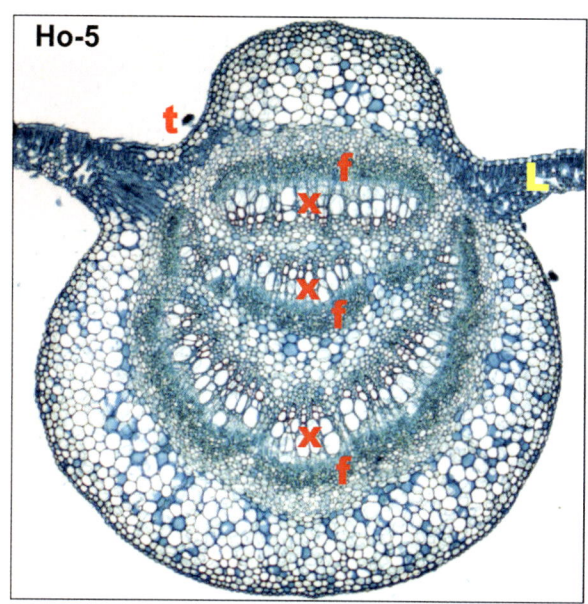

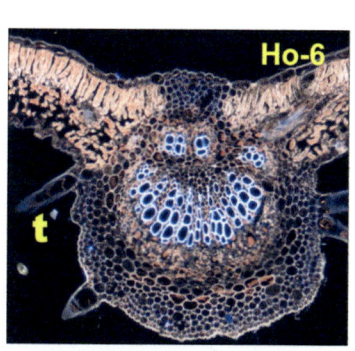

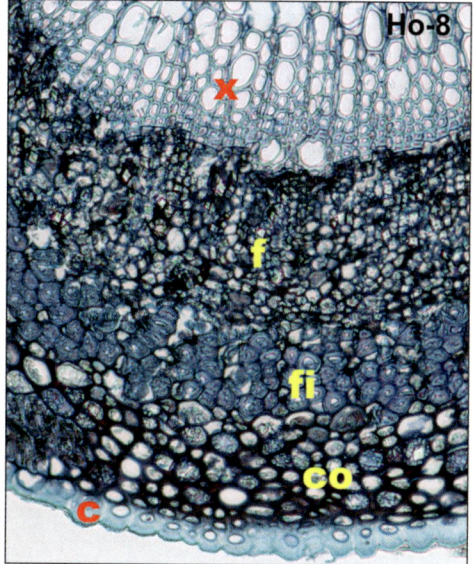

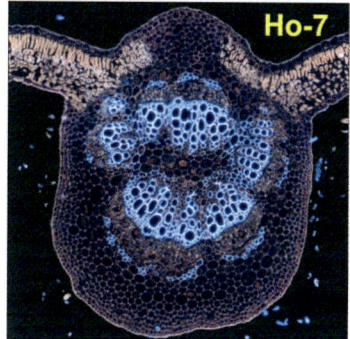

Hoja de dicotiledónea

Ho-9 Lámina foliar. Hoja de *Vitis vinifera*. 20x.

Ho-10 Lámina foliar. Hoja de *Euphorbia* sp. 20x.

Ho-11 Porción distal. Hoja de *Pistacia terebinthus*. 20x.

Abreviaturas: co colénquima, e estoma, ee epidermis del envés (o abaxial), eh epidermis del haz (o adaxial), fi fibras de esclerénquima, pa parénquima aerífero, pp parénquima clorofílico en empalizada, x xilema.

En las hojas de las dicotiledóneas, el mesófilo presenta normalmente dos tipos de parénquima: parénquima clorofílico en empalizada (orientado hacia el haz) y parénquima aerífero, ambos con cloroplastos. El intercambio de gases entre los tejidos y el medio ambiente está facilitado porque existe continuidad entre los espacios intercelulares y las cámaras subestomáticas de los estomas.

Muy característico de las dicotiledóneas y que las diferencia de las monocotiledóneas (con nerviación paralela), es que en la lámina foliar se observan —en las secciones transversales de las hojas— vasos de xilema en sección longitudinales que se corresponden con nervios de segundo orden; es decir, en el conjunto del corte se observan secciones transversales del xilema en el nervio central y secciones longitudinales en la lámina foliar.

La porción distal (o margen foliar) de las hojas suele estar protegido contra desgarraduras con la acumulación de elementos de sostén.

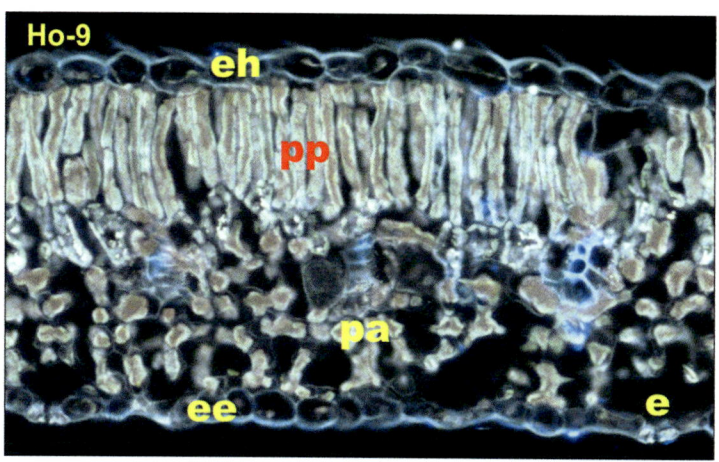

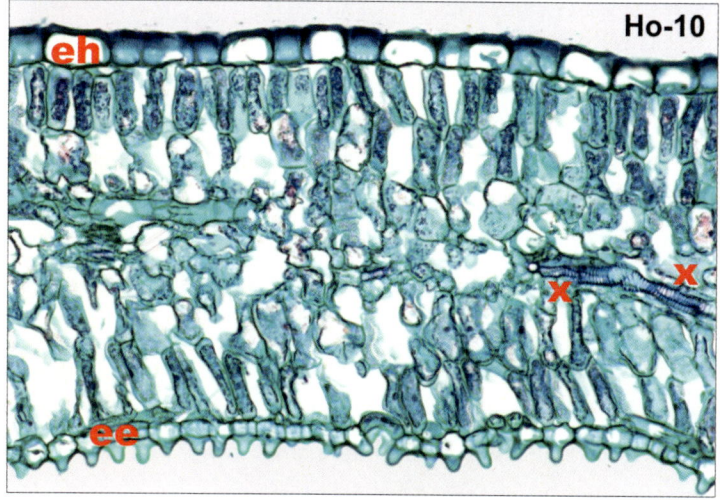

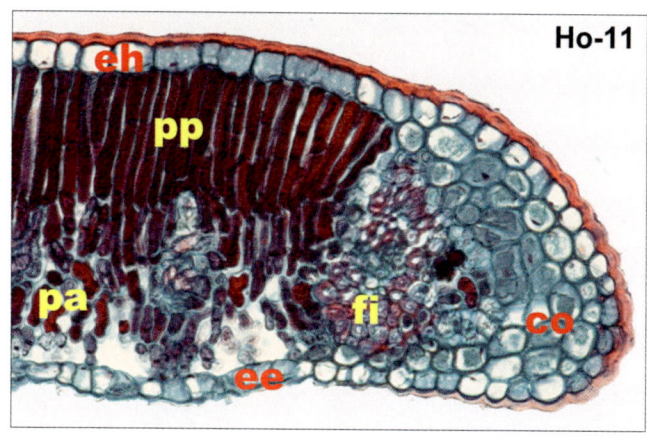

Hoja de monocotiledónea

Ho-12 Hoja de monocotiledónea. 10x.

Ho-13 Hoja de *Smilax aspera*. 4x.

Ho-14 Hoja de *Smilax aspera*. La imagen anterior con luz polarizada. Las estructuras anisótropas corresponden a los haces vasculares. 4x.

Ho-15 Hoja de monocotiledónea. Detalle de la primera. 20x.

Abreviaturas: e estoma, ee epidermis del envés (o abaxial), eh epidermis del haz (o adaxial), f floema, pl parénquima clorofílico lagunar, pr parénquima de reserva, x xilema.

Las hojas de las monocotiledóneas presentan nerviación paralela (no reticulada como las hojas de las dicotiledóneas). En las secciones transversales, se observan todos los nervios cortados transversalmente, y en consecuencia en el conjunto del corte, los vasos del xilema se observan solamente en sección transversal, y no en sección transversal y longitudinal, como ocurre en la hojas de las dicotiledóneas (nervio central y nervios de segundo orden en la lámina foliar, respectivamente).

Los nervios de las hojas de las monocotiledóneas pueden observarse del mismo calibre o presentar calibres diferentes, a veces con refuerzos de elementos de sostén o sin ellos.

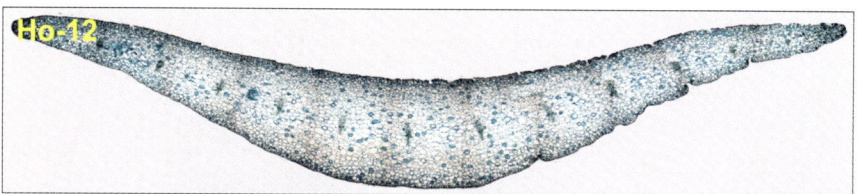

Ho-12

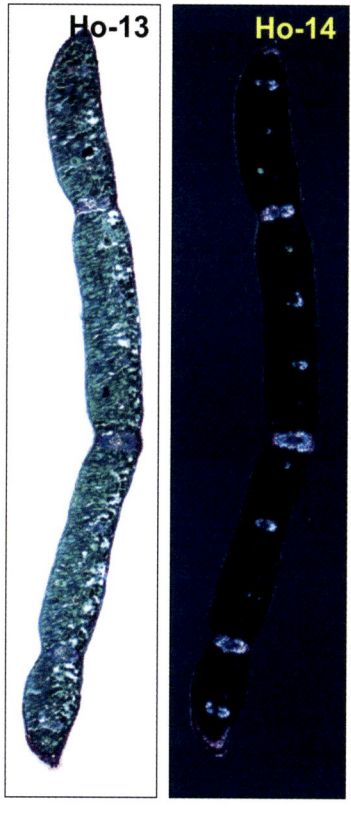

Ho-13

Ho-14

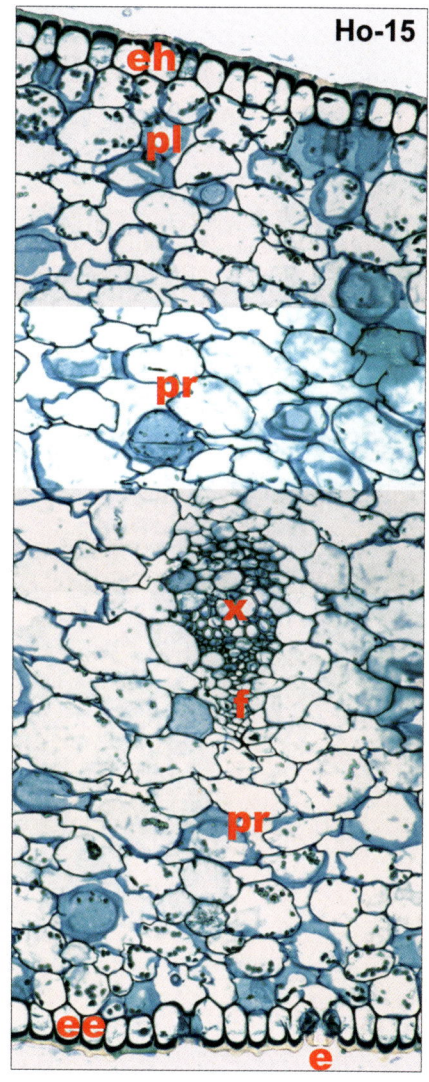

Ho-15

eh

pl

pr

x

f

pr

ee

e

Hoja de gimnosperma

Ho-16 Acícula de *Pinus pinaster*. La flecha señala un conducto resinífero. Las flechas abiertas señalan estomas. 10x.

Ho-17 Acícula de *Pinus pinaster*. Detalle de la anterior. 20x.

Ho-18 Acícula de *Pinus pinaster*. Detalle de la anterior. La flecha señala un conducto resinífero. 20x.

Abreviaturas: e estoma, ee epidermis del envés (o abaxial), eh epidermis del haz (o adaxial), en endodermis, f floema, H haz vascular, tf tejido de transfusión, x xilema.

Las acículas son hojas en gran parte lignificadas. Se caracteriza por presentar estomas hundidos distribuidos en toda la superficie foliar. Por debajo de la epidermis presenta una hipodermis formada generalmente por células parenquimáticas lignificadas. En el mesófilo se encuentra el tejido fotosintetizador y conductos resiníferos. En el centro se disponen el tejido vascular, rodeado del tejido de transfusión (traqueidas y parénquima no clorofílico), estando rodeado por una capa celular llamada endodermis, que recuerda a la endodermis de la raíz.

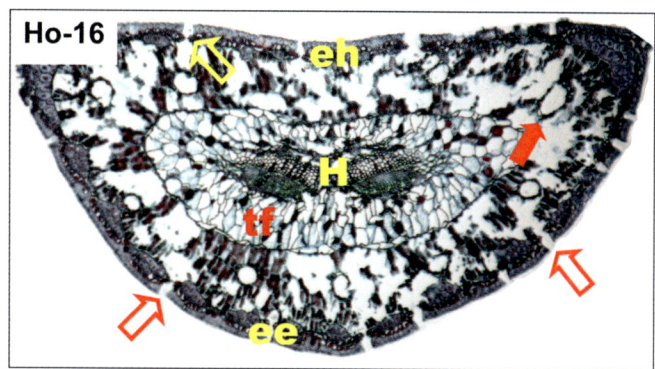

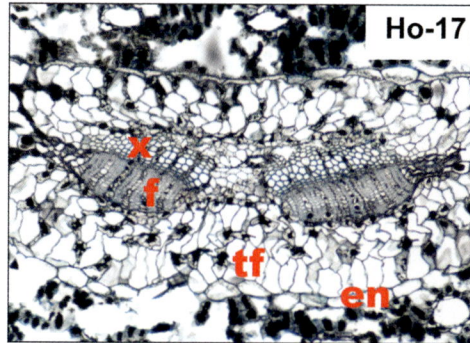

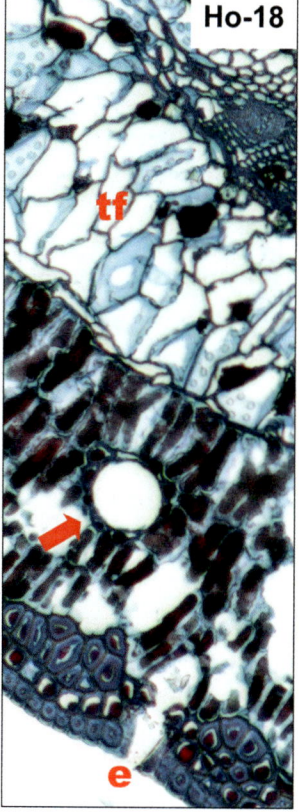

Hoja de planta xeromórfica.

Ho-19 Lámina foliar con criptas estomáticas (flechas). Hoja de *Nerium oleander*. Obsérvese que ambas epidermis (la del haz y la del envés) son multiseriadas, y cómo, en el interior de las criptas estomáticas, es uniseriada. La flecha abierta señala una drusa. 20x.

Ho-20 Hoja de *Cistus ladanifer*. Las flechas señalan criptas estomáticas. 10x.

Ho-21 Hoja de *Erica australis*. Obsérvese que el pliegue de la lámina foliar, conforma una única cripta estomática. 20x.

Abreviaturas: ee epidermis del envés (o abaxial), eh epidermis del haz (o adaxial), H haz vascular, pa parénquima aerífero, pp parénquima clorofílico en empalizada, t tricoma.

Las plantas xeromórficas son plantas mesófitas que suelen verse sometidas a altas temperaturas y sequía prolongada. Consiguen reducir la transpiración (y por tanto la posible deshidratación) entre otros mecanismos, manteniendo un bajo número de estomas que suelen estar agrupados en criptas estomáticas, donde además se observan abundantes tricomas (ver Ep-41 y Ep-42).

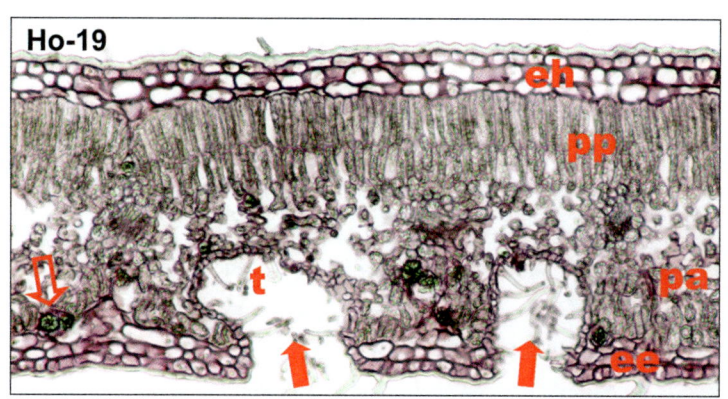

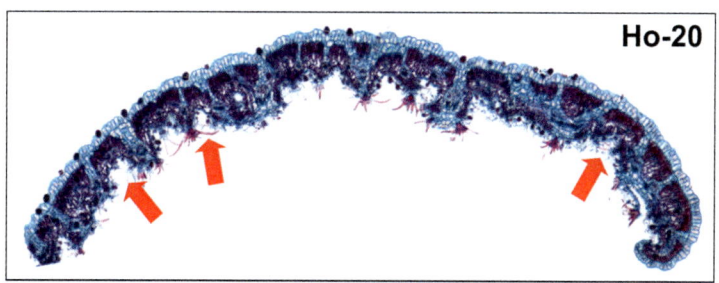

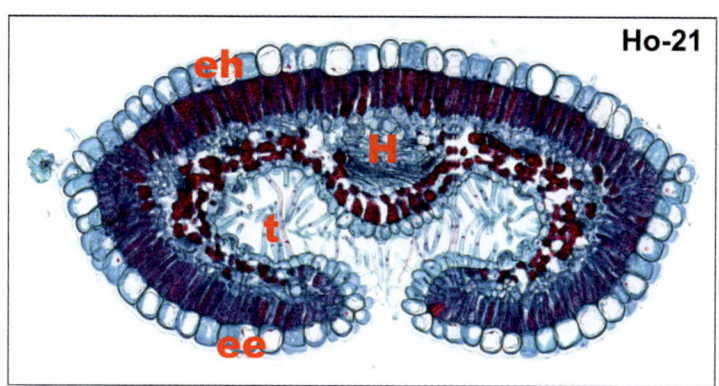

Ho-22 Hoja de planta hidrófita. Nervio central. Hoja de *Polygonum bistorta*. 4x.

Ho-23 Hoja de planta hidrófita. Lámina foliar. Hoja de *Polygonum bistorta*. Las flechas indican cámaras subestomáticas. 10x.

Ho-24 Hoja de planta insectívora. Hoja de *Dionaea muscipula*. Las flechas indican tricomas secretores de enzimas. 4x.

Ho-25 Hoja de planta C4. Hoja de *Zea mays*. Las flechas señalan estomas. 40x.

Abreviaturas: ee epidermis del envés (o abaxial), eh epidermis del haz (o adaxial), cm células del mesófilo, cv células de la vaina, f floema, fi fibras de esclerénquima, H tejidos vasculares, pa parénquima aerífero, pp parénquima clorofílico en empalizada, x xilema.

Entre las adaptaciones de las plantas hidrófitas a su hábitat, una de ellas es que solamente presentan estomas en el haz de sus hojas.

Las plantas insectívoras presentan tricomas secretores de enzimas, que digieren al insecto atrapado (ver Ep-52).

Las plantas C-4 llevan a cabo una fotosíntesis peculiar en la que intervienen dos tipos de células con cloroplastos: unas más pequeñas, en contacto con los estomas (las células del mesófilo) y otras muy grandes, que rodean los haces vasculares y que presentan cloroplastos también grandes (las células de la vaina).

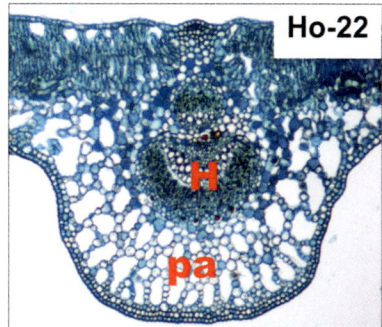

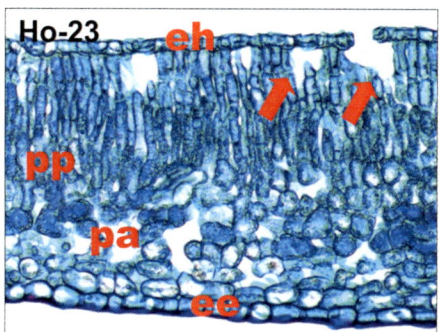

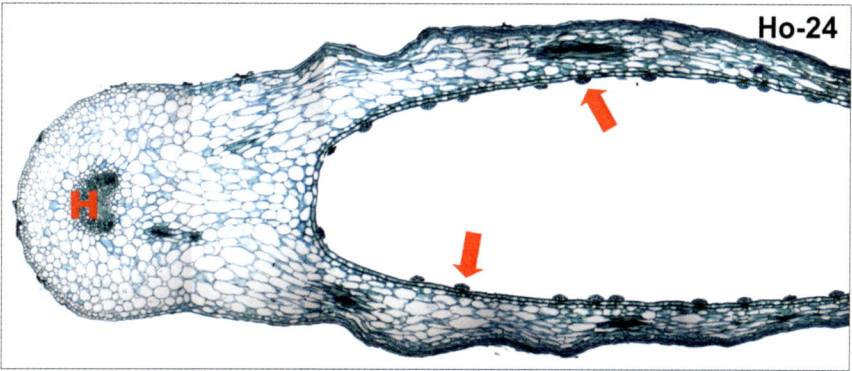

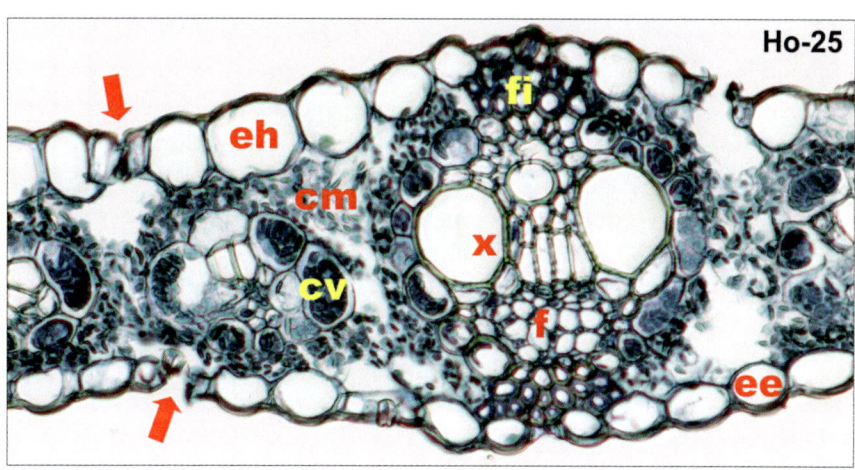

Ho-26 Hoja de planta parásita estricta. Hoja de *Cytinus hypocistis.* 4x.

Ho-27 Hoja verde. Hoja de *Populus alba.* 20x.

Ho-28 Hoja senescente. Hoja de *Populus alba.* La flecha indica una drusa. 20x.

Las plantas parásitas estrictas carecen de cloroplastos.

Antes de la abscisión, las hojas sufren el proceso de senescencia: se recupera para la planta la mayor parte de los materiales que pueda reciclar posteriormente (véase en las imágenes los cloroplastos presentes en la hoja verde, ausentes en la hoja senescente) mientras que el exceso de sales queda en las hojas, siendo expulsado de la planta al producirse la abscisión de la misma. El conjunto formado por la senescencia y la abscisión es un mecanismo homólogo al de la excreción de los animales.

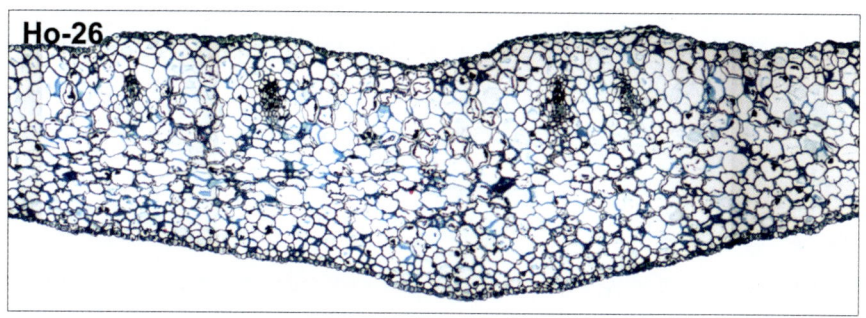

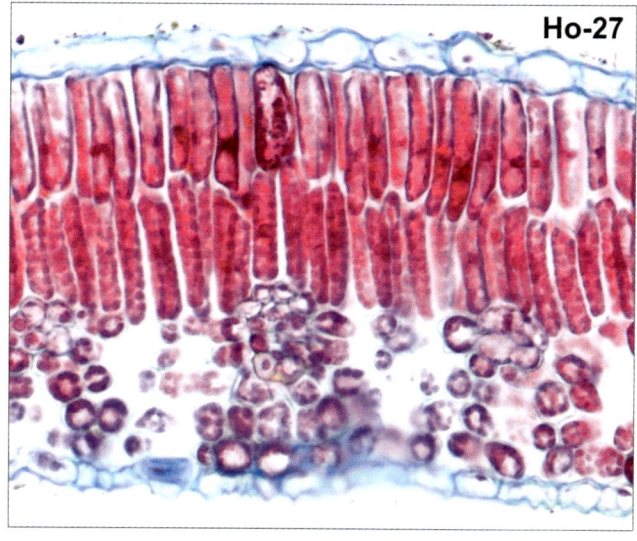

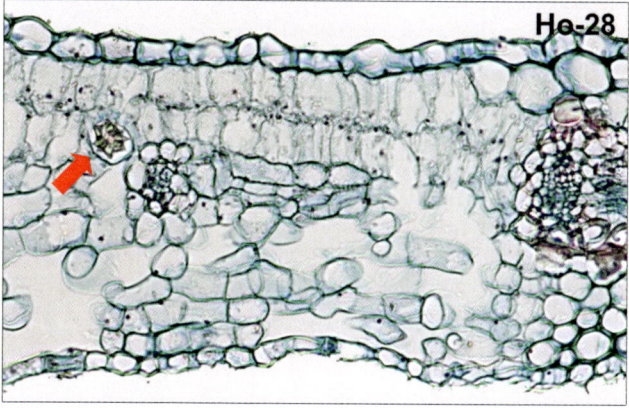

Ho-29 Pérula en yema de invierno de *Malus domestica*. Obsérvese la epidermis suberificada. 10x.

Ho-30 Pérula en yema de invierno de *Malus domestica*. Detalle de la anterior. Las flechas señalan células suberificadas. 60x.

Ho-31 Zona de abscisión en hoja de *Euphorbia peplus*. 20x.

Ho-32 Pulvínulos (flechas) en hoja de *Oxalis acetosella*. 4x

Ho-33 Pulvínulo en hoja de *Oxalis acetosella*. Detalle de la anterior. La flecha señala una zona plegada. 10x.

Abreviaturas: H tejidos vasculares, pro capa protectora, sep capa de separación.

Uno de los mecanismos protectores que habitualmente emplean las plantas es la suberificación. Así ocurre en las células de las pérulas que se suberifican notablemente para proteger los meristemos durante las épocas desfavorables, o en las células expuestas al medio exterior después de la caída de la hoja.

En las hojas caducas puede verse histológicamente y a veces macroscópicamente en su base, una estrecha zona llamada zona de abscisión. Ahí, determinadas células se dividen formando una banda constituida por varias capas de células que se diferencian de sus vecinas, constituyendo la llamada capa de separación, la cual aparece algún tiempo antes de la caída de la hoja. Al caer la hoja, en los tejidos que quedan expuestos al aire, se forma la llamada capa de protección al suberificarse y a veces lignificarse las células parenquimáticas. De esta manera se impide la entrada de agentes patógenos y la desecación.

Los pulvínulos son regiones con células que pueden modificar su turgencia (como las células buliformes o las células oclusivas de los estomas) determinando el movimiento de hojas o foliolos.

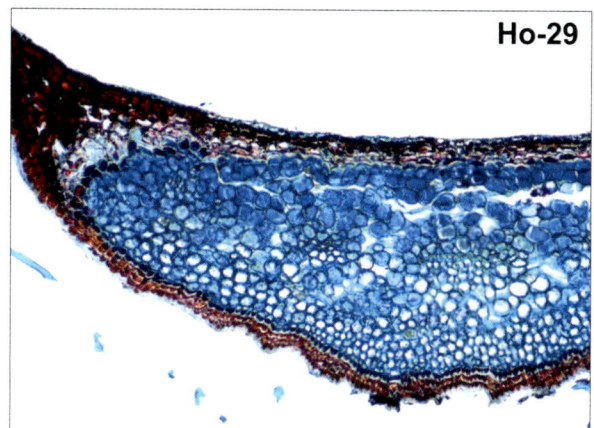

Ho-29

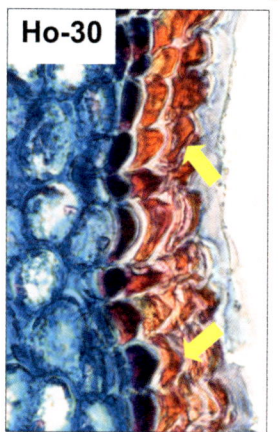

Ho-30

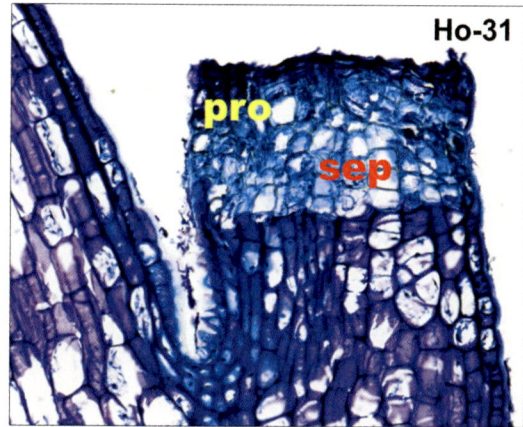

Ho-31

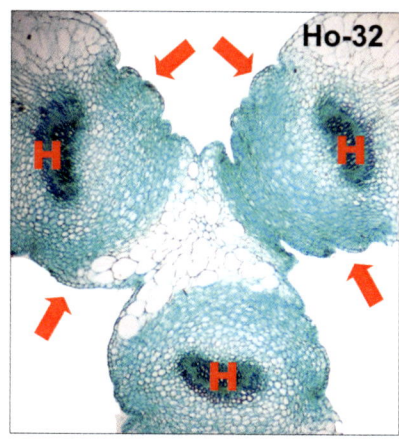

Ho-32

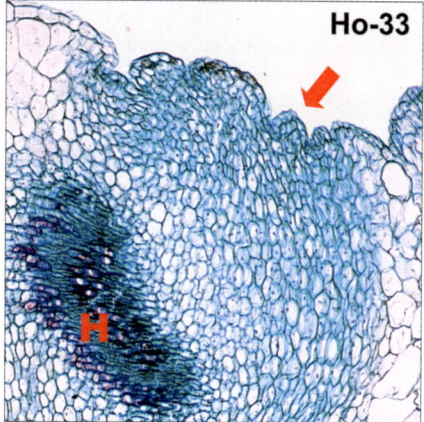

Ho-33

Ho-34 Espina de *Eryngium bourgatii*. 4x.

Ho-35 Espina de *Eryngium bourgatii*. Detalle de la anterior. Las flechas señalan células xilemáticas. 20x.

Abreviaturas: C córtex, H haz vascular, M médula del tallo, pr parénquima de reserva.

Espinas y aguijones son emergencias rígidas del tallo. Son rígidas, porque tienen tejidos de sostén, particularmente esclerénquima.

Las espinas (que pueden ser hojas o ramas modificadas) presentan tejido vascular, continuación del tejido vascular del tallo, por lo que se arrancan con dificultad.

Los aguijones carecen de tejido vascular y se arrancan con facilidad (ver Ho-36 y Ho-37).

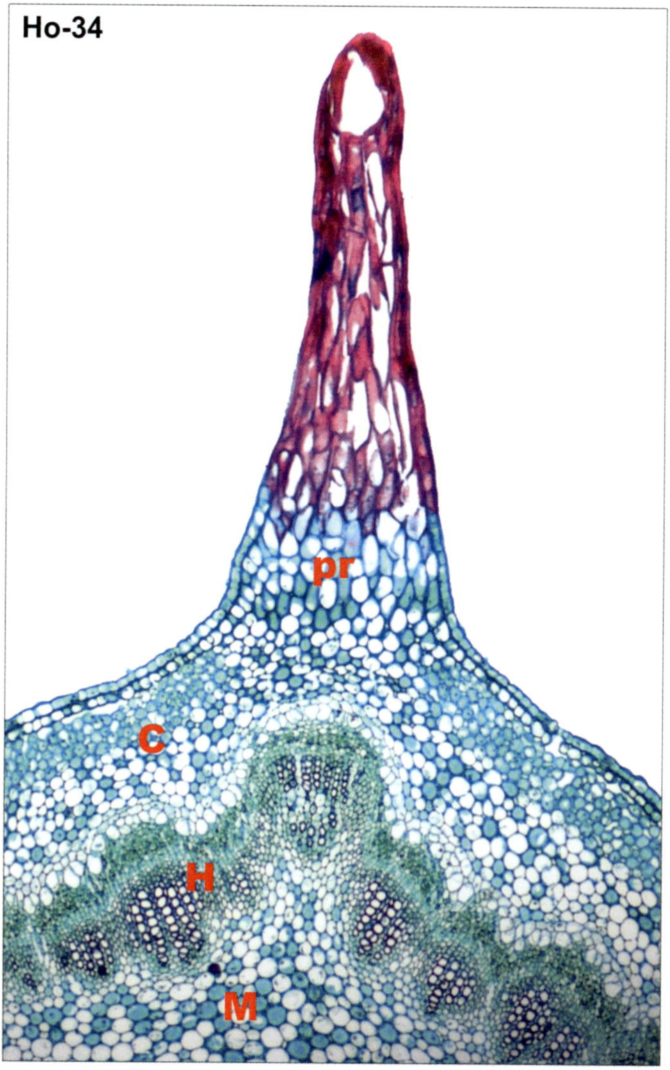

Ho-34

pr

C

H

M

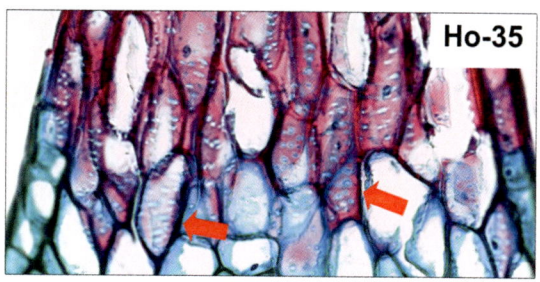

Ho-35

Ho-36 Aguijón de *Rosa canina*. 4x.

Ho-37 Aguijón de *Rosa canina*. Detalle de la anterior. Las flechas señalan fibras. 4x.

Abreviaturas: fl fibras de esclerénquima, pr parénquima de reserva.

Los aguijones presentan tejidos de sostén, careciendo de tejido vascular. Ver espina en Ho-34 y Ho-35.

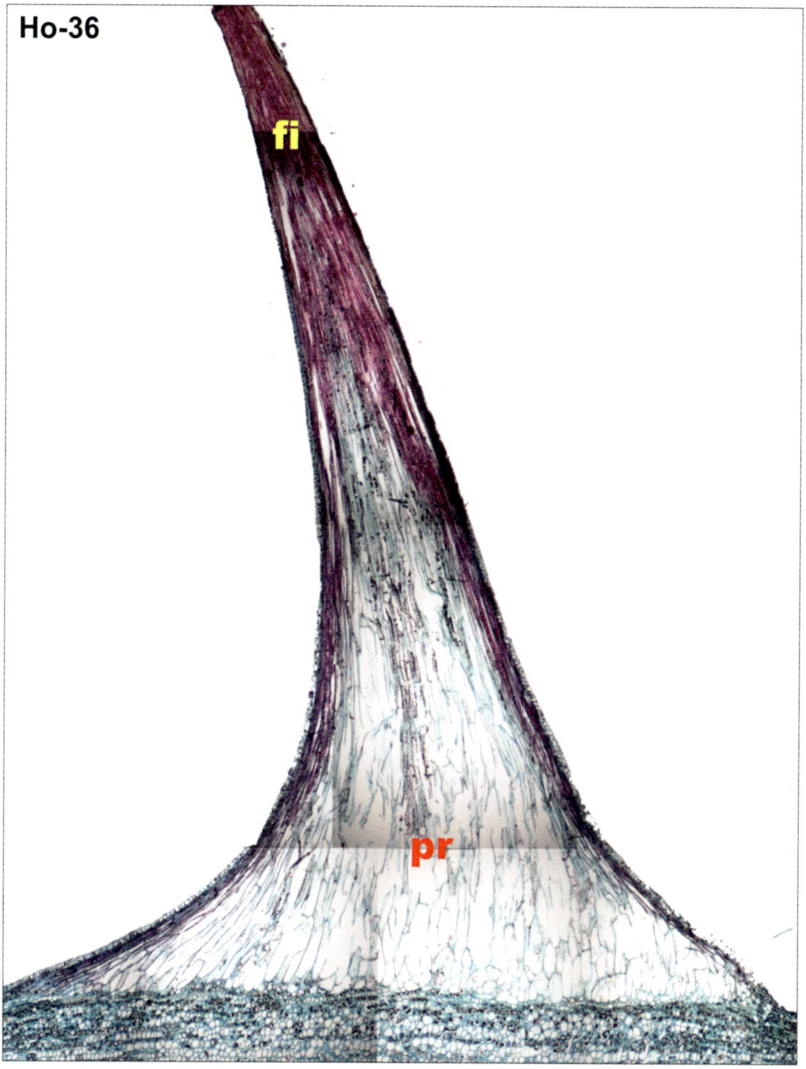

Ho-36

fi

pr

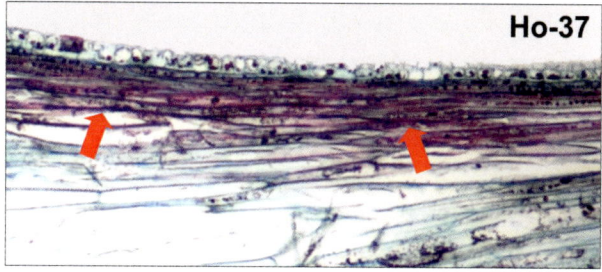

Ho-37

Ho-38 Peciolo de *Populus nigra.* 10x.

Ho-39 Peciolo de *Populus nigra.* La imagen anterior con luz polarizada. 10x.

Ho-40 Peciolo de *Castanea sativa.* 10x.

Ho-41 Peciolo de *Castanea sativa.* La imagen anterior con luz polarizada. 10x.

Ho-42 Peciolo de *Castanea sativa* modificado por inducción de la avispa *Dryocosmus kuriphilus.* 0,7x.

Abreviaturas: f floema, t tricoma, v vaina fascicular, x xilema.

El peciolo está organizado para sostener a la hoja, que ofrece una notable resistencia al viento. La morfología microscópica del peciolo es similar a la del nervio central de la hoja (ver Ho-5).

El cinípedo *Dryocosmus kuriphilus* es el causante de la enfermedad del castaño conocida como «avispilla del castaño». El insecto deposita huevos del que nacen larvas que inducen la formación de cámaras larvarias (flechas abiertas) en las que habitan. Además, el insecto induce malformaciones en el peciolo (también en el nervio central de la hoja), concretamente, los cordones vasculares del peciolo aparecen fragmentados y dispersos (flechas).

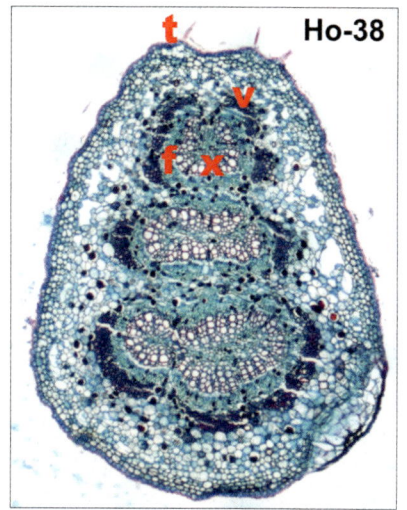

Ho-38

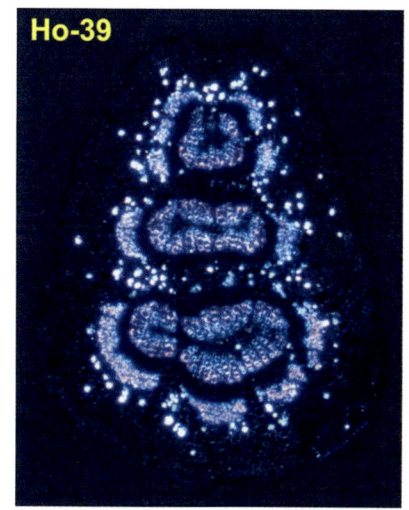

Ho-39

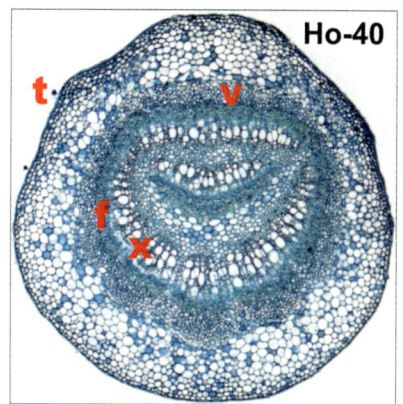

Ho-40

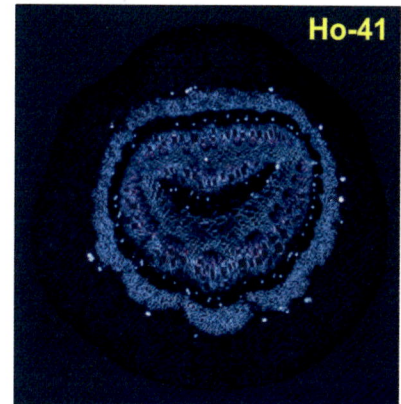

Ho-41

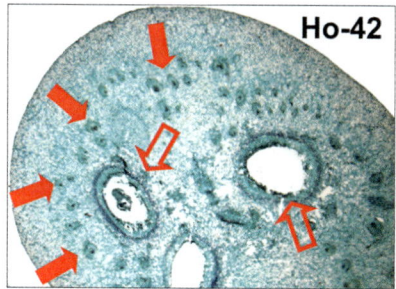

Ho-42

Ho-43 Agalla en hoja de *Rosa canina*. La flecha indica la cámara de la larva. 4x.

Ho-44 Agalla en foliolo de *Pistacia terebinthus* inducida por un pulgón. 4x.

Ho-45 Agalla en foliolo de *Pistacia lentiscus* inducida por un pulgón. 4x.

Ho-46 Erinosis en hoja de *Vitis vinifera*. 10x.

Ho-47 Erinosis en hoja de *Vitis vinifera*. Detalle de la anterior. La flecha señala el eriófido. 60x.

Ho-48 Domacios en hoja de *Tilia platyphyllos* (flechas). 4x.

Abreviaturas: L lámina foliar, N nervio central, t tricoma.

La llamada agalla lanosa de rosa alberga en su interior, primero, un huevo, y después, una larva del cinípedo *Diplolepis rosae*. La conformación desordenada de la agalla y la proliferación de hebras y tricomas relaciona la inducción del insecto con gran producción de hormonas por parte de la planta que reacciona tumoralmente.

Los áfidos que forman agallas, inducen en muchas ocasiones hiperplasia e hipertrofia de una parte de la lámina foliar y pliegue de la misma, conformado así un habitáculo donde habitan generalmente muchas decenas de individuos. La primera (Ho-44) está inducida por *Forda marginata* y la segunda (Ho-45) por *Aploneura lentisci*.

La erinosis está provocada por el ácaro *Eriophyes vitis*. Histológicamente determina la formación de grandes tricomas en el envés de la hoja, entre los que vive el animal.

Los domacios son cavidades que aparecen en hojas (y en tallos), muchas veces en zonas donde se ramifica el nervio central de la hoja. Pueden estar ocupados por hormigas o ácaros eriófidos.

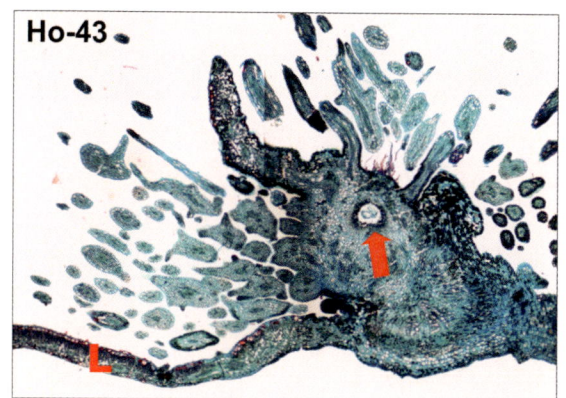

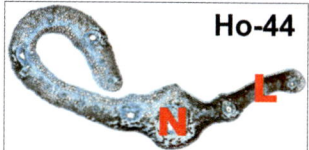

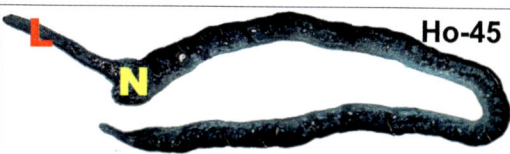

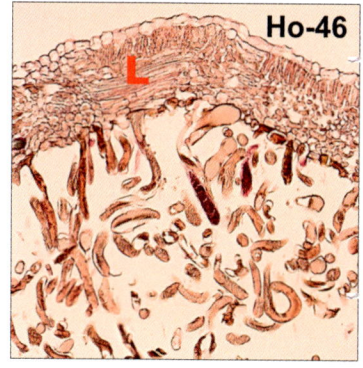

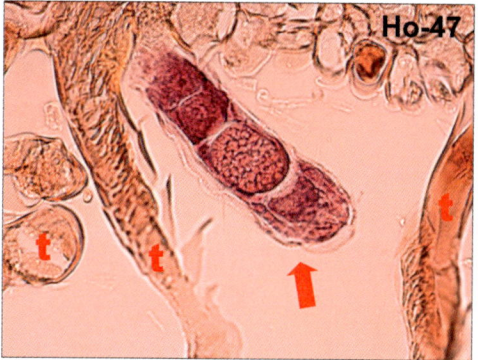

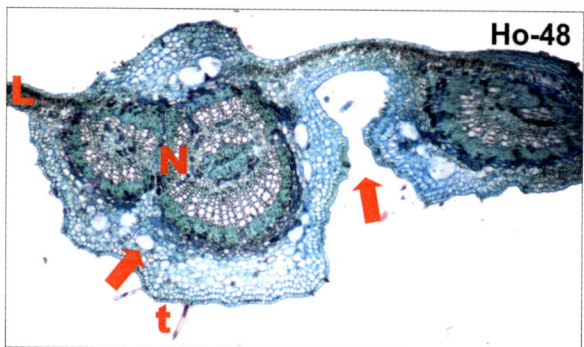

Flor

La flor es el órgano reproductor de las plantas. En ella se forman los granos de polen, se desarrollan los primordios seminales u óvulos, se produce la fecundación y se forman el fruto y la semilla. Consta del periantio (la corola constituida por pétalos y el cáliz constituido por sépalos), el gineceo (uno o más carpelos constituidos por el estigma, estilo y ovario) y el androceo (uno o más estambres constituidos por la antera y el filamento).

Fl-1 Meristemo floral (flecha) de *Arabidopsis thaliana*. 40x.

Fl-2 Flor en formación en un estadio posterior al anterior. *Arabidopsis thaliana*. 40x.

Fl-3 Flor en formación en un estadio posterior al anterior. *Arabidopsis thaliana*. 10x.

Abreviaturas: A androceo, G gineceo.

Las flores se originan por la actividad de los llamados meristemos florales, que presentan un crecimiento limitado. En los primeros estadios de desarrollo el meristemo es similar al meristemo apical del tallo, donde los primordios foliares, aquí son primordios de los sépalos. Posteriormente, ya se esboza el gineceo y el androceo.

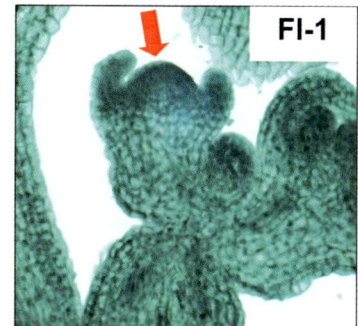

FI-1

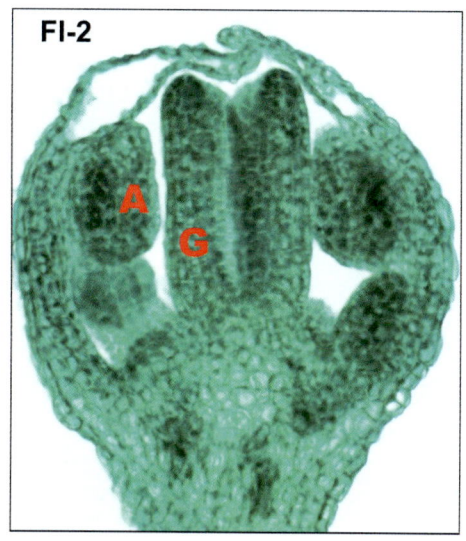

FI-2

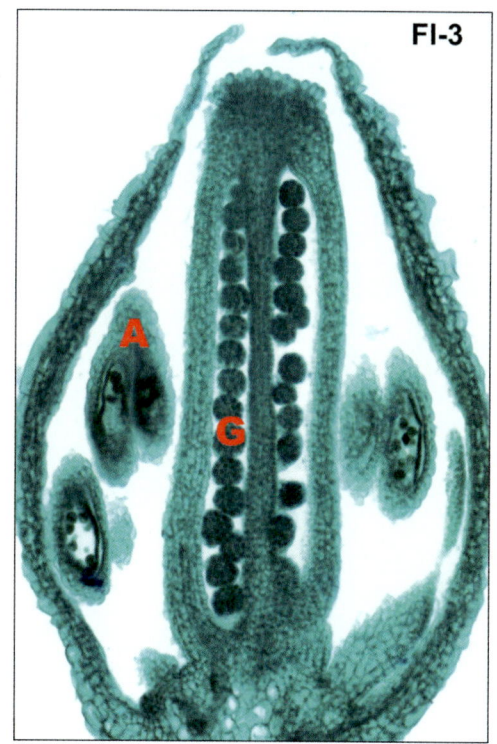

FI-3

Fl-4 Sépalo de *Rosa* sp. 4x.

Fl-5 Pétalo de *Rosa* sp. 10x.

Fl-6 Epidermis de labelo de *Ophrys sphegodes*. 20x.

Abreviaturas: ee epidermis del envés (o abaxial), eh epidermis del haz (o adaxial), H tejido vascular, pa parénquima aerífero, pl parénquima clorofílico lagunar, pr parénquima de reserva, t tricoma, tg tricoma glandular.

Todos los componentes florales son hojas más o menos modificadas. Es claro en el caso de los sépalos en los que frecuentemente hay parénquima clorofílico.

En los pétalos es muy característico que las células epidérmicas del haz presenten papilas.

El labelo —característico de las orquídeas— es un pétalo modificado.

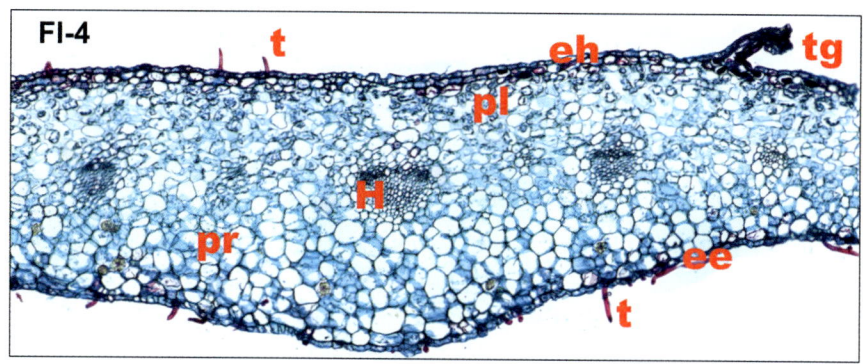

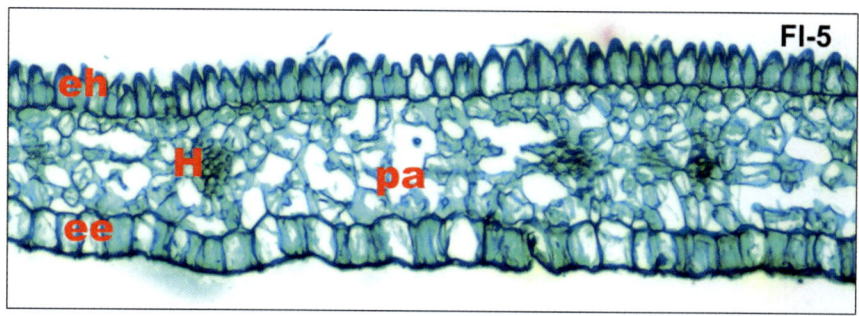

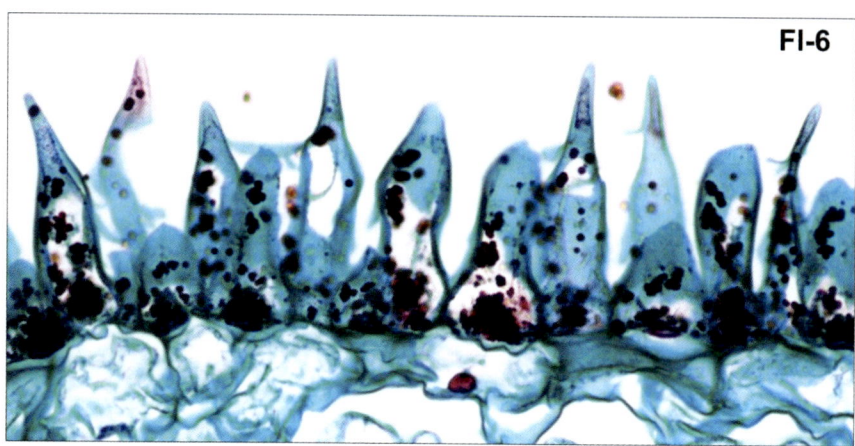

Fl-7 Epidermis adaxial (o del haz) de pétalo de *Rosa* sp. 2000x.

Fl-8 Epidermis abaxial (o del envés) de pétalo de *Rosa* sp. 1200x.

En los pétalos de *Rosa*, tanto las células del haz (las papiliformes) como las del envés, presentan estrías cuticulares por las que se produce la liberación del olor.

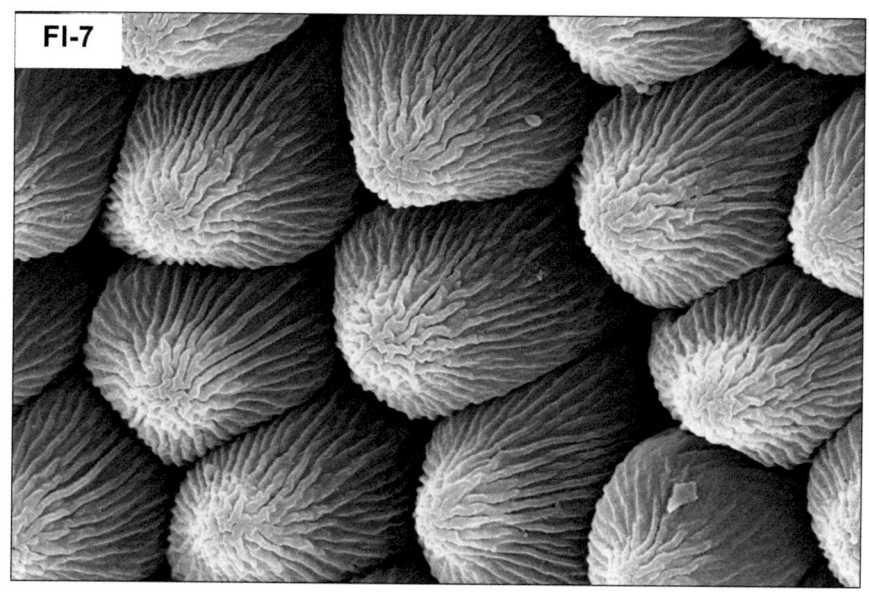

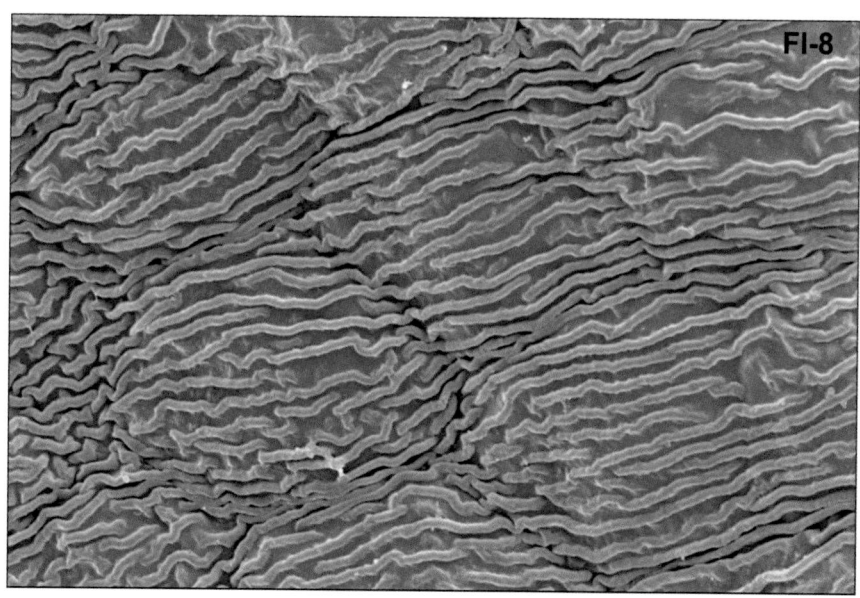

La formación de los granos de polen pasa por la maduración de la antera. Un hito importante en esa maduración es la constitución de las células que rodean los sacos polínicos (el tapete) y la meiosis de las células madre de las microsporas.

El conectivo es una zona de tejido parenquimático que une las tecas (cada una con dos sacos polínicos) y es donde se inserta el filamento.

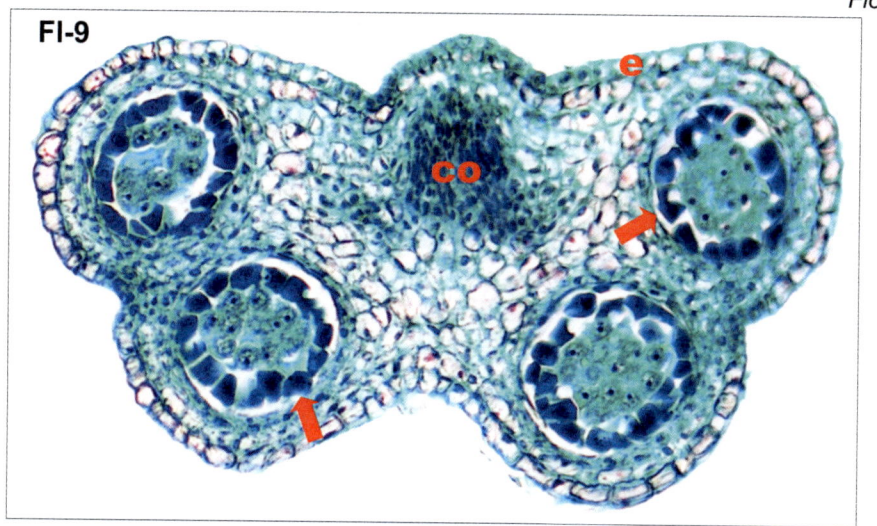

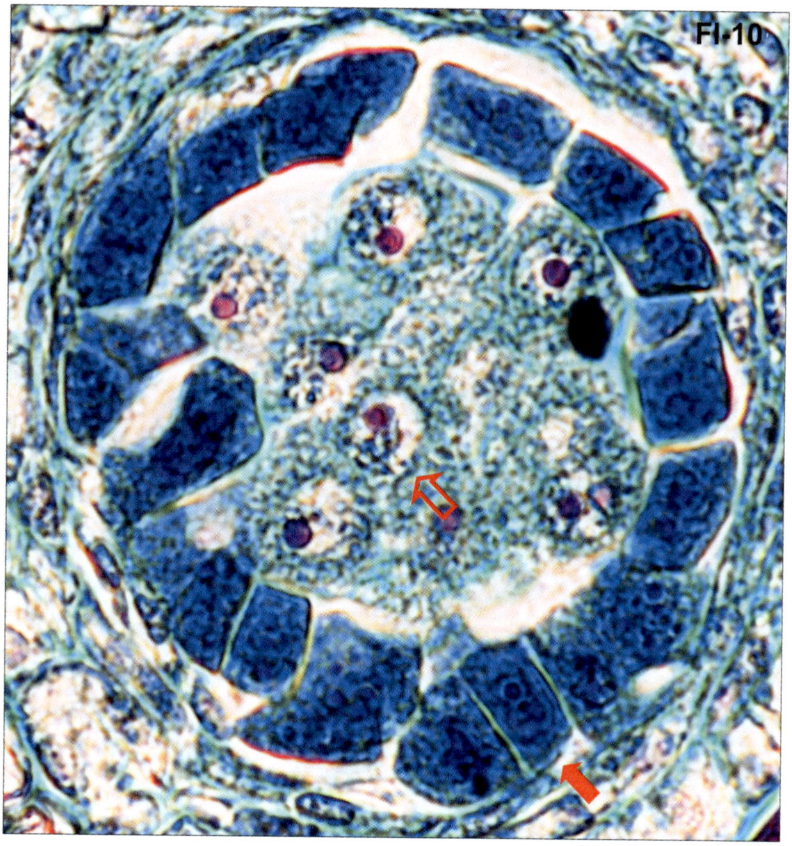

Fl-12 Antera de *Malus domestica* en formación. Detalle de la anterior. Tétradas de esporas (flechas). 60x.

Fl-13 Tétradas de esporas (flechas) observadas con microscopio de fluorescencia. 20x.

Abreviatura: co conectivo, e epidermis, tp tapete.

Las cuatro células originadas por la meiosis de cada una de las células madre de los granos de polen (cuatro futuros granos de polen) permanecen un cierto tiempo juntas, embebidas en calosa, constituyendo las llamadas tétradas de esporas, en este caso, en disposición tetraédrica (en dos planos).

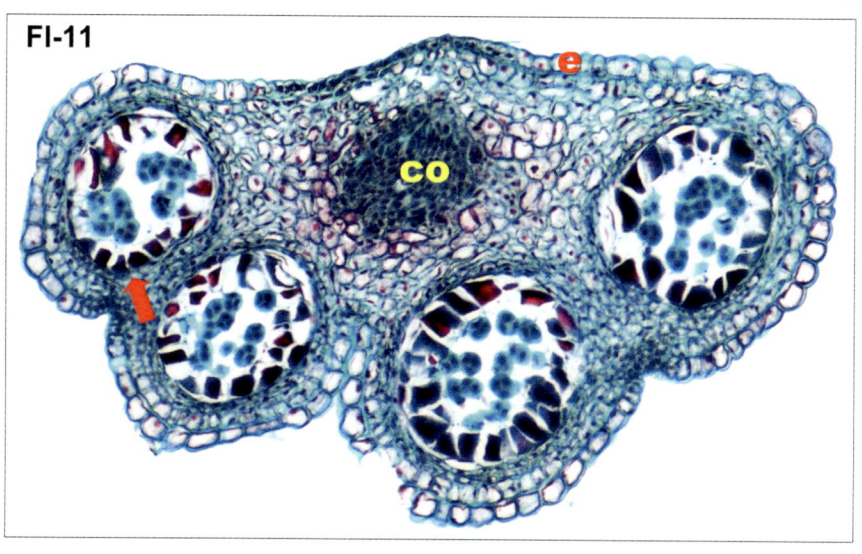

FI-11

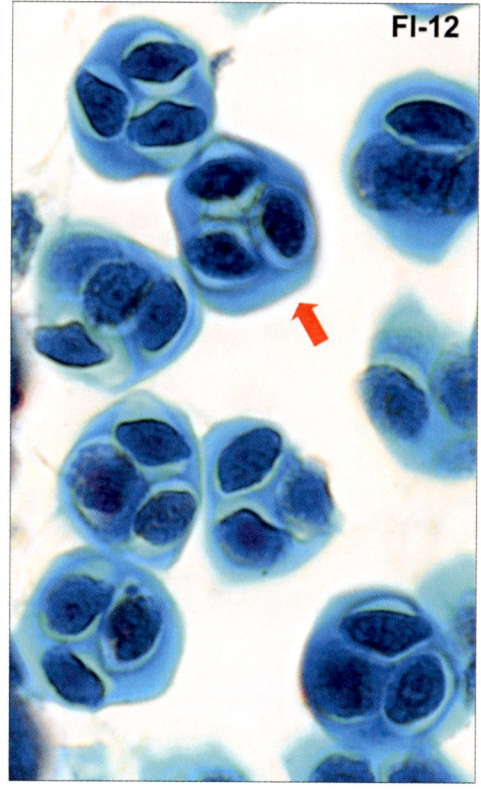

FI-12

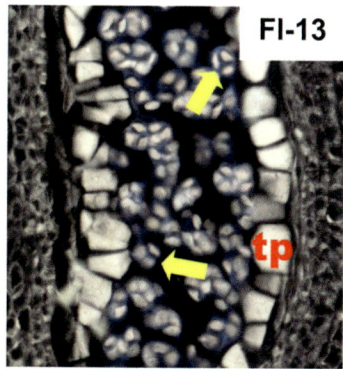

FI-13

Fl-14 Antera de *Malus domestica* en formación. Las flechas señalan el tapete. 20x.

Fl-15 Antera de *Malus domestica* en formación. Las flechas señalan el tabique incompleto que separa los sacos polínicos de la misma teca. Obsérvese la ausencia de tapete. 4x.

Abreviatura: co conectivo, e epidermis, ed endotecio, g granos de polen.

Con el aporte de materiales a las tétradas de esporas, por parte de las células del tapete (que aún se mantiene íntegro), los granos de polen se independizan.

En un grado de maduración posterior, las anteras ya no presentan tapete, se produce la comunicación de los sacos polínicos de cada teca por desaparición del tabique (la antera deja de ser tetrasporangiada para ser bisporangiada). Además, las células por debajo de la epidermis presentan unos característicos engrosamientos de pared secundaria, conformando el endotecio que finalmente será el responsable de la apertura de las anteras y la liberación de los granos de polen.

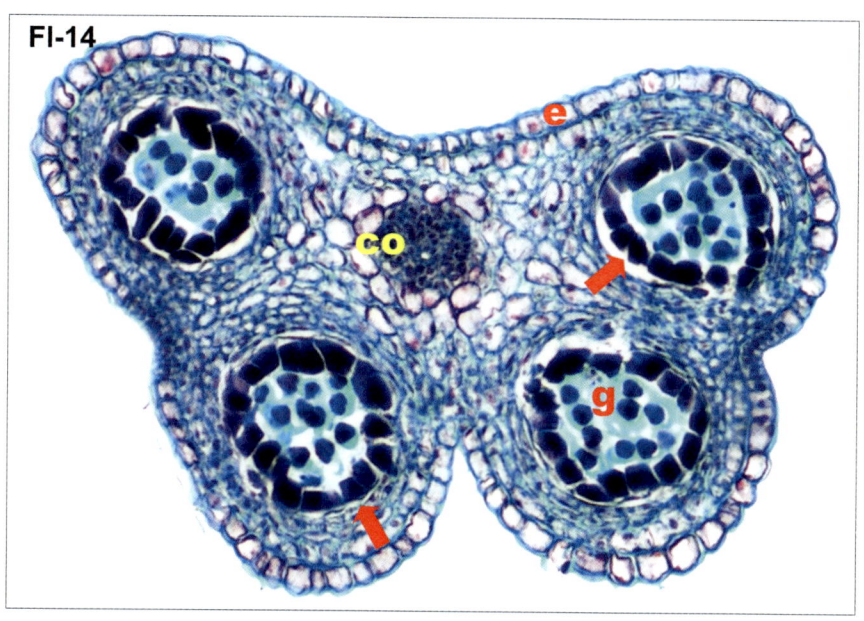

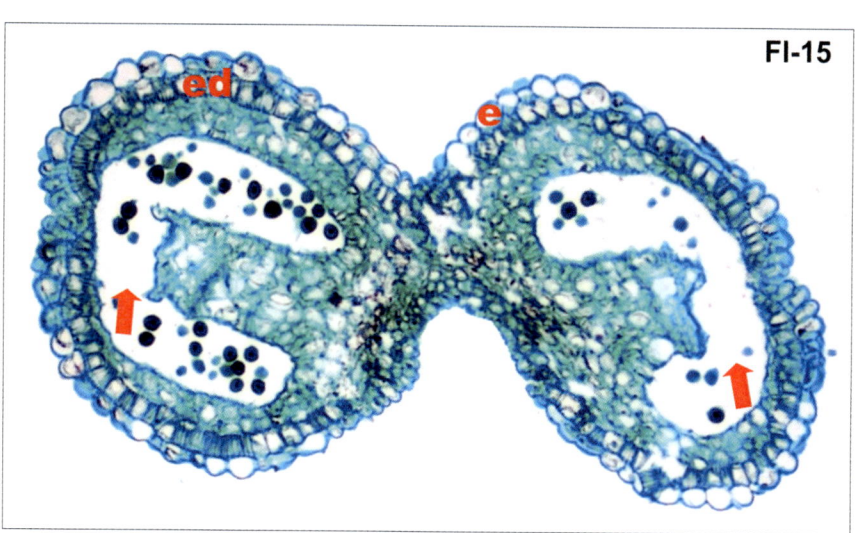

Fl-16 Antera de *Malus domestica* en formación. Detalle de la anterior. La flecha señala el estomio. 10x.

Fl-17 Antera de *Malus domestica* en formación. La imagen anterior con microscopio de polarización. Los engrosamientos de pared secundaria de las células del endotecio son anisótropos. 10x.

Fl-18 Antera madura de *Malus domestica*. La flecha señala un grano de polen saliendo por el estomio. 10x.

Abreviaturas: e epidermis, ed endotecio, g granos de polen.

La presión de los engrosamientos de pared secundaria de las células del endotecio, determina que se abra la antera por el estomio, que es un estoma modificado.

Cuando se abren los estomios, se produce la liberación de los granos de polen.

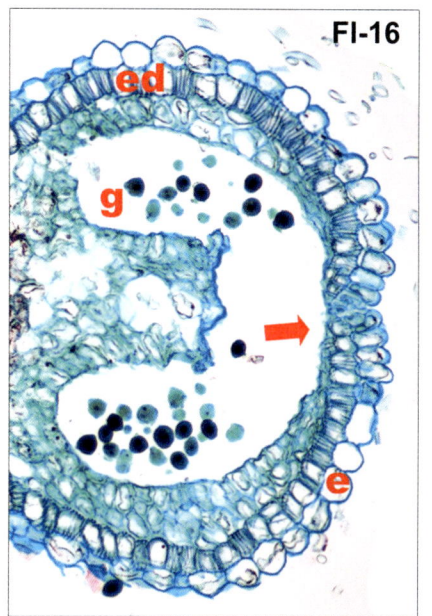

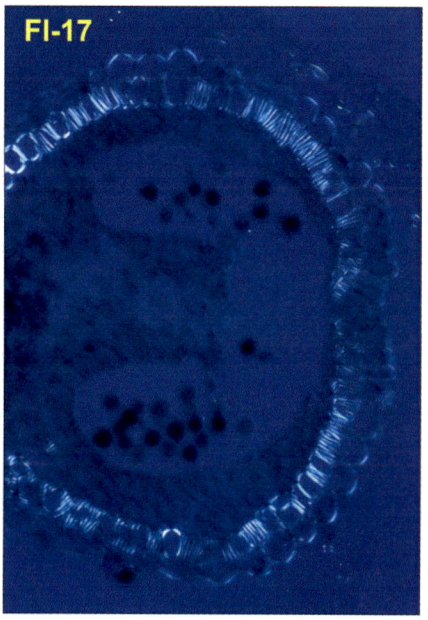

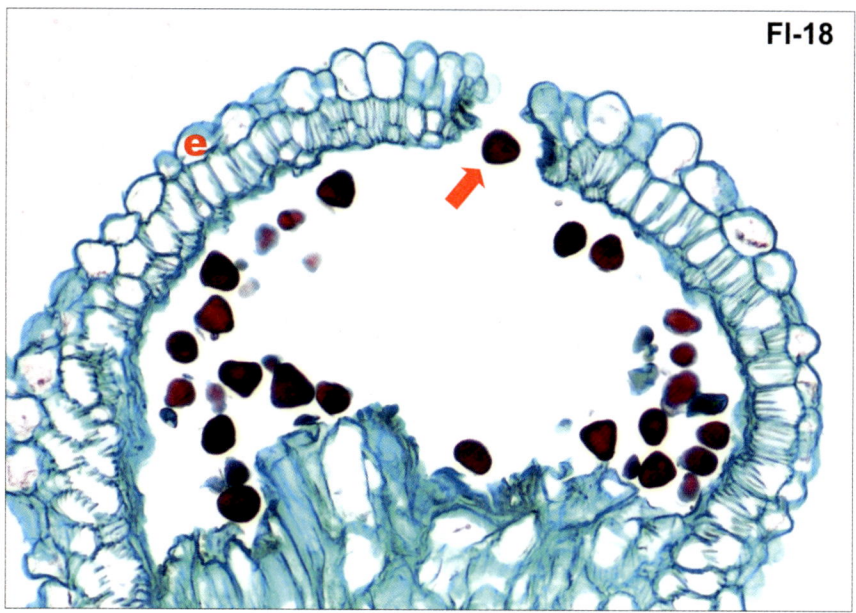

Fl-19 Antera madura de *Salix* sp. 20x.

Fl-20 Estaminodio petaloide de *Rosa* sp. Las flechas señalan células papiliformes en el filamento del estambre. 10x.

Fl-21 Detalle del filamento de un estaminodio petaloide. 20x.

Abreviaturas: co conectico, e epidermis, ee epidermis del envés (o abaxial), eh epidermis del haz (o adaxial).

Las rosas silvestres (*Rosa* sp.) tienen cinco pétalos. Sin embargo, en las rosas cultivadas, diversas estructuras florales pueden adoptar forma petaloide. Es el caso del estaminodio petaloide mostrado: estambre generalmente estéril que conserva la anatomía de los estambres (en la imagen una teca con dos sacos polínicos) y un filamento con células papiliformes que no le son características, y que, sin embargo, caracterizan la epidermis de los pétalos (ver Fl-5).

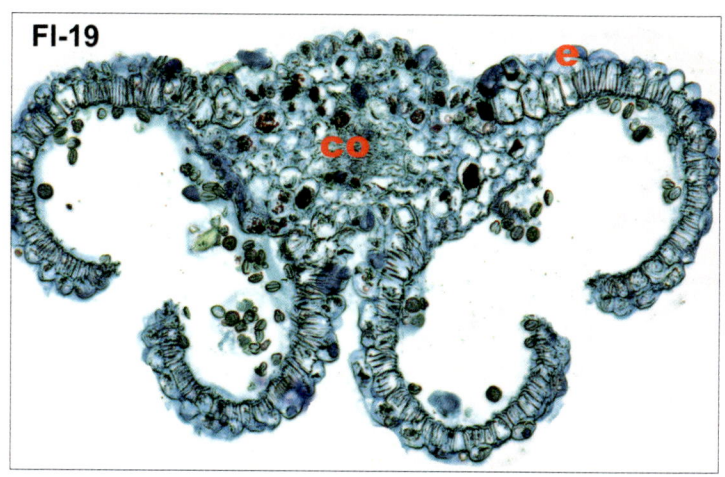

FI-19

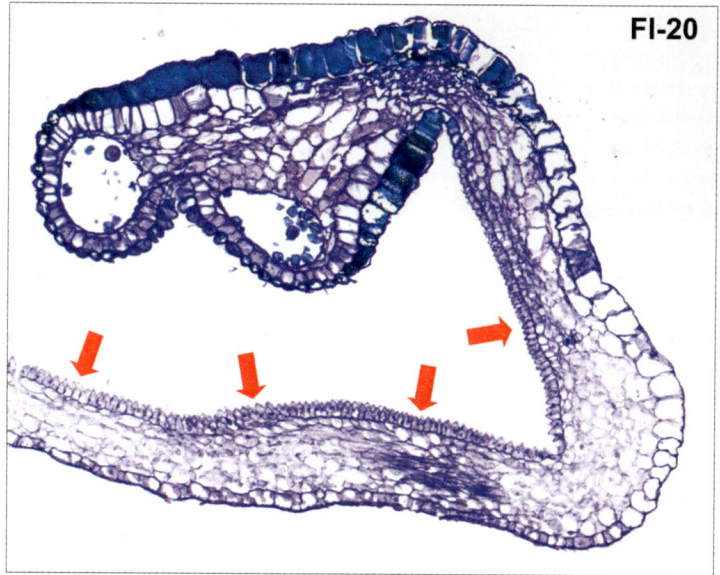

FI-20

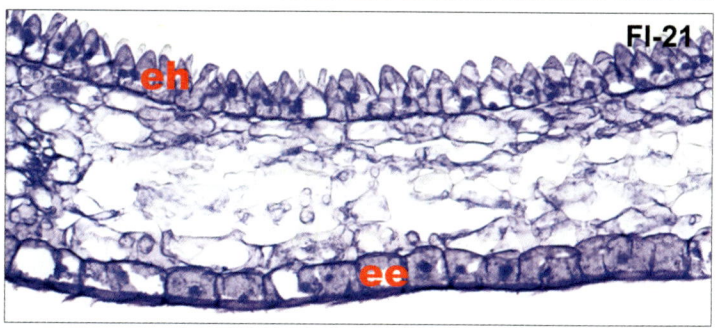

FI-21

Fl-22 Estróbilo masculino de gimnosperma (*Pinus sylvestris*). La flecha señala un estomio. Obsérvense granos de polen con flotadores. 4x.

Fl-23 Estróbilo masculino de gimnosperma (*Pinus sylvestris*). La imagen anterior en microscopio de polarización. 4x.

El microscopio de polarización muestra los engrosamientos característicos del endotecio, concretamente la pared secundaria anisótropa.

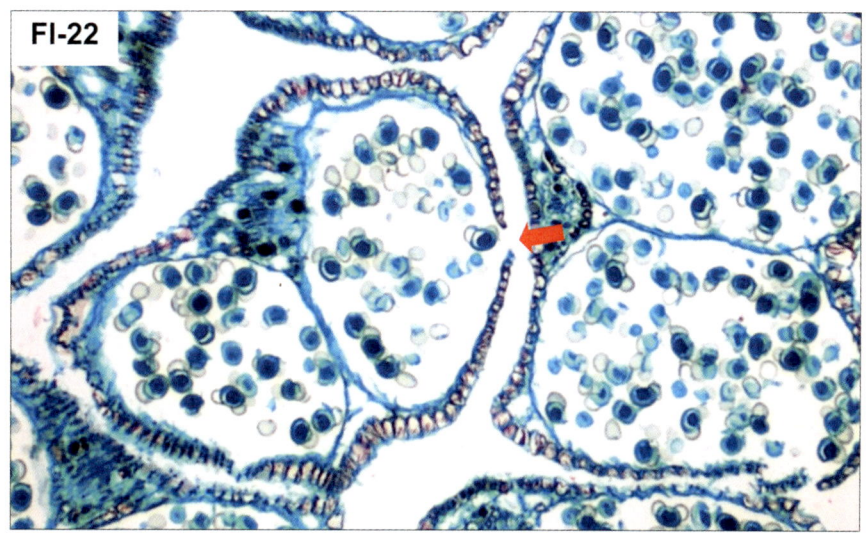

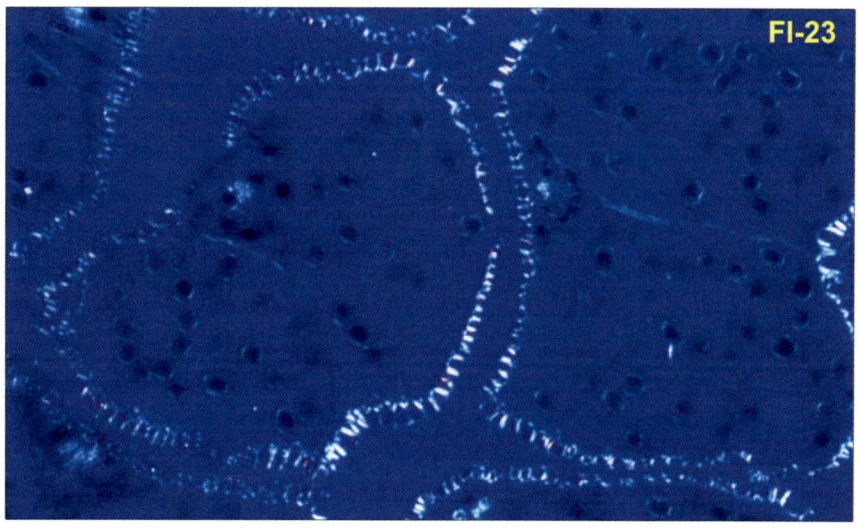

Fl-24 Polen de *Salix alba*. La flecha indica la célula generativa y la flecha hueca la célula del tubo polínico. 60x.

Fl-25 Polen de *Bellis perennis*. La flecha indica un grano tricolpado. 60x.

Fl-26 Polen de *Calla palustris*. 60x.

Fl-27 Polen de *Pinus sylvestris*. La flecha hueca indica la célula del tubo polínico. 60x.

Abreviatura: ft flotador.

Los granos de polen difieren entre grupos de plantas. En general las dicotiledóneas presentan granos tricolpados, las monocotiledóneas monocolpados y las gimnospermas con flotadores.

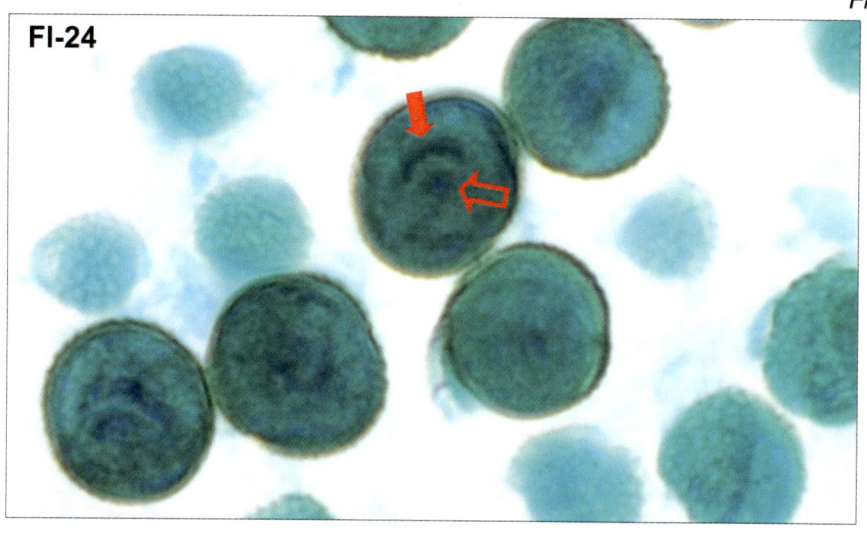

FI-24

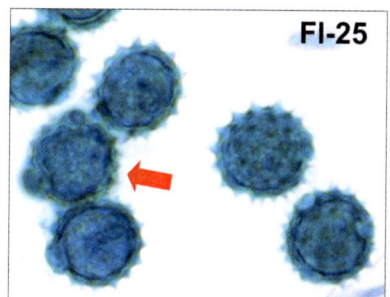

FI-25

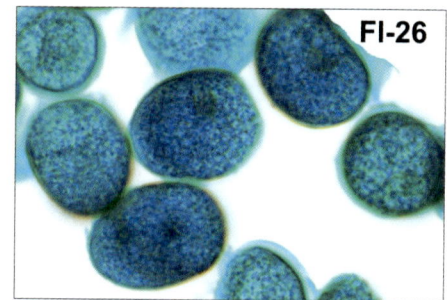

FI-26

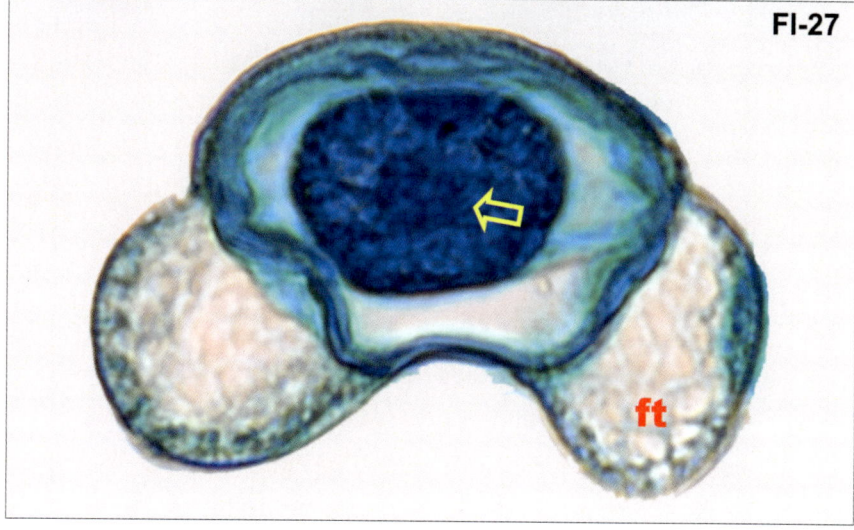

FI-27

ft

Fl-28 Filamento del estambre de *Malus domestica*. La flecha señala el xilema del haz vascular. 20x.

Fl-29 Estilo de *Malus domestica*. La flecha señala el xilema del haz vascular. Los triángulos indican el tejido de transmisión. 20x.

Abreviatura: e epidermis, t tricoma.

Los filamentos de los estambres suelen ser uninervados y anficribales. Obsérvese la ausencia de papilas en las células epidérmicas (ver Fl-20 y Fl-21).

Los estilos se caracterizan por presentar en el centro el tejido de transmisión a través del cual penetrarán los tubos polínicos. El tejido vascular aparece excéntrico.

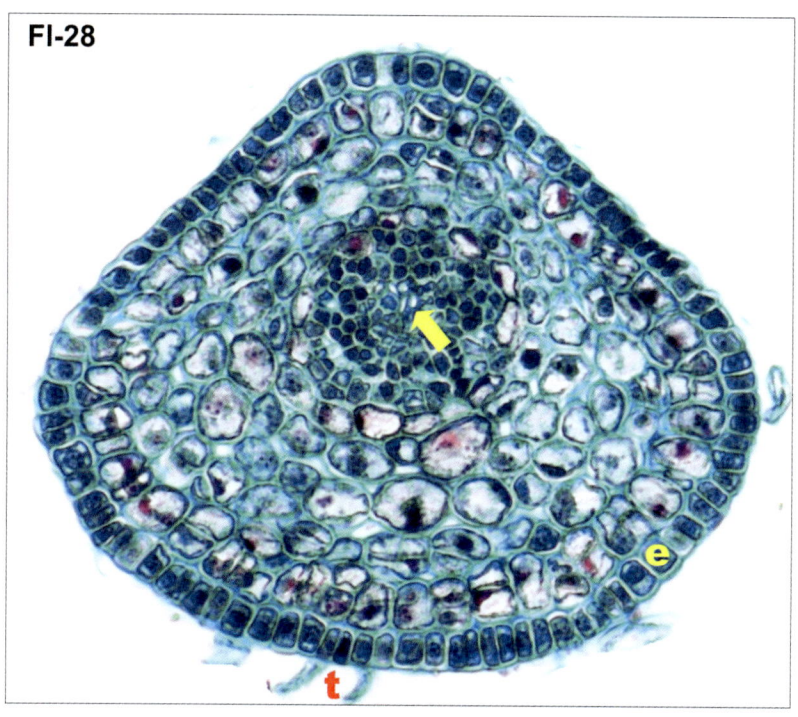

Fl-28

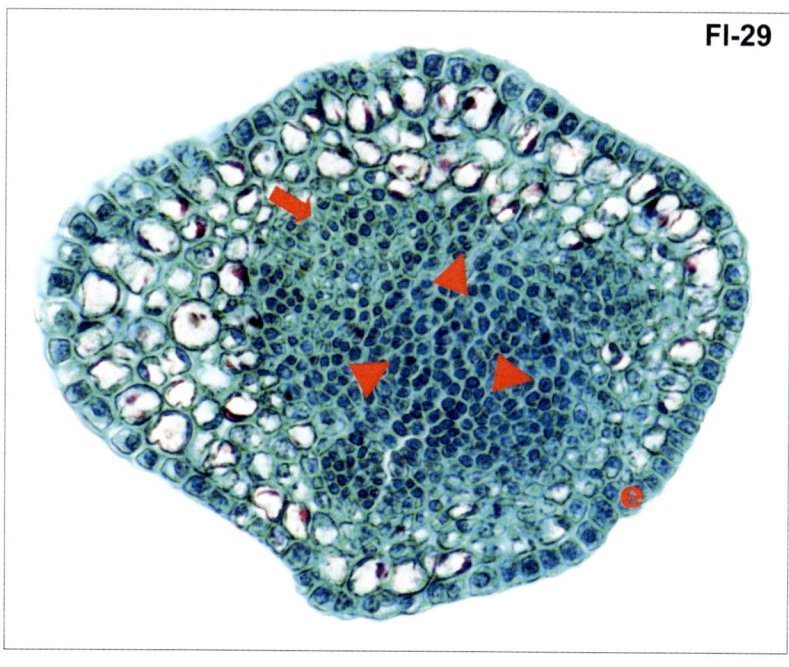

Fl-29

Fl-30 Estigma de *Malus domestica*. 20x.

Fl-31 Grano de polen de *Passiflora incarnata* desarrollando el tubo polínico (flecha). 60x.

Fl-32 Grano de polen de *Malus domestica* con el tubo polínico desarrollado (flechas). 100x.

Fl-33 Granos de polen de *Malus domestica* (flechas) con los tubos polínicos desarrollados. 10x.

Fl-34 Estigma de *Arabidopsis thaliana* después de la polinización. Las flechas señalan granos de polen. 20x.

El tejido del estigma es glandular (se asemeja mucho a un nectario en estructura y función). Las células epidérmicas, que suelen mostrarse alargadas o con papilas, segregan, junto a varios estratos subepidérmicos, un material que asegura la germinación del polen, protege contra insectos e infecciones, e interviene en los procesos de compatibilidad del polen.

Cuando el estigma ha recibido granos de polen y se produce la polinización, sus células pierden turgencia y empiezan a degradarse.

FI-30

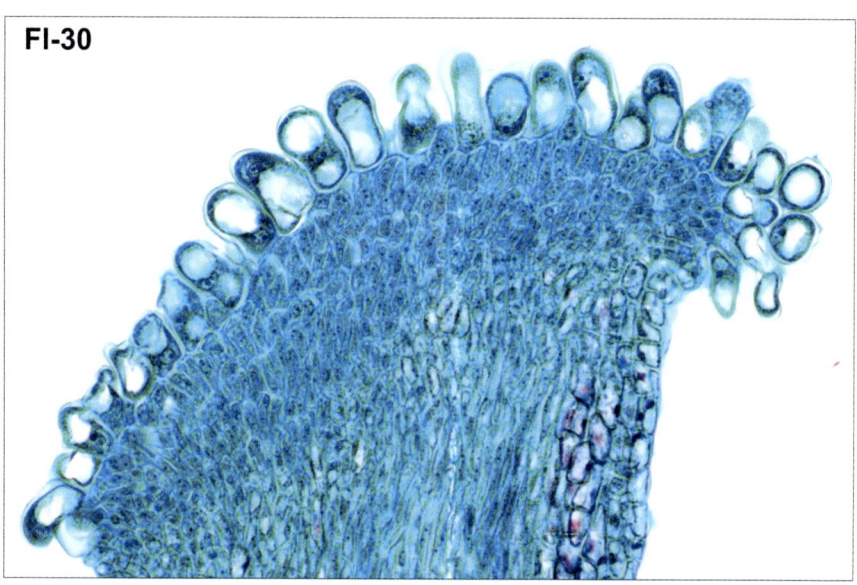

FI-31

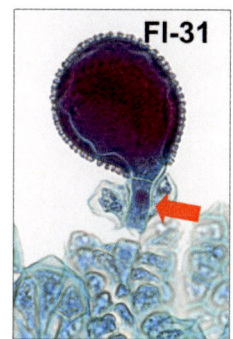

FI-32

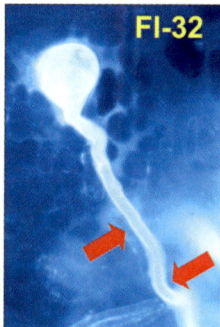

FI-33

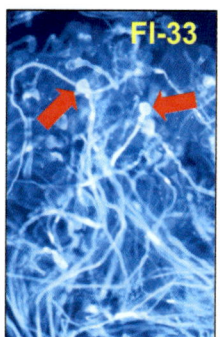

FI-34

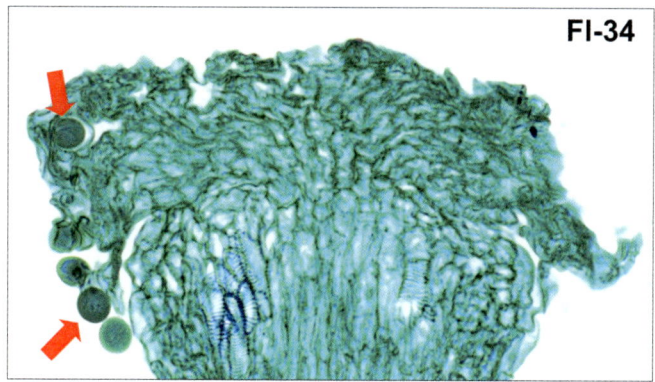

Fl-35 Óvulos de *Malus domestica* en formación (flechas). 20x.

Fl-36 Óvulo de *Malus domestica* en formación. La flecha señala la célula arquespórica. La flecha hueca el tegumento interno. 20x.

Fl-37 Óvulo de *Malus domestica* en formación. 20x. La flecha señala el megasporocito en meiosis. Las flechas huecas los dos tegumentos.

Fl-38 Óvulo de *Malus domestica* en formación. La flecha señala el micropilo. 20x.

En el proceso de maduración de los óvulos primero se forma, normalmente, el tegumento interno, después el externo, creciendo ambos hasta dejar un pequeño orificio de entrada para el tubo polínico (el micropilo).

El megasporocito que se divide por meiosis, dará lugar al saco embrionario.

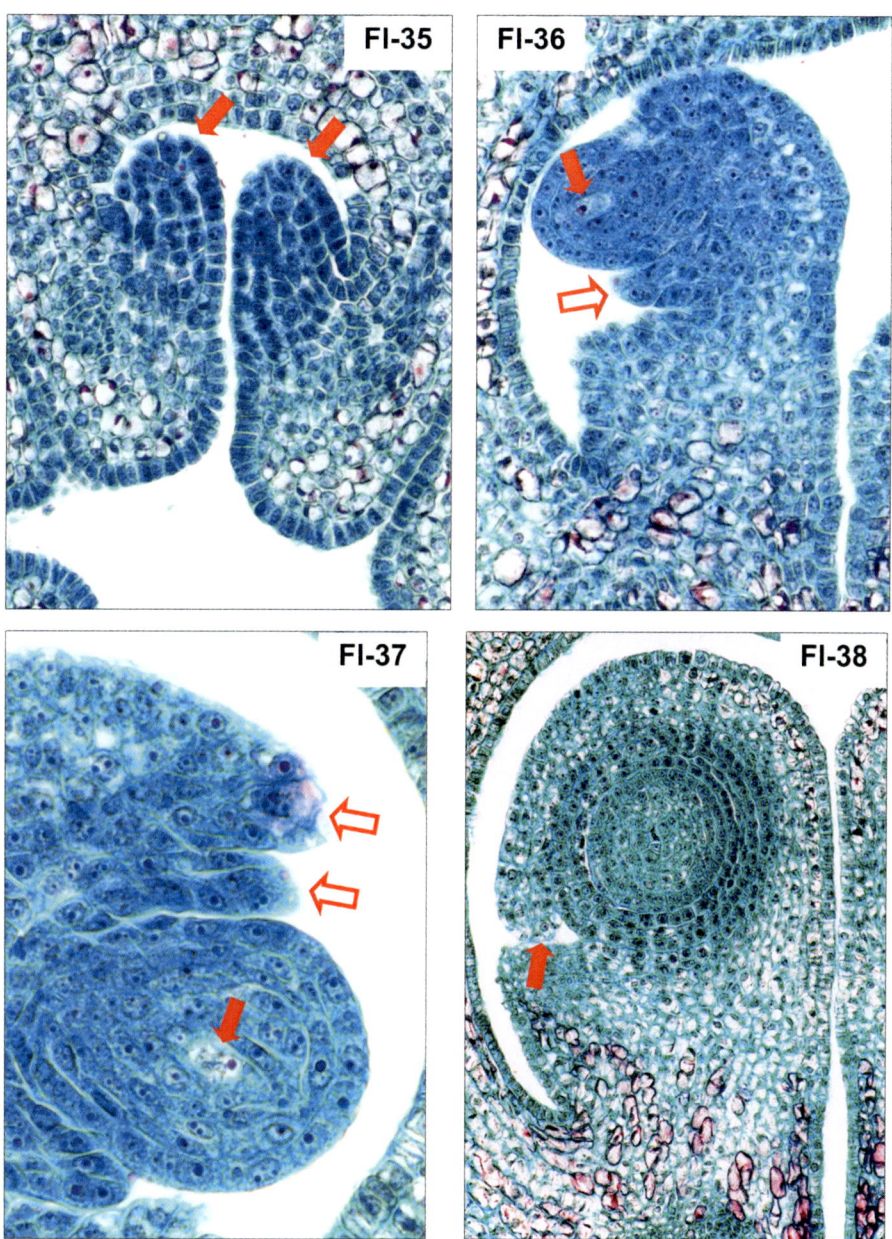

Fl-39 Saco embrionario (flechas) de *Malus domestica*. 20x.

Fl-40 Saco embrionario (flechas) de *Malus domestica* después de la fecundación. 10x.

Fl-41 Semilla de *Malus domestica* en formación. Las flechas indican la cubierta seminal en formación. 4x.

Abreviatura: N tejido nutritivo.

El saco embrionario está constituido por un conjunto de células (normalmente siete) y núcleos (normalmente ocho) que se disponen de una forma más o menos ordenada; orden que desaparece cuando se produce la fecundación. En un estadio de desarrollo posterior los tegumentos comienzan a modificarse para constituir la cubierta seminal.

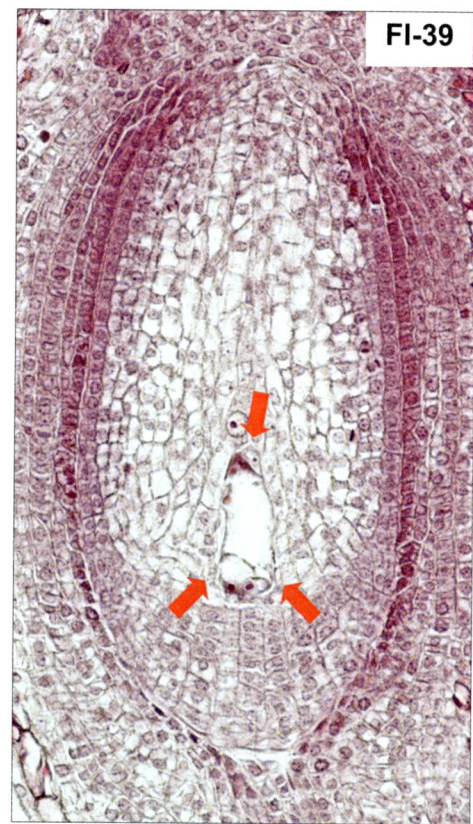

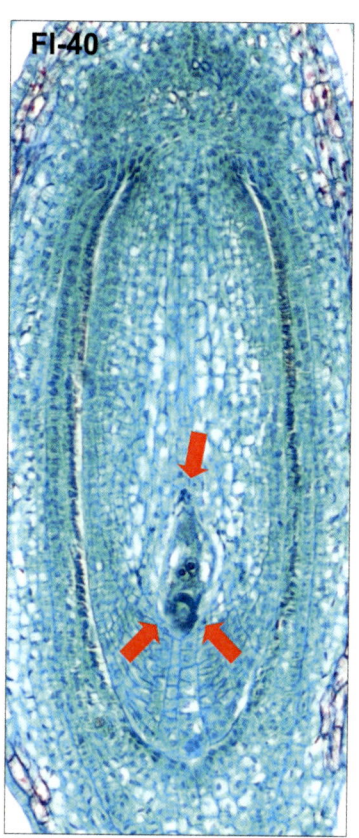

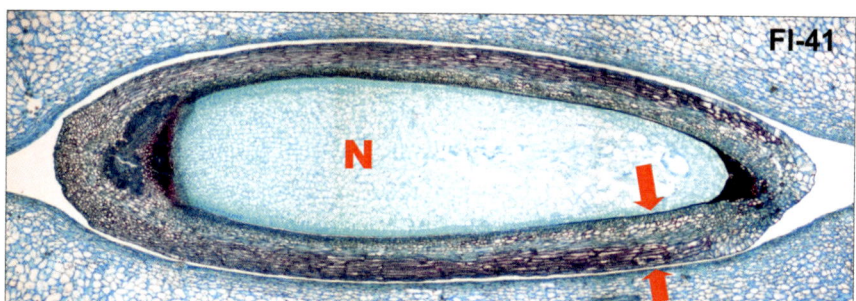

Fl-42 Estróbilo femenino de gimnosperma (*Pinus sylvestris*). Las flechas indican conductos resiníferos. 4x.

Abreviatura: esc escamas, H haz vascular del eje del cono, o óvulos con nucela multicelular.

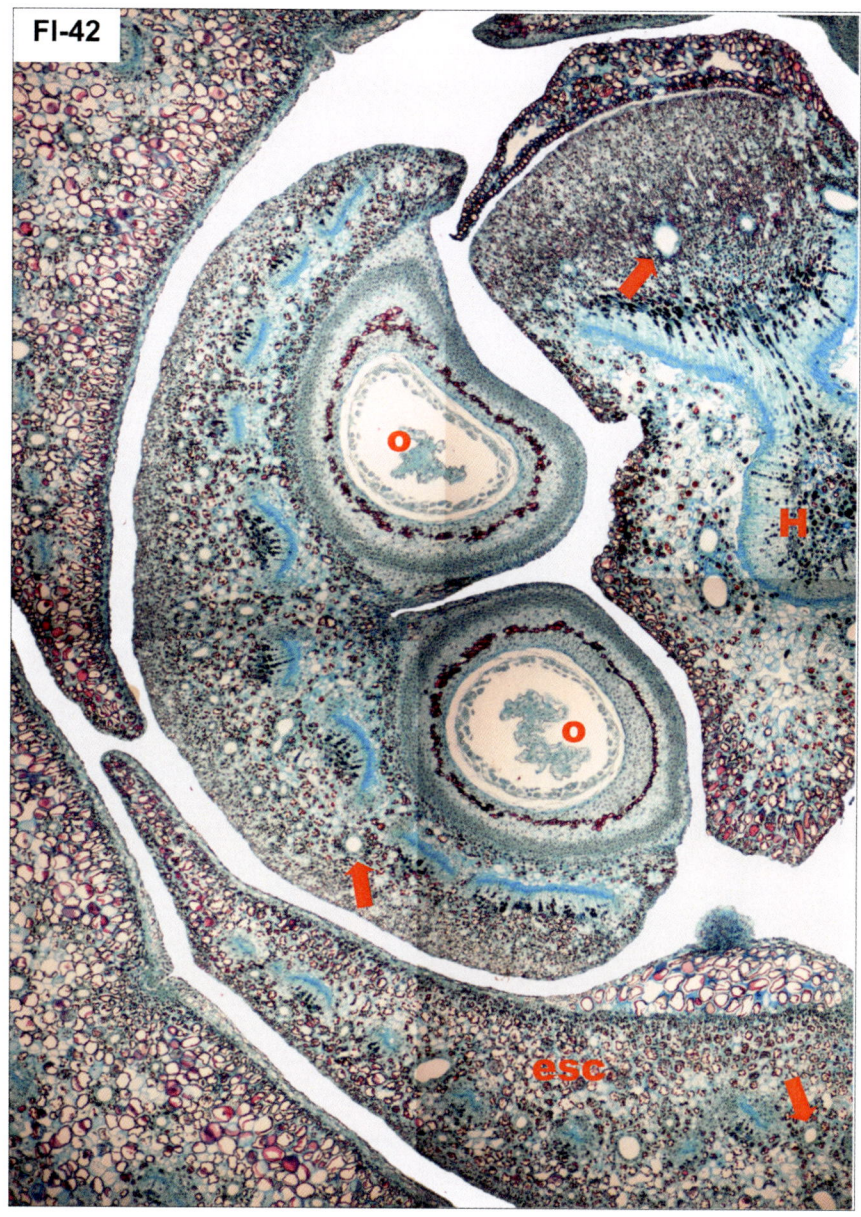

Fruto

El fruto es el ovario fecundado y maduro. En él están contenidas las semillas. La morfología de su pared es fundamental para garantizar la dispersión de la semilla.

Fr-1 Fruto de *Arabidopsis thaliana.* 20x.

Fr-2 Fruto de *Musa* sp. 4x.

Fr-3 Fruto de *Sisymbrium irio.* 4x.

Abreviaturas: P pared del fruto, S semilla.

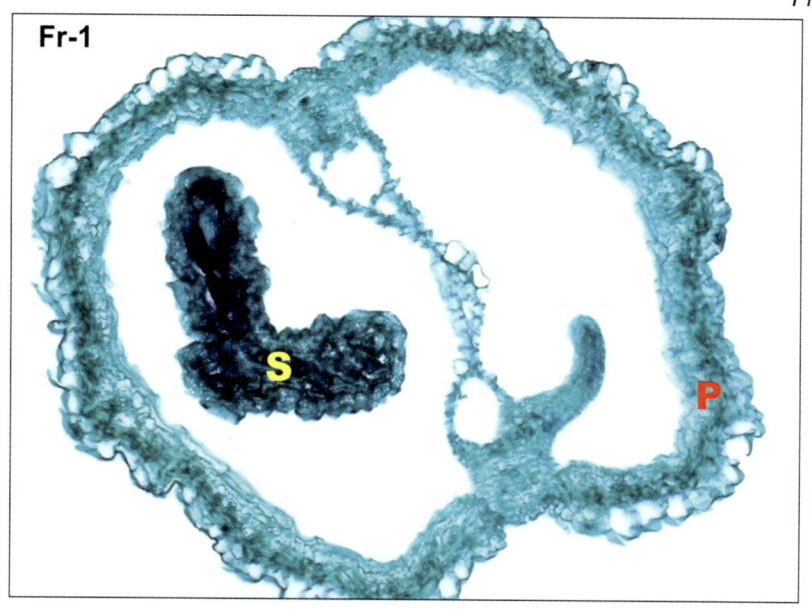

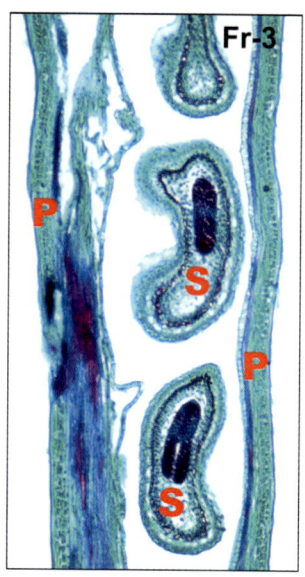

Fr-4 Pared del fruto de *Helleborus foetidus*. 10x.

Fr-5 Pericarpo de *Musa* sp. 10x.

Fr-6 Pericarpo de *Vitis vinifera*. 60x.

Fr-7 Pericarpo de *Cydonia oblonga*. 10x

Abreviaturas: En endocarpo, es esclereidas, Ex exocarpo, fi fibras de esclerénquima, l laticífero, Me mesocarpo, pa parénquima aerífero, pr parénquima de reserva, x xilema.

La pared del fruto consta de fuera a dentro del exocarpo (sistema dérmico) y mesocarpo (parénquima de reserva) constituyendo, ambos, el pericarpo, y más interiormente el endocarpo (sistema dérmico).

La composición tisular del pericarpo es heterogénea.

A veces cuando se come dulce de membrillo (*Cydonia oblonga*) se notan unas bolitas duras, que en algunas recetas se eliminan. Dichas bolitas son las agrupaciones de esclereidas señaladas.

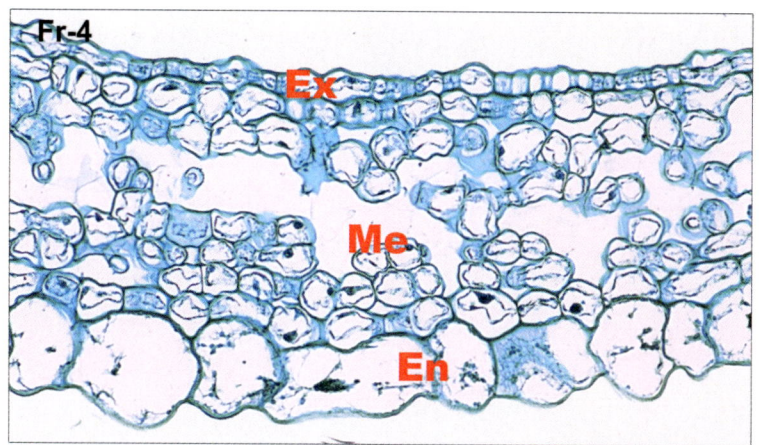

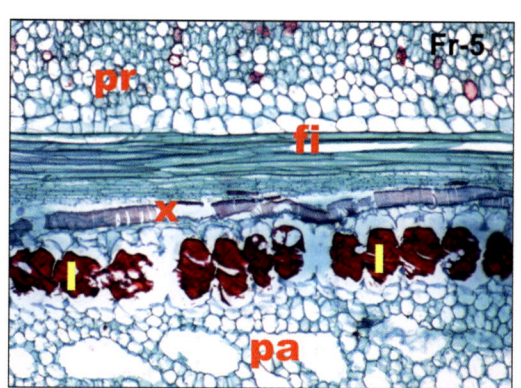

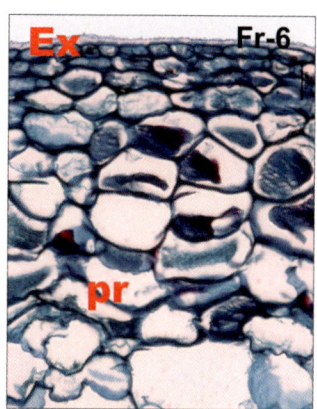

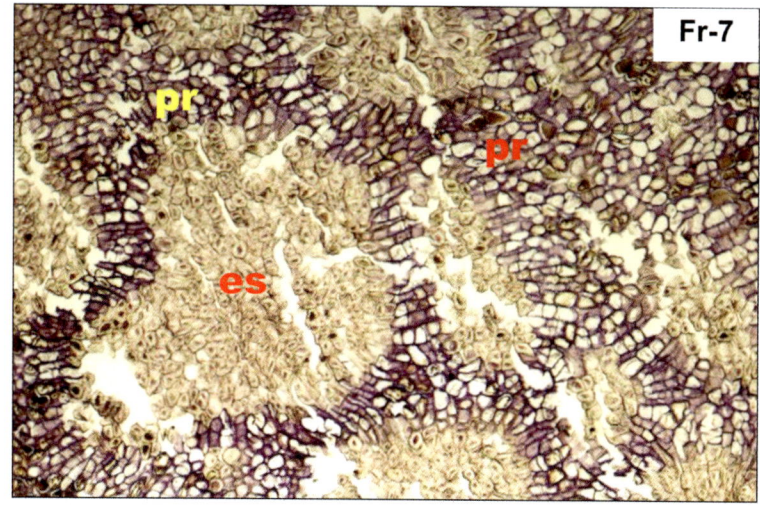

Semilla

La semilla procede de la transformación del óvulo tras la fecundación. Es la fase de la vida de la planta mejor adaptada para resistir las condiciones ambientales adversas. La semilla consta de embrión, cubierta seminal o testa (que se forma a partir del tegumento o tegumentos del óvulo) y reserva de nutrientes.

Se-1 Semilla de *Linun usitatissimun.* 4x.

Se-2 Semilla de *Arbutus unedo.* 4x.

Se-3 Semilla de *Sisymbrium irio.* 10x.

Abreviaturas: E embrión, N tejido nutritivo, T testa.

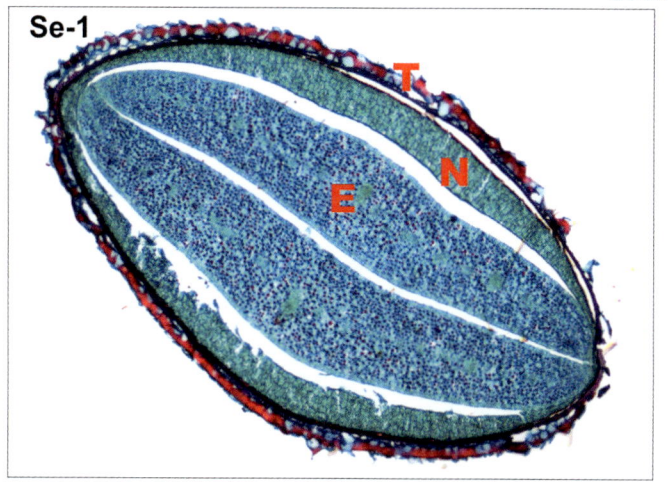

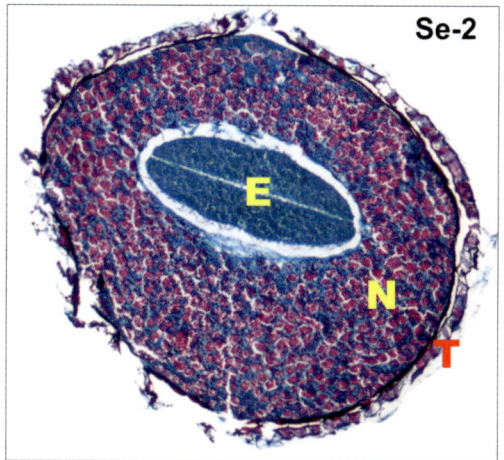

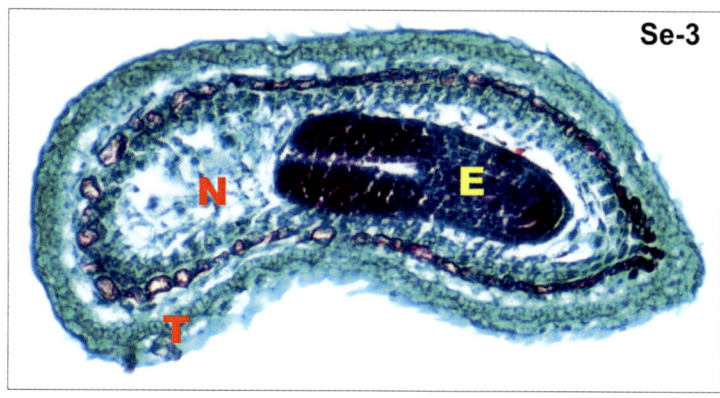

Se-4 Testa de *Vitis vinífera* (línea). 4x.

Se-5 Testa de *Malus domestica* (línea). 40x.

Se-6 Testa de *Linun usitatissimun* (flechas). 40x.

Se-7 Testa de *Linun usitatissimun* (flechas). La imagen anterior en microscopio de polarización. Las estructuras anisótropas son macroesclereidas. 40x.

Se-8 Testa de *Zea mays* (línea). 10x.

Se-9 Testa de *Cucurbita maxima* (línea). 10x.

Abreviatura: N tejido nutritivo.

En la semilla la cubierta seminal o testa juega un papel fundamental, siendo histológicamente muy variada.

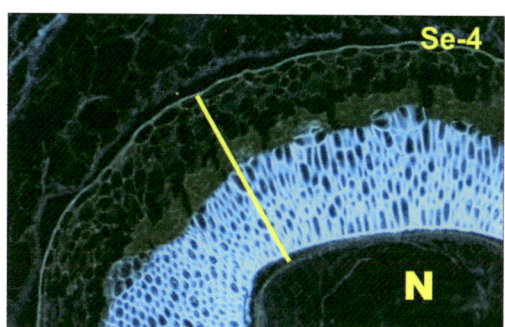

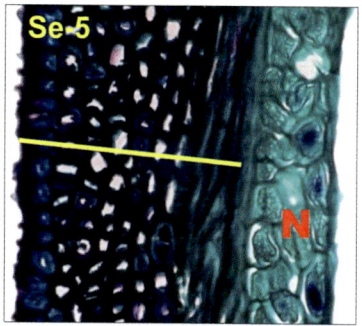

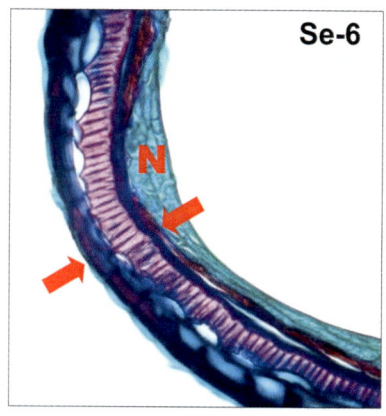

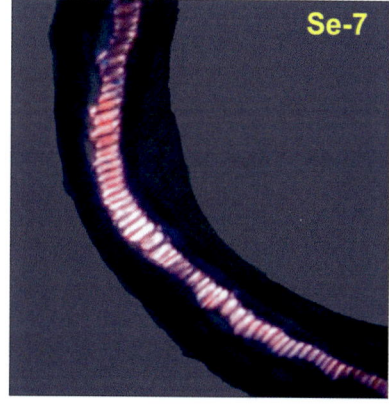

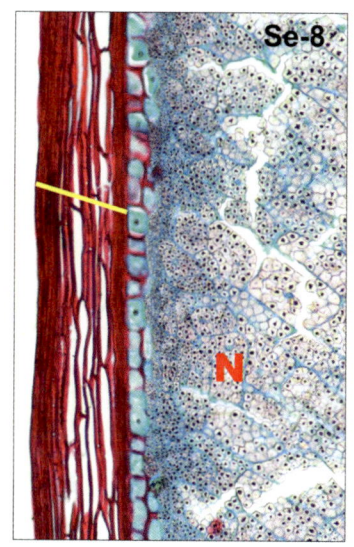

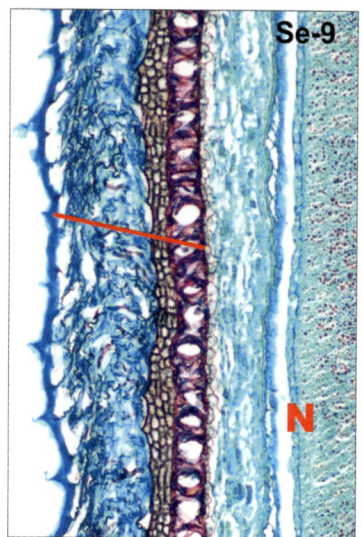

Se-10 Tejido nutritivo en semilla de *Acer* sp. 40x.

Se-11 Tejido nutritivo en semilla de *Acer* sp. La imagen anterior en microscopio de polarización. Los puntos brillantes son amiloplastos. 40x.

Se-12 Tejido nutritivo en semilla de *Linun usitatissimun*. 100x.

Se-13 Tejido nutritivo en semilla de *Vitis vinifera*. 100x.

En el interior de la semilla, se almacenan productos de reserva en lugares concretos: en el endospermo (en general en las monocotiledóneas) o en los cotiledones (en general, en las dicotiledóneas),

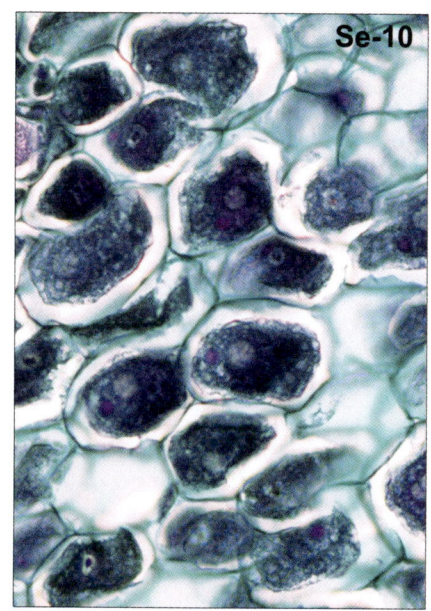

Se-10

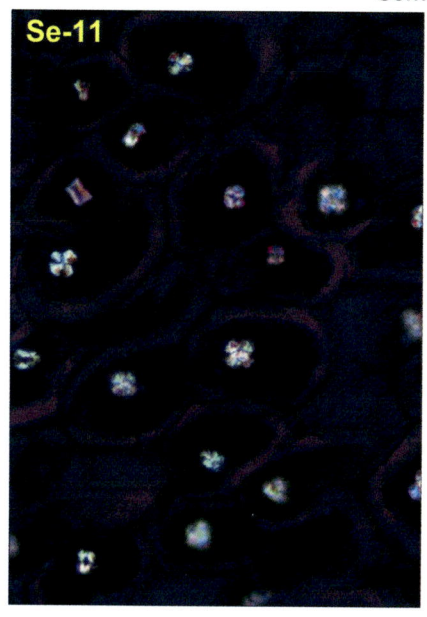

Se-11

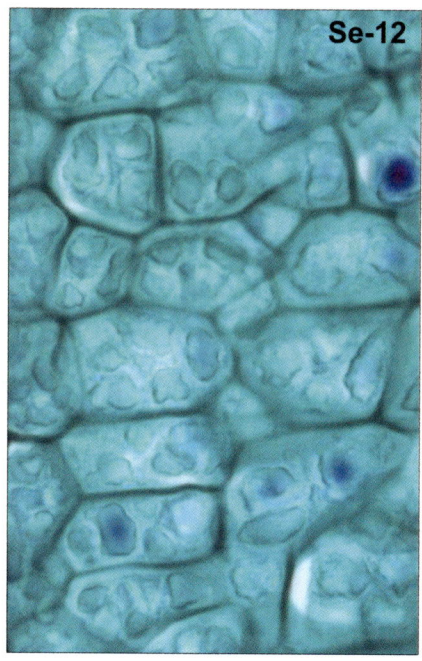

Se-12

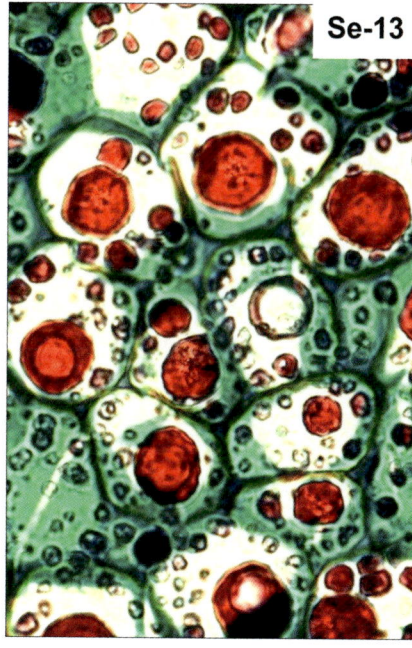

Se-13

Se-14 Embrión madurando (flechas) en semilla de *Capsella bursa-pastoris*. 10x.

Se-15 Cotiledones. Detalle de la anterior. Embrión de *Capsella bursa-pastoris*. 60x.

Se-16 Ápice de la raíz (flecha) y célula basal (flecha hueca). Detalle de la primera. Embrión de *Capsella bursa-pastoris*. 60x.

Se-17 Ápice del tallo (flecha). Detalle de la primera. Embrión de *Capsella bursa- pastoris*. 20x.

Abreviaturas: N tejido nutritivo, T testa.

En el interior de la semilla el embrión se está formando, identificándose sus partes: el hipocótilo o tallo embrionario, la radícula o raíz embrionaria y los cotiledones. La presencia de célula basal, que interviene en la nutrición del embrión, denota que la semilla se encuentra en fase de maduración, porque dicha célula terminará desapareciendo.

La semilla pronto alcanzará la madurez morfológica: se desecará cediendo agua y la testa se endurecerá protegiendo así al embrión y a la reserva alimenticia.

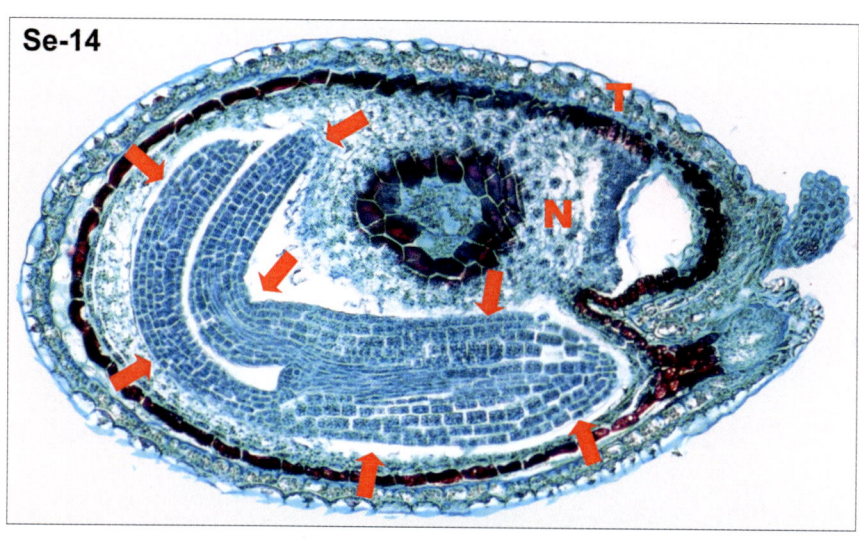

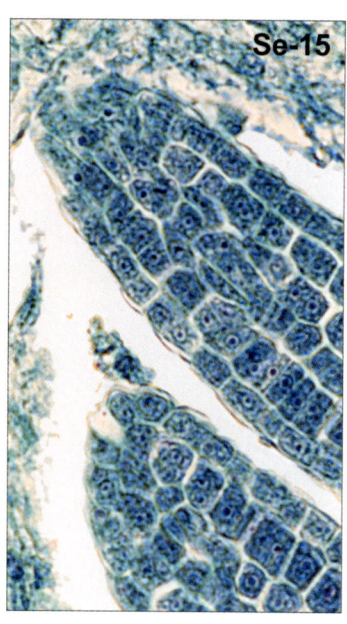

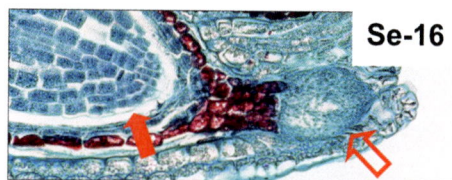

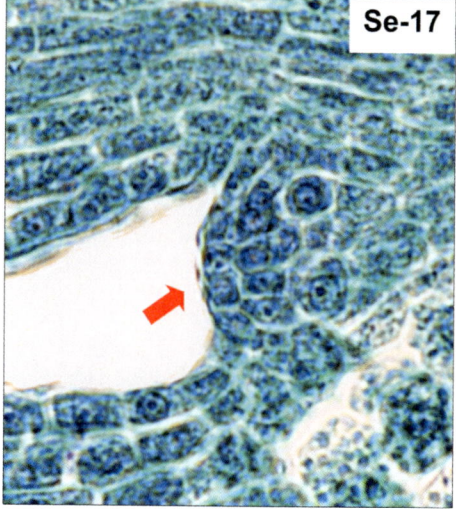

APÉNDICES

Lista alfabética de especies y su correspondencia con las imágenes

Recuérdese que la imagen de cada tejido y órgano se antepone de dos letras seguidas de un guion: **Co-** *Colénquima,* **Ep-** *Epidermis,* **Es-** *Esclerénquima,* **Fl-** *Flor,* **Fm-** *Floema,* **Fr-** *Fruto,* **Ho-** *Hoja,* **Hv-** *Haces vasculares,* **Me-** *Meristemo,* **Pa-** *Parénquima,* **Pe-** *Peridermis,* **Ra-** *Raíz,* **Se-** *Semilla,* **Ta-** *Tallo,* **Ts-** *Tejidos secretores,* **Xi-** *Xilema.*

Acer sp. **Pa-19 Se-10 Se-11**
Aesculus hippocastanum **Pa-4 Pa-9 Pe-10**
Allium cepa / **Me-4 Me-5 Me-6 Ra-5**
Allium sativum **Ra-20 Ta-24**
Allium sp. **Ep-23 Fm-1 Hv-2 Ta-7 Ta-8 Xi-22**
Arabidopsis thaliana **Fl-1 Fl-2 Fl-3 Fl-34 Fr-1 Ta-3**
Arbutus unedo **Se-2**
Artemisia sp. **Es-15 Hv-3 Xi-8 Xi-9 Xi-10**

Bellis perennis **Fl-25**
Beta vulgaris **Hv-12 Ra-28**
Bryonia cretica **Es-12 Ta-21 Ta-22**
Bryonia dioica **Ep-24 Fm-4 Hv-4 Pa-24**

Cactus sp. **Fm-2 Ta-16**

Calla palustris Ep-13 Fl-26

Capsella bursa-pastoris Se-14 Se-15 Se-16 Se-17

Castanea sativa Pa-21 Ho-40 Ho-41 Ho-5 Ho-42 Me-7 Pa-20 Ra-6 Ra-17

Chelidonium majus Ts-20 Ts-21 Ts-22 Xi-25

Cistus ladanifer Ep-51 Es-28 Ho-20

Citrus sinensis Ts-15

Coleus blumei Me-1 Me-2

Cucumis melo Me-13 Xi-2

Cucurbita máxima Se-9

Cupressus sempervirens Es-4 Pa-38

Cuscuta epithymum Ra-40 Ra-41

Cydonia oblonga Fr-7

Cyperus papyrus Hv-9 Hv-10 Pa-1 Pa-6 Pa-14 Pa-15 Pa-26 Ta-9 Ta-11 Ta-12

Cytinus hypocistis Ho-26

Cytisus cantabricus Es-11 Xi-12

Cytisus scoparius Es-10 Ra-37 Ra-38 Ra-39

Dactylis glomerata Ep-34

Dianthus caryophyllus Ep-33 Ta-5

Dianthus monspessulanus Hv-8 Pa-29

Dionaea muscipula Ep-52 Ho-24

Equisetum telmateia Ep-55 Ts-25 Xi-24

Erica australis Ep-41 Ho-21

Erodium cicutarium Ep-49

Eryngium bourgatii Co-10 Co-11 Ho-34 Ho-35 Me-10 Ta-1 Ta-4

Eucaliptus globulus Ho-8 Hv-11 Ts-16 Ts-17 Ts-18

Euphorbia peplus Ho-31 Ta-23

Euphorbia sp. Ho-10

Ficus elastica Ep-9 Ep-10 Ep-17 Ep-18

Fragaria vesca Ep-45 Pa-8 Pa-12

Ginkgo biloba Ep-39

Helianthus annuus Ep-56 Ra-3
Helleborus foetidus Fr-4

Iris pseudacorus Ra-11 Ra-12 Ra-14 Ra-18 Ra-19 Ra-29

Kalanchoe sp. Pa-22 Pa-23

Lantana camara Es-7 Es-32
Lilium sp. Ep-32
Linum usitatissimum Hv-14 Se-1 Se-6 Se-7 Se-12 Xi-27 Xi-28 Xi-29
Lycopersicum esculentum Ta-25

Magnolia grandiflora Es-6
Malus domestica Fl-9 Fl-10 Fl-11 Fl-12 Fl-13 Fl-14 Fl-15 Fl-16 Fl-17 Fl-18 Fl-28 Fl-29 Fl- 30 Fl-32 Fl-33 Fl-35 Fl-36 Fl-37 Fl-38 Fl-39 Fl-40 Fl-41 Ho-29 Ho-30 Pe-5 Pe-6 Se-5 Ts-19
Malva sylvestris Co-5 Ep-40 Xi-14
Medicago sativa Ta-2
Mentha aquatica Ta-15
Mentha longifolia Co-1
Mentha sp. Co-9 Pa-27
Monocotiledónea no identificada (hoja) Ep-3 Ep-38 Fm-3 Ho-12 Ho-15
Monstera deliciosa Hv-7 Me-11 Ra-8 Xi-21
Morus alba Me-14
Morus nigra Ep-19 Ep-22 Es-9 Hv-1 Pe-2 Ta-20
Musa sp. Fr-2 Fr-5 Ts-23 Ts-24

Narcissus poeticus Ep-14

Narcisus asturiensis **Pa-17 Ta-6 Ta-10**

Nerium oleander **Co-8 Ep-4 Ep-42 Ho-19 Pa-18**

Nymphaea odorata **Es-3 Es-19 Es-20 Es-21 Pa-33 Pa-34**

Olea europaea **Ep-5 Ep-27 Ep-57 Ep-58 Ep-59 Ep-60 Es-22 Es-23 Es-24 Es-27 Es-29 Pa- 35**

Ophrys sphegodes **Fl-6**

Ophrys tenthredinifera **Ra-31 Ra-32 Ra-33 Ra-34**

Oxalis acetosella **Ho-32 Ho-33**

Passiflora incarnata **Fl-31**

Pelargonium sp. **Ts-1 Ts-2**

Phaseolus vulgaris **Es-17 Es-18**

Pinus pinaster **Ep-16 Ep-35 Ep-36 Es-26 Fm-7 Ho-16 Ho-17 Ho-18 Me-12 Ra-35 Ra-36 Ts-12 Xi-18 Xi-19 Xi-20 Xi-30 Xi-31**

Pinus radiata **Ta-13 Ta-14 Xi-3**

Pinus sylvestris **Fl-22 Fl-23 Fl-27 Fl-42**

Pistacia atlantica **Xi-11**

Pistacia lentiscus **Ho-45**

Pistacia mexicana **Fm-11**

Pistacia terebinthus **Ep-28 Ep-43 Ep-53 Es-1 Es-5 Es-25 Fm-5 Fm-6 Ho-1 Ho-2 Ho-3 Ho- 11 Ho-44 Hv-13 Pa-39 Pa-40 Pa-41 Pa-42 Ts-13 Ts-14 Xi-1 Xi-15 Xi-16 Xi-17**

Plantago lanceolata **Es-16 Ho-4 Me-9**

Polygonum bistorta **Ho-22 Ho-23 Me-3 Pa-13**

Populus alba **Ho-27 Ho-28**

Populus nigra **Es-30 Fm-9 Fm-10 Ho-38 Ho-39**

Potentilla reptans **Ep-31**

Prunus persica **Es-2**

Quercus ilex **Ra-7 Ra-21 Ra-22 Ra-23**

Quercus sp. **Ep-1 Ep-2 Ep-29 Ep-48 Pa-7 Pa-25**

Quercus suber **Fm-8 Pe-1 Pe-7 Ta-17**

Ranunculus aquatilis Ep-11
Ranunculus bulbosus Ra-1 Ra-9 Ts-8 Ts-9 Ts-10
Ranunculus sp. Ep-44
Rosa canina Co-6 Ho-36 Ho-37 Ho-43
Rosa sp. Ep-15 Ep-50 Fl-4 Fl-5 Fl-7 Fl-8 Fl-20 Fl-21 Pa-28
Rubus ulmifolius Pa-16 Pa-30 Pa-31

Salix alba Fl-24 Pa-36 Pa-37 Xi-26
Salix sp. Fl-19
Sambucus nigra Es-31
Saxifraga paniculata Ts-3 Ts-4 Ts-5 Ts-6 Ts-7
Scirpus lacustris Ra-15 Ra-16
Sedum album Ep-30 Ep-37
Sequoiadendron giganteum Ts-11
Sisymbrium irio Fr-3 Se-3
Smilax aspera Ho-13 Ho-14
Solanum tuberosum Ra-30
Sonchus oleraceus Hv-5 Hv-6 Xi-23

Taraxacum officinale Co-2 Co-3 Xi-13
Tilia platyphyllos Es-14 Ho-48 Pe-3 Ta-18 Ta-19

Ulmus minor Ep-21 Ep-25 Ep-47
Urtica dioica Ep-20 Ep-54 Es-8 Me-8 Pa-5

Verbascum pulverulentum Ep-46
Viscum album Ep-6 Ra-42
Vitis vinifera Co-7 Ep-7 Ep-26 Ep-61 Ep-62 Ep-63 Fr-6 Ho-6
Ho-7 Ho-9 Ho-46 Ho-47 Pa- 11 Pa-3 Pa-4 Pa-32 Pa-43 Ra-2 Ra-26
Ra-27 Se-4 Se-13 Ts-26 Xi-32

Zea mays Ep-8 Ep-12 Ho-25 Ra-4 Ra-10 Ra-13 Se-8 Xi-4 Xi-5
Xi-6 Xi-7

Lista alfabética de microscopios utilizados y su correspondencia con las imágenes (ordenadas según aparecen en el texto)

Recuérdese que la imagen de cada tejido y órgano se antepone de dos letras seguidas de un guion: **Co**- *Colénquima,* **Ep**- *Epidermis,* **Es**- *Esclerénquima,* **Fl**- *Flor,* **Fm**- *Floema,* **Fr**- *Fruto,* **Ho**- *Hoja,* **Hv**- *Haces vasculares,* **Me**- *Meristemo,* **Pa**- *Parénquima,* **Pe**- *Peridermis,* **Ra**- *Raíz,* **Se**- *Semilla,* **Ta**- *Tallo,* **Ts**- *Tejidos secretores,* **Xi**- *Xilema.*

Microscopio de epifluorescencia

(26 imágenes)

Me-12	*Pinus pinaster*	Ep-50	*Rosa* sp.
Pa-11	*Vitis vinifera*	Ep-59	*Olea europaea*
Es-3	*Nymphaea odorata*	Ra-10	*Zea mays*
Es-19	*Nymphaea odorata*	Ra-40	*Cuscuta epithymum*
Es-21	*Nymphaea odorata*	Ra-41	*Cuscuta epithymum*
Xi-11	*Pistacia atlantica*	Ta-17	*Quercus suber*
Fm-5	*Pistacia terebinthus*	Ho-6	*Vitis vinifera*
Fm-9	*Populus nigra*	Ho-7	*Vitis vinifera*
Fm-10	*Populus nigra*	Ho-9	*Vitis vinifera*

Fm-11	*Pistacia mexicana*	Fl-13	*Malus domestica*
Ts-6	*Saxifraga paniculata*	Fl-32	*Malus domestica*
Ts-12	*Pinus pinaster*	Fl-33	*Malus domestica*
Ts-13	*Pistacia terebinthus*	Se-4	*Vitis vinifera*

Microscopio electrónico de barrido

(23 imágenes)

Pa-1	*Cyperus papyrus*	Ep-43	*Pistacia terebinthus*
Pa-26	*Cyperus papyrus*	Ep-47	*Ulmus minor*
Xi-1	*Pistacia terebinthus*	Ep-48	*Quercus* sp.
Ts-3	*Saxifraga paniculata*	Ep-53	*Pistacia terebinthus*
Ts-7	*Saxifraga paniculata*	Ep-57	*Olea europaea*
Ep-2	*Quercus* sp.	Ep-58	*Olea europaea*
Ep-15	*Rosa* sp.	Ep-60	*Olea europaea*
Ep-25	*Ulmus minor*	Ep-62	*Vitis vinifera*
Ep-26	*Vitis vinifera*	Ep-63	*Vitis vinifera*
Ep-27	*Olea europaea*	Fl-7	*Rosa* sp.
Ep-28	*Pistacia terebinthus*	Fl-8	*Rosa* sp.
Ep-29	*Quercus* sp.		

Microscopio de polarización

(29 imágenes)

Pa-23	*Kalanchoe* sp.	Ep-10	*Ficus elastica*
Pa-28	*Rosa* sp.	Pe-3	*Tilia platyphyllos*
Pa-31	*Rubus ulmifolius*	Ra-1	*Ranunculus bulbosus*
Pa-32	*Vitis vinifera*	Ra-2	*Vitis vinifera*
Pa-34	*Nymphaea odorata*	Ra-13	*Zea mays*
Pa-35	*Olea europaea*	Ta-8	*Allium* sp.
Pa-37	*Salix alba*	Ta-19	*Tilia platyphyllos*

Pa-38	*Cupressus sempervirens*	Ho-14	*Smilax aspera*
Es-13	*Acacia dealbata*	Ho-39	*Populus nigra*
Es-14	*Tilia platyphyllos*	Ho-41	*Castanea sativa*
Es-29	*Olea europaea*	Fl-17	*Malus domestica*
Xi-10	*Artemisia* sp.	Fl-23	*Pinus sylvestris*
Xi-31	*Pinus pinaster*	Se-7	*Linun usitatissimun*
Hv-6	*Sonchus oleraceus*	Se-11	*Acer* sp.
Ts-4	*Saxifraga paniculata*		

Microscopio óptico de campo claro

(355 imágenes)

El resto de las imágenes.

Lista de imágenes referidas a la relación entre insectos y plantas ordenadas según aparecen en el texto

Recuérdese que la imagen de cada tejido y órgano se antepone de dos letras seguidas de un guion: **Co**- *Colénquima,* **Ep**- *Epidermis,* **Es**- *Esclerénquima,* **Fl**- *Flor,* **Fm**- *Floema,* **Fr**- *Fruto,* **Ho**- *Hoja,* **Hv**- *Haces vasculares,* **Me**- *Meristemo,* **Pa**- *Parénquima,* **Pe**- *Peridermis,* **Ra**- *Raíz,* **Se**- *Semilla,* **Ta**- *Tallo,* **Ts**- *Tejidos secretores,* **Xi**- *Xilema.*

Pa-20	Agalla en *Castanea sativa*
Pa-21	Agalla en *Castanea sativa*
Es-25	Agalla en *Pistacia terebinthus*
Fm-10	Agalla en *Populus nigra*
Fm-11	Agalla en *Pistacia mexicana*
Ho-42	Agalla en *Castanea sativa*
Ho-43	Agalla en *Rosa canina*
Ho-44	Agalla en *Pistacia terebinthus*
Ho-45	Agalla en *Pistacia lentiscus*
Ho-46	Erinosis en *Vitis vinifera*
Ho-47	Erinosis en *Vitis vinifera*
Ho-48	Domacio en *Tilia platyphyllos*

Índice alfabético de términos y su correspondencia con las imágenes

Recuérdese que la imagen de cada tejido y órgano se antepone de dos letras seguidas de un guion: **Co-** *Colénquima,* **Ep-** *Epidermis,* **Es-** *Esclerénquima,* **Fl-** *Flor,* **Fm-** *Floema,* **Fr-** *Fruto,* **Ho-** *Hoja,* **Hv-** *Haces vasculares,* **Me-** *Meristemo,* **Pa-** *Parénquima,* **Pe-** *Peridermis,* **Ra-** *Raíz,* **Se-** *Semilla,* **Ta-** *Tallo,* **Ts-** *Tejidos secretores,* **Xi-** *Xilema.*

Drusa **Pa-18 Pa-28 Pa-29 Ta-19**

Embrión **Se-1** y siguientes **Se-14** y siguientes
Endocarpo **Fr-4**
Endodermis **Ra-10**
Endomicorriza **Ra-31** y siguientes
Endotecio **Fl-15** y siguientes
Engrosamiento de vaso del xilema **Xi-13 Xi-14**
Epidermis multiseriada **Ep-4**
Epitema **Ts-2 Ts-5 Ts-6**
Erinosis **Ho-46 Ho-47**
Espina **Ho-34 Ho-35**
Estaminodio petaloide **Fl-20 Fl-21**
Estigma **Fl-30 Fl-34**
Estilo **Fl-29**
Estoma abierto **Ep-35**
Estoma cerrado **Ep-36**
Estoma elevado **Ep-40**
Estoma hundido **Ep-16 Ep-39**
Estomio **Fl-16** y siguientes **Fl-22 Fl-23**
Estróbilo **Fl-22 Fl-23 Fl-42**
Exocarpo **Fr-4**
Exodermis **Ra-13 Ra-14**
Exomicorrriza **Ra-35 Ra-36**
Expansión cuticular (células oclusivas) **Ep-38**

Felodermis **Pe-1**
Felógeno **Me-14 Pe-1**
Fibra gelatinosa **Es-9**
Fibra libriforme **Es-1 Es-5 Es-6 Ta-5**
Fibra septada **Es-8**
Fibras corticales **Es-12**
Fibras floemáticas **Es-14 Es-15**
Fibras perivasculares **Es-13**

Mesocarpo **Fr-4**
Metafloema **Fm-1**
Metaxilema **Xi-21** y siguientes
Microcristales **Pa-38**
Micropilo **Fl-38**
Mitosis **Me-5 Me-6**
Mucigel **Ra-4** y siguientes

Nectario **Ts-8** y siguientes
Nervio central **Ho-3** y siguientes
Nódulo **Ra-37** y siguientes

Osteoesclereida **Es-18**
Óvulo **Fl-35** y siguientes

Papila epidérmica **Ep-13** y siguientes **Fl-5** y siguientes **Fl-21**
Parénquima acuífero **Pa-27**
Parénquima aerífero **Ep-5 Es-22 Es-23 Pa-5 Pa-11** y siguientes **Ta-11**
Parénquima clorofílico en empalizada **Ep-5 Es-22 Pa-5 Pa-7 Pa-11 Pa-12**
Parénquima clorofílico lagunar **Pa-8**
Parénquima de reserva **Pa-16** y siguientes **Se-10 Se-11Se-12 Se-13**
Peciolo **Ho-38 Ho-39 Ho-40 Ho-41**
Pelos absorbentes **Ep-55 Ep-56**
Pericarpo **Fr-4**
Periciclo **Ra-10**
Pérula **Ho-29 Ho-30**
Pétalo **Fl-5** y siguientes
Placa cribosa **Fm-4**
Planta C4 **Ho-25 Pa-6 Ta-12 Ta-9**
Planta hidrófita **Es-19 Es-20 Ho-22 Ho-23 Ta-15 Xi-24**
Planta insectívora **Ho-24**
Planta parásita **Ho-26**

Planta xerófita **Ta-16**
Planta xeromórfica **Ho-19**
Porción distal foliar **Ho-3 Ho-4 Ho-11**
Primordio foliar **Me-1**
Prisma **Pa-30 Pa-31**
Procambium **Me-7** y siguientes
Protofloema **Fm-1 Fm-2**
Protoxilema **Xi-21** y siguientes
Pulvínulo **Ho-32 Ho-33**
Punteadura areolada **Es-7 Xi-18 Xi-19**
Punteadura simple **Es-16 Es-25**

Radio medular **Fm-8 Hv-14 Xi-31 Xi-32 Ra-2 Ra-27**
Ráfides **Pa-32**
Ramificación de la raíz **Ra-15** y siguientes
Ramificación del tallo **Ta-23**
Rizoma **Ra-29**
Saco embrionario **Fl-39 Fl-40**
Sépalo **Fl-4**
Súber **Pe-1**

Taninos **Es-25 Pa-39** y siguientes
Tapete **Fl-9** y siguientes **Fl-14**
Tejido de transmisión del estilo **Fl-29**
Testa **Se-1** y siguientes
Tétrada de esporas **Fl-12 Fl-13**
Tílide **Xi-20**
Tráquea **Xi-15 Xi-16 Xi-18**
Traqueida **Xi-18 Xi-19**
Tricoesclereida **Es-22 Es-24**
Tricoma erguido **Ep-61 Ep-62**
Tricoma postrado **Ep-61 Ep-62**
Tricoma urticante **Ep-54**
Tubérculo **Ra-30**

Tubo polínico **Fl-31** y siguientes

Vaina fascicular **Es-29 Es-30 Hv-10 Hv-11**
Venación **Ho-1**

Xilema de angiosperma **Xi-2**
Xilema de gimnosperma **Xi-3**
Xilema primario **Xi-21** y siguientes
Xilema secundario **Xi-26** y siguientes **Xi-30** y siguientes
Yema apical **Me-1**
Yema axilar **Me-2**

Zarcillo **Ta-21 Ta-22**
Zona de abscisión **Ho-31**

Sobre el autor

Rafael Álvarez Nogal

 Rafael Álvarez Nogal es profesor de la Universidad de León. Catedrático de universidad en el departamento de Biología Molecular Área de Biología Celular. Licenciado y doctor en Ciencias Biológicas. Su tesis doctoral tuvo relación con el reino animal, concretamente con la glándula pineal y el sistema inmune. En determinado momento de su trayectoria académica se centró como profesor e investigador en el reino de las plantas. Rafael Álvarez Nogal cuenta con tramos de méritos docentes (quinquenios) y tramos de evaluación positiva de investigación (sexenios). Ha dirigido tesis doctorales, tesis de licenciatura, proyectos fin de carrera y trabajos fin de grado. Es autor de varios libros (algunos de poesía), publicaciones científicas varias y comunicaciones a congresos. Ha realizado informes periciales sobre el efecto de heladas tardías en árboles frutales.